江苏省高等学校重点教材（编号：2021-2-229）
科学出版社“十四五”普通高等教育本科规划教材

奇妙的声音

章　东　郭霞生　屠　娟
卢　晶　邹欣晔　邹海山　编著

科学出版社
北　京

内 容 简 介

本书介绍了声学学科多个分支的概貌、基本原理及应用，主要内容包括音频技术、环境声学、超声检测技术、医学超声、微声学、人工声学材料和功率超声。本书避免了对声学理论的平铺直叙，而是侧重于对声学相关应用领域的介绍，以适应本书通俗易懂、严谨有趣的科普读物定位。

本书可作为高等院校本科生通识课、新生研讨课等课程的配套教材，亦可供高等院校的非物理类、非电子工程类专业选用。

图书在版编目(CIP)数据

奇妙的声音/章东等编著. —北京：科学出版社，2023.6
江苏省高等学校重点教材
ISBN 978-7-03-075602-2

Ⅰ. ①奇… Ⅱ. ①章… Ⅲ. ①声学–高等学校–教材 Ⅳ. ①O42

中国国家版本馆 CIP 数据核字(2023)第 091760 号

责任编辑：许 蕾 洪 弘/责任校对：郝璐璐
责任印制：赵 博/封面设计：许 瑞

科学出版社出版
北京东黄城根北街 16 号
邮政编码：100717
http://www.sciencep.com
北京中石油彩色印刷有限责任公司印刷
科学出版社发行 各地新华书店经销
*
2023 年 6 月第 一 版 开本：787×1092 1/16
2025 年 1 月第二次印刷 印张：15
字数：355 000
定价：89.00 元
(如有印装质量问题，我社负责调换)

前　言

我们生活的世界充满了声音。正因为声音的存在，我们才能相互交流，表达情感；才能欣赏音乐，享受生活。可见声音与生活密切相关。那么声音是如何产生和传播的？我们是如何听见声音的呢？这些问题将在本书中得到解答。

声学是一门涉及声音的学科，主要研究声波的产生、传播、接收和处理，是物理学的分支学科之一。声学不仅存在于耳边，更存在于生活的方方面面，声学技术对人类文明发展起着举足轻重的作用。声学具有极强的交叉性与延伸性，与材料、能源、医学、通信、电子、环境以及海洋等现代科学技术的大部分学科发生了交叉，形成了诸如水声学、电声学、医学声学、生物声学、心理声学、环境声学、建筑声学等新型独特的交叉学科方向，在现代科学技术中起着重要作用。声学的应用性极强，对科学技术的进步、社会经济的发展、国家重大需求的解决，以及人民物质与精神生活的提高等发挥着极其重要的作用。

现代声学学科发展百余年，在众多领域的应用迅猛发展，但在声学科普方面的发展相对薄弱。南京大学作为全国声学人才的重要培养基地，率先对理工科本科生开设了“奇妙的声音”新生研讨课，旨在对理工科本科生科普声学，吸引更多的学生进入声学专业学习，进一步掀起探索声学的热潮。本书是该课程的配套教材，内容包括：声学的发展简史及现代声学的特点（第 1 章）、音频技术（第 2 章）、环境声学（第 3 章）、超声检测技术（第 4 章）、医学超声（第 5 章）、微声学（第 6 章）、人工声学材料（第 7 章）和功率超声（第 8 章）。

声学不仅是一门科学，也是一门技术，同时又是一门艺术。通过本书的学习，读者不仅可以了解声学科普知识，感受声学世界的奥妙和独特魅力；还可以激发科学探索精神和创新意识，助力科技创新人才培养。

目　录

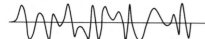

第 1 章
绪　　论

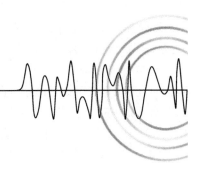

声学是物理学中很早就得到发展的分支学科，是研究声波的产生、传播、接收及其效应的科学。最早的声学研究工作主要在音乐方面，中国春秋时期就有三分损益法的记载，而古希腊时期的毕达哥拉斯就有关于音阶与和声问题的研究。本章首先介绍了声学的发展简史，包括经典声学和现代声学的发展；其次介绍现代声学的特点及主要分支学科的研究内容和进展。

1.1　经典声学的发展

声音是人类最早研究的物理现象之一，声学也是物理学中历史最悠久的分支学科。对声学的系统科学研究始于 17 世纪初伽利略研究物体振动及其发出的声音。从那时起直到 19 世纪，许多物理学家和数学家都对研究物体的振动和声的产生原理作过贡献。1660 年，胡克研究了音调与频率的关系，发明了用齿轮在纸边转过以定频率高低的办法。索沃对音调和频率的关系作了更为深入的研究，提出了法语“Acoustique”这一名词，对应现在通用的英文“Acoustique”。1713 年，泰勒第一次求得了弦振动的初步严格解，但只有基频；直到 1785 年，通过对偏微分方程的应用才得到弦的全解。有了偏微分方程，不但可以解决弦振动的理论问题，也可以解决固体振动问题。1787 年，克拉尼发表了用沙显示振动分布的克拉尼图形成为研究固体振动的重要实验手段。欧拉、伯努利、基尔霍夫、泊松等相继研究了棒、板及膜的振动。对于人的发声原理，惠斯通认为声带振动发出基音和大量的谐音；维李斯认为是来自肺部的气流进入口腔激发其共振而成声。1862 年，亥姆霍兹在其著作《音的感知》中指出这两种发声理论都有合理之处。

关于声传播的研究比起声波产生的研究更早受到关注。1635 年，法国伽桑狄采用远地枪声测量空气中的声速，随后方法不断改进，1738 年，巴黎科学院的科学家利用炮声进行测量，测得结果折合为 0℃时为 322 m/s，非常接近目前最准确的数值 331.45 m/s。

1687 年，牛顿提出振动通过媒质推动邻近媒质传递，并求得声速等于大气压与密度之比的二次方根。欧拉在 1759 年提出更清楚的分析方法，也能得到牛顿的结果。但是，根据此公式算出的声速只有 288 m/s，与实验值相差很大。1816 年，拉普拉斯指出牛顿对声波传导的推导只有在等温过程中正确，而实际情况应该是绝热过程。因此，声速应是大气压和比热容比（定压比热容与定容比热容的比）乘积与密度之比的二次方根，根据此公式计算得到的声速与实验值相符。

1747 年，法国的达朗贝尔得到了波动方程的通解。以此为基础，管中驻波的理论和实验研究在 1800 年就已比较成熟。1820 年，法国数学家泊松给出了三维声波和开/闭管的严格解，并提出管的末端需要修正。1860 年，德国物理学家亥姆霍兹完成了管端修正。1866 年，德国孔特发明了研究管中声传播的细沙图方法，特别是测量空气或其他气体中声速的方法，现在常称驻波管为孔特管。1838 年，英国格林解决了平面声波斜入射到两种流体界面上的反射和折射问题。在上述工作中，科学家们都假设声传播为线性过程。1859 年，德国黎曼和英国厄恩肖分别独立得到了大振幅声波的表达式和行波解。从此，非线性声学得以发展。

声音的接收研究主要涉及人耳的听觉。1830 年，法国科学家萨瓦发现听觉范围为 8 Hz～24 kHz，随后，西倍、毕奥、柯尼希、亥姆霍兹等继续研究，发现人耳听觉低频极限为 16～32 Hz，因人而异，高频极限则个体差异性更强，且随年龄增加高频极限降低。目前广为认可的人耳可听声频率范围是 20 Hz～20 kHz。1870 年，多普勒与玻尔兹曼采用光学干涉的方法测量空气密度的最大变化，推算出听觉的最低声强为 10^{-7} W/cm^2。1843 年，德国物理学家欧姆首次提出听觉理论，指出一个乐音具有基波和频率为整数倍的谐波，谐波结构决定乐音的音色。欧姆的工作推动了生理声学和心理声学的研究。1862 年，亥姆霍兹出版了伟大著作《音的感知》，提出耳内结构的共振理论。

瑞利在 1877 年出版的两卷《声学原理》总结了三百年来的声学研究成果，例如弦、膜和板的振动，声波的传播和辐射，驻波和反射、衍射等现象。该书是经典声学的总结，标志着经典声学理论的形成和现代声学的开始。

1.2　现代声学的发展

随着 20 世纪电子学的发展，人们可以利用电声换能器和电子仪器设备，产生/接收不同形式（频率、波形、强度可变）的声波，大大拓展了声学研究的范围。声波按照频率可以分为次声、可听声和超声；可听声的频率范围为 20 Hz～20 kHz；从 20 Hz 向下延伸到 10^{-4} Hz 为次声；而由 20 kHz 向上延伸到 5×10^{8} Hz 为超声；再向上延伸到 10^{13} Hz 为特超声。声波按照传播的介质可以分为空气声、超声和水声等。声波在不同频率范围或不同介质中的应用，形成了众多分支学科，几乎涉及人类活动的各个方面。

建筑声学和电声学是现代声学中最早发展的分支学科。在封闭空间（如房间、教室、礼堂、剧院等）里面听演讲、音乐，如何获得较好的听觉效果，就是建筑声学的研究内容之一。1900 年，赛宾提出房间混响时间规律——赛宾公式，使得建筑声学成为真正的科学。1876 年，贝尔发明了电话机并建立了波形原理，这可以说是电声学的开始。电声学主要研究电声换能原理，包括利用电子技术来产生各种频率、波形和强度的声音，以及声音的接收、放大、传输、测量、分析和记录等技术。由于电声学研究的声波在可听声的频率范围，因此与人类生活紧密相关。

随着声波频率范围的扩展，又发展了超声学和次声学。焦耳在 1847 年发现的磁致伸缩效应和居里兄弟在 1880 年发现的压电效应奠定了超声学的发展基础。1912 年，理查森申请了超声回声定位/测距的专利，标志着现代超声研究的开始。超声学是研究声波频率高于 20 kHz 的科学技术，在超声检测、超声处理和超声诊断等领域中获得广泛应用。1883 年，印度尼西亚的喀拉喀托火山突然爆发，人类第一次用简单微气压计记录到次声波。第一次世界大战前后，火炮和高能炸药等较强声源的出现，推动了大气中次声传播现象的研究。核武器的发展进一步推动了次声学的发展，在次声接收、抗干扰方法、定位技术、信号处理和次声传播等方面取得很多进展。自然界中有很多天然的次声源，例如火山爆发、坠入大气的流星、极光、地震、海啸、台风、雷暴、龙卷风、雷电等，利用次声方法来预测它们的活动规律，已成为现代声学研究的重要课题。

随着研究手段的改善，人们进一步研究听觉，发展了生理声学和心理声学。生理声学和心理声学是研究人对声音生理和心理感知的分支学科。亥姆霍兹首先研究了声学与生理学、声学与音乐等的关系，提出人的内耳不同部位的共振，是人感知音高不同的决定因素。瑞利提出了双耳听觉是人能定位声源的原因。1933 年，立体声之父弗莱彻提出了等响曲线和临界频带，发现了人耳听觉非线性、听觉滤波和掩蔽效应。1957 年，兹维克进一步阐明耳蜗基底膜上有 24 个点能对 24 个不同频率产生最大幅度共振，从而将人耳可听频率范围 20 Hz～20 kHz 分成 24 个频带，即临界频带。

1912 年，泰坦尼克号沉船事故后，范信达研发了声呐控测装置，以确保船舶航行安全，标志着水声学的开始。1914 年，费森登制造了电动式水声换能器，可以测到两海里远的冰山。1917 年，朗之万发明了石英-钢夹心换能器，并利用真空管放大器，第一次收到了来自潜艇的回声。第二次世界大战进一步推动了水声学的发展，产生了众多成果，如主被动声呐、水声制导鱼雷、扫描声呐等。

20 世纪 50 年代以来，全世界由于工业、交通等事业的迅速发展出现了噪声环境污染问题，促进了噪声及其控制技术的发展，例如：吸声、消声、隔声、隔振、阻尼、个人防护和建筑布局等。吸声设计一方面可利用塞宾公式、艾林-克努森公式、室内波动理论和几何声学理论，另一方面，其理论本身的发展催生了各种吸声材料和吸声结构，如超细玻璃棉、矿棉、吸声砖及各种共振吸声结构等。隔声理论中发展的质量定律和吻合效应等可用于设计各种隔声结构。

早在 19 世纪，就有相关非线性声学的理论研究。欧拉、拉格朗日、泊松、斯托克斯、黎曼等研究了流体中的非线性波动理论，提出非线性声波在累积后形成间断的冲击波的预言，对非线性声学的发展起到重要影响。1930 年，贝塞尔和傅比尼提出了在声波中产生的谐波解。1948 年，埃卡特给出非平面有限振幅声波的解。直到 20 世纪 40 年代晚期，非线性声学才开始成为一门学科。自 20 世纪 50 年代以来，随着大功率超声、高速喷气发动机等强声源的不断出现和日益广泛应用，非线性声学获得了迅速进展。

1938 年，皮尔斯和格里芬证实了蝙蝠能发出超声波。随着科学技术特别是通信技术的发展，对动物声音通信方法的研究进展迅速。1956 年，在美国宾夕法尼亚州召开了世界上第一次生物声学学术讨论会，标志着生物声学的诞生。1963 年，比内尔的《动物的声学行为》汇集了当时生物声学研究的主要成果，是生物声学发展的一个里程碑。当前生物声学的研究范围更广，开始对次声波和超声波在分子-细胞-组织多层次的传播和相互作用规律进行研究，更多地与生命科学交叉融合。

除了上面已提到的声学领域以外，还有微声学、功率声学、音乐声学、通信声学等。这样就逐渐形成了完整的现代声学体系。

1.3 现代声学的特点和进展

著名声学家魏荣爵说过：“在物理学中，声学具有最大的‘外在性’，渗透到其他分支以至别的科技领域的部分最多，又被评为研究得最不成熟的分支”。现代声学具有极强的交叉性与延伸性，它与材料、能源、医学、通信、电子、环境以及海洋等现代科学技术的大部分学科发生了交叉，形成了若干丰富多彩的分支学科，各分支学科有相对的独立性，但分支学科之间也有交叉（图 1.1）。

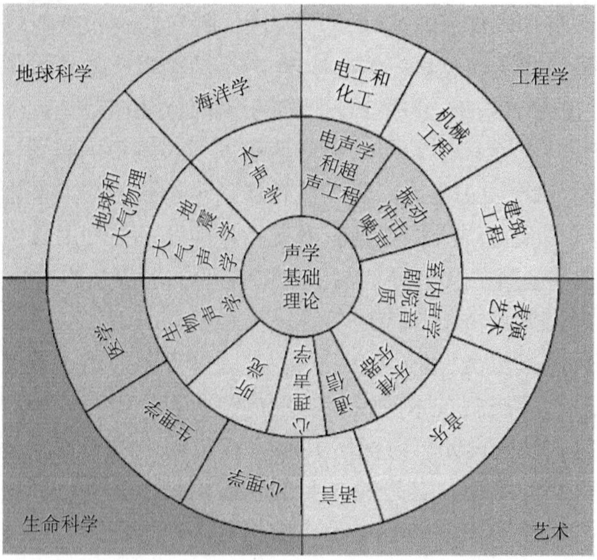

图 1.1　声学的交叉性

现代声学研究的介质种类越来越多，包含所有气体、液体和固体，介质的环境也向高温或低温、高压或低压等极端条件延展。现代声学的进展迅速，下面介绍与应用相关的几个重要分支学科的研究内容和研究热点。

音频技术：主要研究可听声频段声音的物理与感知机理及其应用，是声学领域一个既传统但又具有广阔应用前景的学科分支。随着通信、计算机与互联网、多媒体、虚拟现实以及人工智能技术的发展，音频技术的研究范畴拓展迅猛，涵盖所有与可听声的采集、存储、传输、处理、重放和感知有关的命题。音频技术的研究内容普遍源自实际应用场景的需求，从我们日常生活重度依赖的手机，到汽车领域方兴未艾的智能座舱，再到未来充满想象空间的虚拟现实与增强现实，都有大量音频技术用武之地。当前和未来研究热点包括：声学换能器和传感新器件的探索、复杂声场的建模与优化、声信息处理新方法、大规模多通道声场调控系统的优化、面向目标的空间声模式、房间均衡技术以及听觉感知认知机理等。值得注意的是，音频技术未来的发展呈现显著的“融合”特性。从处理目标上看，声信息处理和声场调控的一系列任务都有望统一在同一个框架下进行分析优化；从处理方法上看，经典的规则驱动处理方法与近二十年发展迅猛的数据驱动处理方法融合乃是大势所趋；从信息采集角度看，可听声的处理不仅依赖于声与振动的传感信息，光学、视觉甚至生理信息在很多应用场景中同样不可或缺，构建在融合感知信息基础上的多模处理有望推动音频技术的进一步发展。

环境声学：是研究声环境及其同人类活动的相互作用的一门分支学科，涉及物理学、建筑学、生理学、心理学、生物学和医学等领域。主要研究内容包括声音在空气环境中的产生、传播和接收，及其对人体产生的生理和心理影响，改善和控制声环境质量的技术和管理措施。随着工业生产和交通运输的迅猛发展，城市人口急剧增长，噪声源越来越多，噪声强度越来越高，人类的生活和工作环境受噪声的污染日益严重。噪声的研究成为环境声学的核心内容，主要包括噪声效应、噪声评价、噪声测量、噪声产生、噪声传播和噪声控制等。当前研究热点包括：在噪声效应方面，研究噪声对各类生物和环境生态的影响（包括陆上和水下）；在噪声评价方面，研究环境噪声评价的新方法、非常规噪声（如特定场合、高噪声源、特殊噪声）的评价量，强调心理声学及非声学因素影响的声品质评价，结合了审美和人文的声景观；在噪声测量方面，研究声学与振动模式识别、状态监测与振动测试、分布式声学监测技术、阵列化测量和声源定位技术；在噪声产生和传播方面，研究复杂噪声源的精确建模、噪声传播精确建模和预测方法、噪声地图、声学数值计算方法；在噪声控制方面，研究新型声学人工材料的物理机理和降噪应用、噪声与振动的有源控制、声品质控制。值得一提的是，环境噪声以音频声为主，音频信号处理技术的发展有力地推动了环境声学的技术进步，如声学监测、声源定位、噪声地图、有源控制、声品质控制等，相信在未来可通过数字化形成完全可控的声环境。

超声工业检测：主要研究在固体和液体介质中超声信号的激发、传播、采集、处理及评价相关的理论、方法和技术。应用领域包括航空航天、石油化工、兵器工业、土木建筑、铁路船舶、核电、能源等。超声可应用于材料检测和探伤，测量气体、液体和固体的物理参数、材料厚度、液面高度、流量等，还可以对材料的焊缝、黏接等进行检查。当前超声工业检测的热点包括：超声导波在不同材料和结构导体中的检测应用、早期微损伤的非线性超声定位及评价、复合材料的超声检测、极端环境下的超声检测、超声检测与人工智能的融合等。

生物医学超声：是研究超声在医学与生物工程中应用的一门新兴学科，是结合当代物理声学、生物医学、电子学与计算机技术的综合性工程应用交叉学科分支，具有鲜明的理、工、医相结合的特点。相比于其他医学影像诊断方式，如X射线、磁共振成像（MRI）和计算机断层成像（CT）等，医学超声成像具有安全无损、非电离辐射、便携性好、兼容性佳和快速便捷等优点。在目前的临床实践中，医学超声成像已广泛应用于人体肌肉、血管及脏器等软组织病变检测，是当前应用最普遍的影像诊断方式之一。超声波在临床治疗领域的应用得益于声场与组织的相互作用产生的生物效应。在超声治疗过程中，通常会采用恰当的方式将超声波聚焦于生物组织中，通过热或非热物理机制（如声空化效应和机械力作用等）与生物组织相互作用引发相关生物效应，并最终产生治疗效果，在诸如超声理疗、超声碎石、肿瘤治疗、无创止血、超声溶栓、药物输运、基因治疗、心脑血管治疗等领域均展现出多种激动人心的新兴方法。生物医学超声的研究范畴主要围绕着在生物组织中激励、控制超声波，以及超声信号的接收与处理展开，涉及理解介质中超声传播速度、声衰减、声阻抗、声散射等基本特性，多层介质组织中各界面声反射与透射的性质，声场强度控制与相关力学效应，以及声学信号处理等研究内容。当前生物医学超声的研究热点包括：超声传播新规律的探索、超声调控新理论、新型超声换能器及阵列、超声成像新技术、超声生物效应新理论、超声治疗新技术等。

功率超声：是利用超声的能量对物质进行处理、加工，使物质的一些物理、化学和生物特性或状态发生改变，或者使这种改变的过程加快的技术。功率超声常用的频率范围是从几 kHz 到几十 kHz，功率由几 W 到几万 W，在超声清洗、超声乳化、声化学、污水处理、原油处理、食品处理等工业生产领域都获得了大量的应用。尽管如此，关于大功率或高声强超声的产生系统、声能对物质的作用机理和各种新型超声处理技术在功率超声领域的应用研究仍亟需突破。例如，高效、廉价、无污染的新型换能材料的研制，新的换能机理的研究以及换能器分析方法的完善和改进是功率超声的重要研究方向。空化效应为功率超声的液体应用奠定了物理基础，是超声提取、乳化、粉碎、声化学反应以及超声清洗等提高效率的能量来源。尽管人们已经对声空化现象的形成机制进行了大量的探索，并从气泡动力学、声致发光效应机理分析、声化学动力学效应等角度对其展开了诸多研究，但功率超声相关的声空化条件下声场与不同类型介质的相互作用机制的基础理论体系还有待进一步建立和完善。此外，为确保工业生产的安全增效，如何实现大功率超声换能器性能的实时测试与定量测试，如超声功率、超声空化场的定量测试及工业生产过程中大功率声场空间分布的实时在线监测等技术突破也是目前超声功率领域迫切需要解决的热点课题。

微声学：也称为超声电子学或者微波声学，主要研究特征尺度在微米至纳米之间机械波的产生、检测、传播和应用，以及发展传感、通信、声操控等技术和器件。传统的微声学研究以固体中的高频声波为主要对象，其中一类主要的器件为声表面波器件。由于其工作频率可高达 GHz 级，声表面波非常适合用于发展现代通信中的滤波器、天线等。此外，基于声表面波发展的各类传感器（如加速度传感器、温度传感器等）非常适合部署在各类特殊环境中，具有很好的灵敏度。近年来，得益于微机电系统（microelectromechanical system, MEMS）技术的发展，采用声表面波和声体波的微声学器件都得到了快速的发展；同时，声传播的介质也不再限于固体。例如，通过将 MEMS 技术和微流控这一新兴学科相结合，声流控这一技术领域成为近年的研究热点，其可利用高频声波实现对生物粒子的操控、分离、提纯等。即便在传统的扬声器/传声器等低频器件中，MEMS 技术的引入也使得器件的微型化、精密加工等成为可能。

水声学：研究声波在水下的激发、传播、接收及信息处理，用以解决与水下环境测量、目标探测和信息传输等应用有关的各种声学问题。声波是目前所知唯一能够在海洋中远距离传播的波动形式，是探测海洋资源和环境、实现水下信息传输的重要信息载体。水声技术在军事上可用来侦察潜水艇，在经济建设中可用来开发和利用海洋资源。水声和海洋声学涉及海洋学、地球科学、计算机、电子技术、信号处理、人工智能、材料科学、机械制造等多个学科。

储层声学：也称为地球声学，是声学与地球物理学、地质学、地理学等交叉的学科，主要研究声波在地下介质或地下储层介质中激发、传播、接收的过程，以及声波与地下介质或储层介质之间相互作用的规律，从而了解地层构造和地质属性，认识地球运动特性，探测资源和能源的空间分布等，具有极强的应用背景。当前储层声学的研究热点有：非线性岩石声学和各向异性测量、多相孔隙介质声学、多尺度储层声波成像、随钻声波测井及声波导通信等。

心理声学：是关于物理学与生理学如何相互作用以产生声音知觉的交叉学科，主要研究声学的物理世界与听觉的感知世界之间的关系。通过研究人和动物对声音刺激的生理与心理反应，建立物理、生理和知觉之间的关系。亥姆霍兹研究了音乐和人的生理学之间的关系，并首次把物理、生理学、声学和音乐联系到一起。当前心理声学的研究大多基于简单的声源，但现实生活中的声音更为复杂，因此，当前心理声学的研究热点主要有：复杂场景下的听力学、大脑与听觉感知的关系等。

大气声学：是声学的分支学科之一，主要研究大气中的声波。大气声学的研究对象是地球大气中的声波，包括可听声及更低频率的次声波、声重力波等。研究内容包括：大气中的声传播理论与应用技术、大气声源的产生机制与探测、大气声遥感探测、非线性大气声学、大气中的波波相互作用、强声扰动大气效应及其应用技术等。当前研究热点包括：海、陆、空、天的立体三维空间声探测、自然灾害相关的次声波机理、次声波远距离能量传播理论、大气声波的非线性传播理论及应用、声波与大气湍流的相互作用、大气孤波的产生与传播等。

人工声学材料：是由特殊设计的人工结构单元组成的声学材料，可产生天然介质所不具备的特异声学性能，进而超出传统声学理论的限制，实现特殊的声波操控。由于其非凡的物理性质通常不仅取决于构成材料本身的属性，更取决于其单元结构的特殊构型，故可通过设计适当的构型来获得与其组成材料完全不同的特异性材料性能。人工声学材料依据单元结构和空间构型大致可分为四类：声子晶体材料，即材料声学参数在空间上周期性调制的结构，具有声学带隙现象；声学体超材料，即单元结构尺寸远小于所用声波波长，具有有效材料负参数；声学超构表面，即由多种结构单元按特殊序列排列形成的具有亚波长厚度的平面型超材料；声学拓扑材料，即由“人工单元原子”空间排布形成的具有类量子效应的声学材料。相关研究内容包括复杂声学介质中声传播的基础理论，人工材料分析与设计，新原理声学器件的制备、优化及应用等。人工声学材料的研究方向以物理声学为核心，涉及超声学、水声学、噪声振动控制、环境声学等不同声学领域，并与凝聚态物理等学科领域交叉。

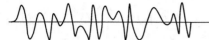

参考文献

程建春, 李晓东, 杨军. 2021. 声学学科现状以及未来发展趋势[M]. 北京: 科学出版社.

方丹群, 张斌, 卢伟健. 2009. 噪声控制工程学的诞生和发展[J]. 噪声与振动控制, (S1): 1-8.

沈嵘. 2004. 现代声学评述[J]. 物理, 19(6): 321-325.

王润田, 章瑞栓, 周艳, 等. 2007. 非线性声学的进展与应用[J]. 声学技术, 26(2): 348-357.

吴文虬, 吴宗森, 魏荣爵. 1973. 微波声学和微声器件的发展和应用[J]. 物理, 2(1): 16-34.

Fastl H, Zwicker E. 2007. Psychoacoustics: Facts and Models[M]. New York: Springer.

第 2 章

能言善听——音频技术

2.1 引　　言

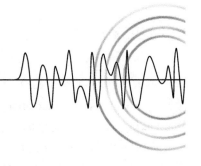

音频技术主要研究可听声频段声音的物理与感知机理及其应用。学术界和工业界广泛认可的可听声频率范围在 20 Hz～20 kHz，其跨度达到近 10 个倍频程，这么宽的频率范围给可听声的处理带来巨大的挑战。一提到可听声的应用，人们往往会想到用于音乐、电影、电视等节目欣赏的音响系统，事实上，这也确实是传统音频技术研究的主要内容。但随着通信、计算机与互联网、多媒体、虚拟现实以及人工智能技术的发展，现代音频技术的研究范畴已大大拓展。围绕具体应用场景的需求，所有与可听声有关的研究和应用都可纳入音频技术的范畴。

以现代社会无处不在的手机为例，其作为最重要的信息交互工具，交互的关键信息之一是使用者的语音。语音是最常见的可听声，研究语音的生成过程，并在此基础上构建生成语音的物理和数学模型，对通信领域的多个应用点都有重要作用。要采集使用者的语音，手机上必须有传声器（对应的英文 microphone，其音译“麦克风”颇为常用）用以完成声信号到电信号的转换，方便后续处理。考虑到我们使用手机的环境不可避免会受到噪声的干扰，信号通过传声器采集之后还需要经过合适的处理以尽可能弱化噪声的影响。为了获得更好的用户体验，降噪所需要的信息往往不仅仅来自一个传声器，现在的手机一般至少配置两个传声器。经过降噪以后的语音在通信线路中传输之前，还需要经过编码压缩，以达到提升传输效率的目标；相应地，在接收端需要有解码的过程。编解码技术的发展除了上述语音的生成模型，还离不开人耳听觉系统感知特性的研究。为了让用户听到声音，手机还需要有扬声器实现电信号到声信号的转换。手机外放音乐或视频时，为了让用户获得更好的听觉体验，还需要借助两只扬声器播放立体声。

从手机这个例子，我们可以看到围绕可听声的产生、采集、处理和调控，有大量与我们日常生活息息相关的应用案例。本章我们也将以此为主线，介绍音频技术广泛而奇妙的应用。

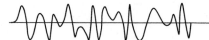

2.2 音频信号的产生

2.2.1 可听声三要素

在讨论可听声的产生之前，我们先回顾一下中学就学过的可听声的三要素：音高（音调，pitch）、响度（loudness）和音色（timbre）。这三个要素都体现了人耳对声音的主观感知，分别与基频（fundamental frequency）、声压级（sound pressure level）和谐波（harmonic）这三个客观指标有密切关联。

声音幅度随时间变化的过程可以表达为一个时间轴上的波形（信号），这一点比较容易理解。图 2.1 展示了两个乐器——小提琴和小号——演奏同一个音符（A3）记录的波形，可以看出：两者都有一定的周期性，且肉眼可见周期基本相同，但波形的细节存在显著差距。基频是指信号中有效周期分量的最低频率，理论上，波形的周期与基频存在一一映射关系，但仅仅观察波形，很难看出基频的数值，理解基频的概念需要我们对声音的频域信息有清楚的认知。分析信号的频域信息，需要借助傅里叶分析（Fourier analysis）这个工具。按傅里叶分析理论，周期信号可以由一系列频率呈倍数关系的正弦信号叠加得到，而这些正弦信号的频率和相位就可以理解为周期信号的频域信息。考虑到本书的科普性，我们不在这里展开解释傅里叶分析的公式。读者需要记住的是：借助傅里叶分析，我们可以得到一段时域信号（无论周期与否）所包含的频域信息。对图 2.1 所示的信号而言，如果我们对其做傅里叶分析（严格来说是做功率谱分析），可以得到如图 2.2 所示的信号频域信息。从这幅图上，我们可以清楚地看到信号对应的最低有效周期分量（黑色虚线标注），其对应的频率约 220 Hz（A3 音符的基频）。

需要注意的是：基频是客观存在的物理量，而音高是人耳主观感知的结果。如果信号中只含有一个频率分量，人耳感知的音高所对应的频率与物理频率一致。如果信号包含多个频率分量，人耳能感知的音高所对应的频率并不一定对应最低物理频率。比如：信号中同时存在 300 Hz、500 Hz 和 700 Hz 的频率分量，人耳可以感知到的音高并不是 300 Hz，而是 100 Hz；信号中同时存在 1040 Hz、1240 Hz 和 1440 Hz 的频率分量，人耳则可以感知到约 207 Hz 的音高。

声音的幅度取决于声压，声压叠加在静态大气压上，一般远小于静态大气压，但对应的范围非常广。从人耳基本可辨的最轻的声音到远程火炮在炮手耳边产生的声音，声压波动范围可达 7 个数量级。这么宽的范围，用对数标度往往比线性绝对标度方便；另一方面，人耳主观听觉对声音幅度的感受也基本符合对数规律。因此，我们在谈论声音的幅度时，往往用换算成对数数值之后的声压级来描述，其单位为分贝（dB）。常见声音的声压级如表 2.1 所示。

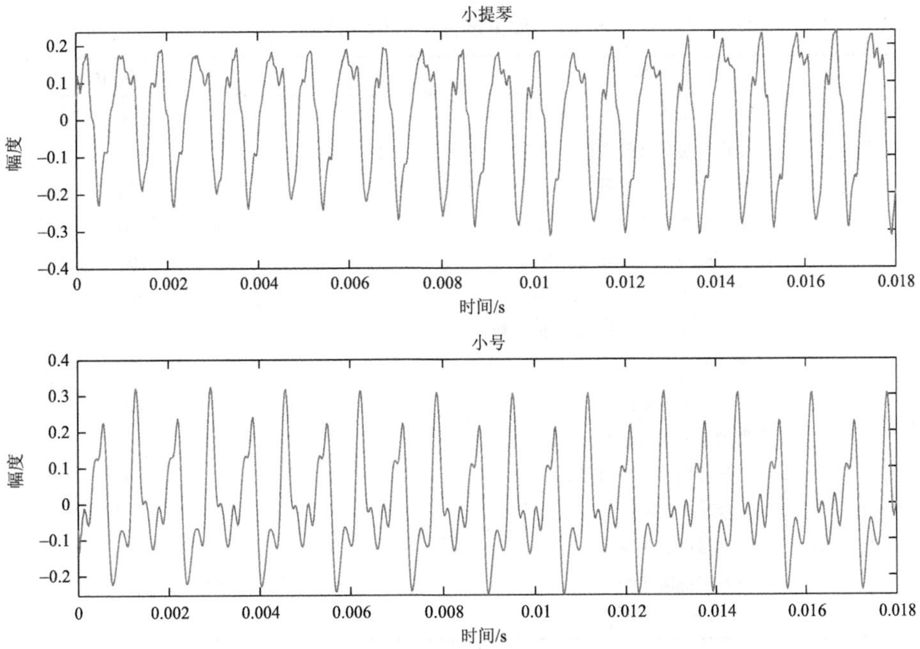

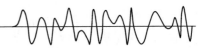

图 2.1　小提琴和小号演奏同一个音符（A3）的时域波形

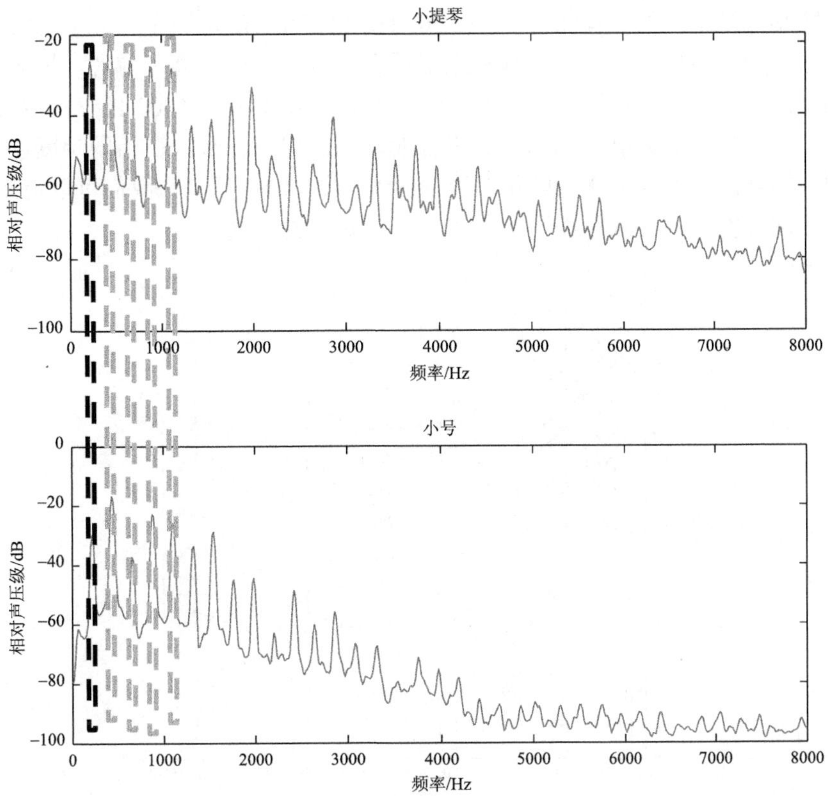

图 2.2　小提琴和小号演奏同一个音符（A3）的频域幅度信息（黑色标注基频、灰色标注前 4 个谐波）

表 2.1　常见声音对应的声压级

声音	声压级/dB
远程火炮手耳边的炮声	140
让听者感到疼痛的声压阈值	130
距离约 100 m 时听到的喷气式飞机起飞的声音	120
夜店舞池中的声压峰值	110
大声喊叫在 1 m 远处的声压	100
重型卡车在 10 m 远处的噪声	90
大型燃油车在 10 m 远处的噪声	80
车内噪声	70
正常交谈时距离 1 m 远听到的声音	60
普通办公室内噪声	50
安静环境中客厅的底噪	40
夜晚卧室的底噪	30
空音乐厅的底噪	20
微风轻拂树叶的声音	10
儿童能听见的最小的声音	0

人耳感知的响度与声压级直接关联，但又不完全一致，其主要原因是：人耳对不同频率的响度感知是不同的。举个例子：对 100 Hz 和 2000 Hz 这两个同处于可听声频率范围内的信号，如果声压级一样，人耳听起来后者的响度会明显高于前者。描述响度通常用方（phon）作为单位，对不同频率的声音，通过主观实验与 1000 Hz 声音对比，在相同响度条件下，响度的数值与 1000 Hz 声音的声压级保持一致。在相同响度条件下，绘制不同频率的声压级曲线，就可以获得等响曲线，如图 2.3 所示。我们可以清楚地看到，为了获得相同响度，各个频率需要的声压级差别是非常大的。

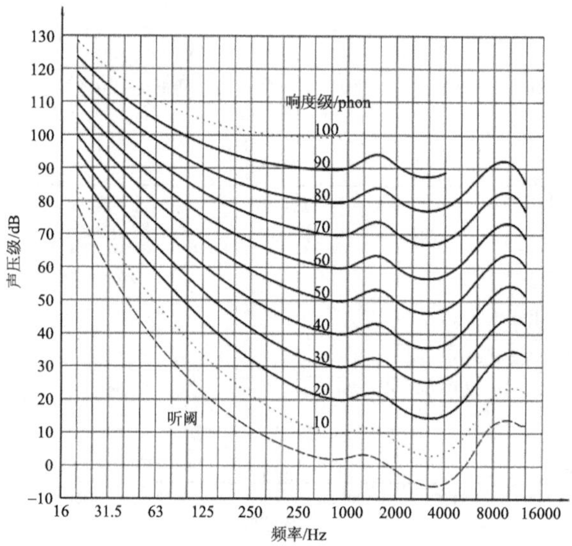

图 2.3　等响曲线

在响度和音高都相同的条件下，音色可用来区分不同的声音。举个最简单的例子：用小提琴和小号在相同的响度下演奏同一个音符（基频相同），我们可以轻而易举地分辨出两种乐器的差别。决定音色的一个重要因素是谐波（泛音）相对基频的比例。图 2.2 用灰色标出了前 4 个谐波成分，可以看出，小提琴和小号的谐波比例关系是有明显区别的。

2.2.2　常见的声源

了解可听声的三要素，尤其对声信号的频域特征有一定的认知，有助于我们更好地分析常见声源的特性。

1. 乐器

不同乐器能演奏的声音频率范围是有区别的。以管弦乐队的弦乐声部为例，小提琴能演奏的频率范围对应的平均基频显著高于低音提琴。图 2.4 展示了常见乐器和人声对应的频率范围，我们可以看出一个显著特征：演奏音域偏高频的乐器（比如小提琴、短笛）尺寸较小，而能下探到极低频率的乐器（比如管风琴、钢琴、低音提琴、低音巴松管）尺寸则很大。这实际上是有物理原因的：几乎所有的声音都由物体的振动产生，而振动向外辐射的声压大小在很大程度上取决于三个因素的乘积——频率、物体表面振

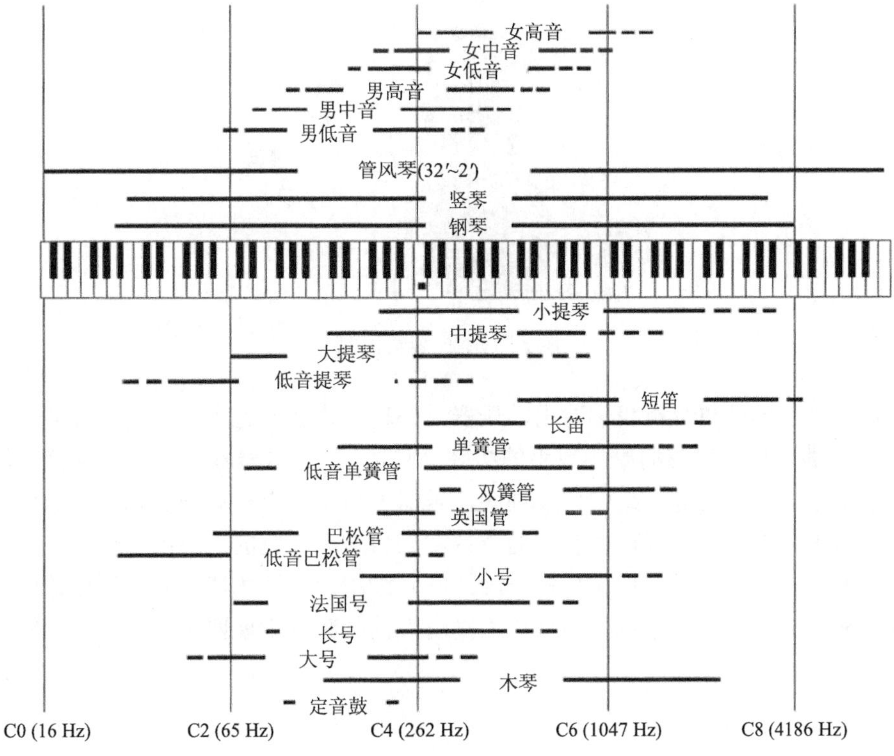

图 2.4　常见乐器的音域

动速度和物体表面积，后两者的乘积我们通常称之为体积速度。在频率较低时，为了获得人耳可辨的较高声压级，需要提升体积速度，而提升物体表面振动速度对物体本身的物理特性要求较高，因此最有效的方式是直接增大物体表面积。有了这个背景知识，我们就不难理解能发出低频音符的乐器为何需要很大的尺寸了。

乐器是如何产生声音的？我们以小提琴为例做一个简单的分析。小提琴典型结构如图 2.5 所示。琴弦在琴弓摩擦或者手的拨动下会发生振动，这个振动决定了小提琴向外辐射的基频，而这个基频取决于三个关键因素：弦的长度、弦的张力和弦的粗细（确切地说是弦的线密度，在弦的材质相同的前提下，线密度就取决于弦的粗细了）。演奏者用手按压指板（fingerboard）可以改变弦的有效长度，弦长越短，基频越高；小提琴的四根琴弦由粗到细，在弦长相同的条件下，对应的基频由低到高（线密度越高，基频越低）；琴弦张得越紧，相应的基频越高。这些都与我们的常识吻合。仅仅只有弦的振动，可以向外辐射的声压级很低，必须通过合适的方式放大声音。对小提琴，这一任务由琴身完成。琴弦的振动通过琴马（bridge，也叫琴桥）传递给琴身，琴声的振动向外辐射的声音就是我们能欣赏的小提琴演奏的音乐了。

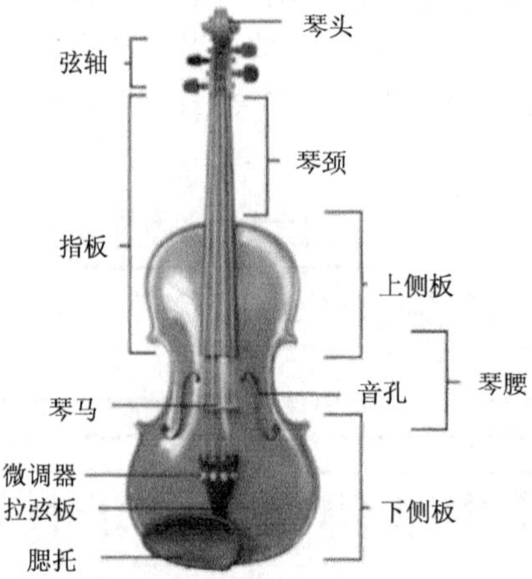

图 2.5　小提琴结构图

通过小提琴的简单分析我们看出，乐器向外辐射声音的过程包含两个部分，一是外部馈入的激励（琴弓对弦的摩擦或手的拨弦动作），二是乐器本身对有效声信号的“放大”。事实上，从信号与系统的角度理解，乐器本身是一个“系统”，外部激励是这个系统的“输入”信号，而我们能听到的声音就来自这个系统的“输出”信号。借助这个观点，我们可以比较容易地理解各种声源的发声过程。与弦乐器不同，管乐器的发声，“输入”来自人嘴吹出的气流，而系统“输出”的基频则主要取决于管乐器中空气的振动频率。

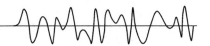

2. 扬声器

另一类很容易想到的声源是扬声器，扬声器的核心作用是把电信号转换为声信号。最常用的动圈式扬声器结构如图 2.6 所示，了解其最基本的工作原理，我们只需要关注其中音圈（voice coil）是如何运动的。音圈与电引线端（electric terminal）相连，会有电流通过。扬声器中有永磁体（magnet）和导磁结构（soft iron structure）生成的磁场，空隙（airgap）处可近似认为是均匀磁场，而音圈本身是置于这个磁场中的，由中学学过的基本的电磁学知识（安培力）便可以知道音圈会因为受力而振动。注意，图 2.6 展示的是扬声器的剖面图，电流其实是垂直于这个剖面的，空隙中的磁力线在剖面中则是沿水平方向的，因此安培力会在剖面中的竖直方向上。相应地，音圈的振动也会发生在竖直方向，音圈连接的振膜（diaphragm）会同步振动推动空气，使扬声器向外辐射声音。

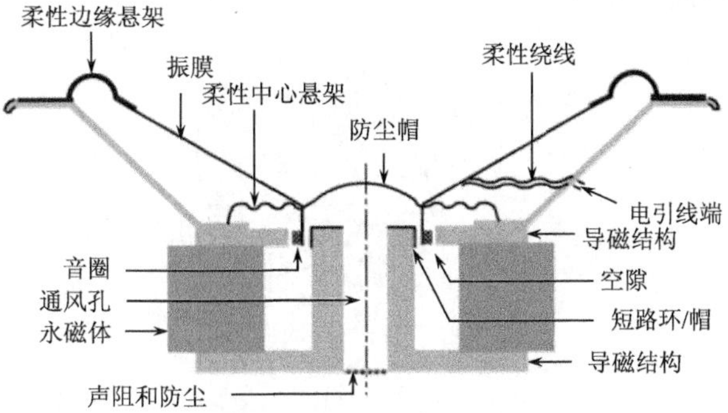

图 2.6　动圈式扬声器剖面图

通过上面的分析可以发现，扬声器振膜振动产生的声音与电引线端馈入的电压（电流）理论上是完全同步的。以 MP3 格式的歌曲播放为例，对本地存储或来自网络的 MP3 数据流，通过解码和数模转换生成模拟电信号数据流，再通过功率放大器接入电引线端，我们便可以听到歌曲了。

与乐器发声的分析类似，扬声器向外辐射可听声的能力同样受到频率和体积速度乘积的约束，这也是为什么我们常见的低音扬声器尺寸比较大的原因。更进一步，低频声波由于波长很长，扬声器振膜正面辐射的声波和背面辐射的声波因相位相反，会呈现“抵消”的效应，导致辐射效率降低。为了避免这个问题，扬声器通常都需要安装在一个专门设计的箱体中，这也是为什么我们通常见到的扬声器是以“音箱”形式呈现的原因。

随着现代社会的飞速发展，我们能端坐在一组大音箱前欣赏音乐的时间越来越少，而用手机、平板电脑等便携设备自带扬声器听节目的时间越来越多。这类设备由于其体积限制，一般只能使用微型扬声器，而微型扬声器由于低频辐射效率低，音质受限严重。改善低频扬声器辐射特性，一方面依赖扬声器器件工艺的进步，另一方面依赖非线性系统建模和补偿技术的突破。

3. 人声

人的嗓音（voice）作为最常见的声源之一，承载了人类最重要的交互信息：语音，也是人类表达情感的工具——歌声——的源泉，在无伴奏合唱（acappella）这类音乐形式中甚至所有的“乐器”都可以是人声。典型的发声生理机制如图 2.7 所示：来自肺部的气流（air from lungs）经过喉部（larynx）、咽部（pharynx）、嘴部（mouth）和鼻腔（nasal cavity）多个器官，通过嘴和鼻的开口向外辐射可听声。发声过程中，声带（vocal cord）是否振动决定了我们发出的是浊音（voiced sound）还是清音（unvoiced sound）。用手触碰喉部，我们可以很容易判别声带是否振动。咽喉、嘴部和鼻腔各个器官组合成了一个复杂的系统，而源自肺部的气流和声带振动是这个系统的激励信号，我们向外辐射的可听声则是这个系统的输出。围绕这个系统构建的数学模型，在语音分析、语音编解码和语音增强等领域发挥着重要作用。

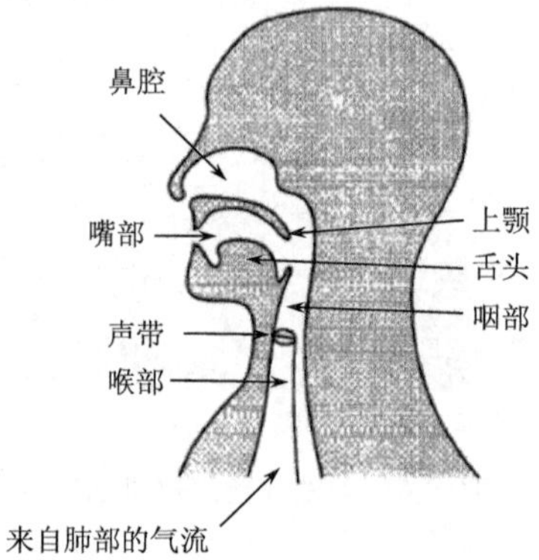

图 2.7　基本的发声生理图

2.3　音频信号的采集

2.3.1　传声器基本原理

采集可听声最常用的器件是传声器，其目标是把声信号转换为电信号。我们可以使用压电材料，借助压电效应设计压电式传声器；也可以借助电磁学基本原理设计动圈式传声器（原理可类比动圈式扬声器的逆过程）。实际应用场景，使用最多的则是电容声压传声器（capacitor pressure microphone）。

电容声压传声器的基本结构比较简单，如图 2.8 所示，电容的一极固定，振膜构成另一极。振膜在声压的作用下往复运动产生位移导致电容发生变化，进而在导线中产生电流。这个电流的大小与声压成正比关系，测量电流值即可换算得到声压值。标准电容声压传声器通常需要一个很高的极化电压，这限制了其在很多消费电子产品中的应用。驻极体电容传声器（electret condenser microphone, ECM）工作原理与电容声压传声器一样，但其通过永久极化铁电材料的使用，有效降低了传声器的工作电压。现有消费电子产品中使用最为广泛的 MEMS 传声器，其工作原理基本也基于电容声压传声器。MEMS 传声器的一个显著优点是高度一致的声学特性，这对传声器阵列的构建尤为重要。

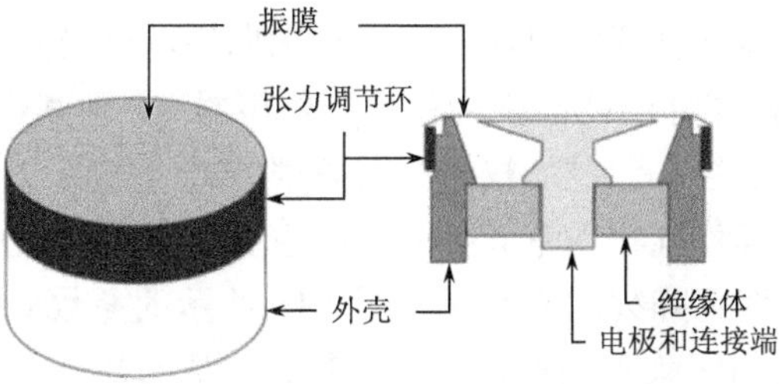

图 2.8　电容声压传声器基本结构图

对通常使用的单侧入声的传声器，在其尺寸远小于声波波长时，可视为无指向性传声器，即传声器对空间各个方向入射的声波灵敏度保持一致。如果传声器允许两侧入声，则传声器会呈现明显的方向选择特性，即对一部分方向入射的声波灵敏度高于其他方向。舞台演出常用的传声器指向性有些类似心形（想一想扑克牌中的红桃符号），这类传声器对正前方入射的声波最灵敏，而对其他方向——尤其是背面——入射的声波灵敏度显著降低。另一方面，由于这类传声器采集的信号依赖于声压梯度，而声源靠近传声器时的声压梯度会远高于声源远离传声器时的声压梯度。综合这两个特点，这类传声器可有效采集演员的声信号，抑制周围环境的噪声。

另一类具有空间指向特性的传声器是枪式传声器，如图 2.9 所示。这类传声器在记者采访和影视同期声录音中有广泛应用。枪式传声器外观呈圆柱状，其末端有一个全指向传声器单元，柱体上开了很多小孔。传声器单元采集到的是经由这些小孔进入柱内的声波在末端叠加后的声压。对沿着柱体轴向入射的声波，各个小孔入射的声波在末端是同相叠加的，可以达到最高声压级；沿着其他方向入射的声波非同相叠加，相对最高声压级会呈现不同程度的幅度衰减。枪式传声器在使用中必须设法将柱体轴向对准期望声源的方位，这样才能充分利用其空间指向性提升采集音频信号的质量。

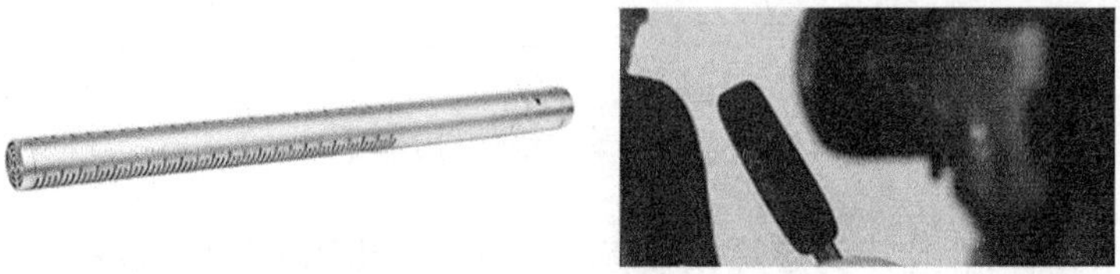

图 2.9　枪式传声器及其应用

右侧应用场景中枪式传声器外套了一层防风罩

2.3.2 传声器阵列

单个传声器虽能形成一定的空间指向性，但其存在两个缺点：一是指向性较弱，二是指向性固定。要在这两个方面有明显改进，可借助传声器阵列技术。多个传声器以一定的结构在空间排布，借助合适的算法实现空间指向性，这类系统都可被视为传声器阵列。如果把枪式传声器柱体开的孔都视为等效“传声器”，则其也可被视为传声器阵列。

每个传声器采集的信号，通过加权平均的处理方式（如图 2.10 所示），可以获得不同的空间指向性。传声器阵列实现空间指向性的主要手段是波束成形（beam forming），其核心目标是通过有效调整阵列的参数（如图 2.10 所示的参数 w）获得预设的空间指向性。以图 2.10 所示的均匀线阵列为例，若阵列参数全部为同一个常数，则垂直于阵列连线方向的入射声波会被同相叠加，获得最大增益，其他方向入射的信号则因非同相叠加，相比于垂直入射方向呈现不同程度的信号衰减（这里隐含了空间采样定律的约束，即阵列中相邻传声器间距不超过声波波长的一半）。对特定入射角的声信号，阵列每个传声器单元采集到的信号有延时上的差别，若阵列参数能有效补偿这个延时，则阵列能达到增强特定入射角声信号的目标。这类最基本的阵列参数优化方案被称为延时求和（delay and sum）方案，是波束优化中很常用的方案。这类方案理论上有最高的抗干扰性能，但其空间指向性相对较弱，一般需要大量的阵列单元才能获得较好的空间选择特性。实际的波束优化，往往会针对特定的应用目标和抗干扰性指标，借助数学上约束优化的方法达成目标。

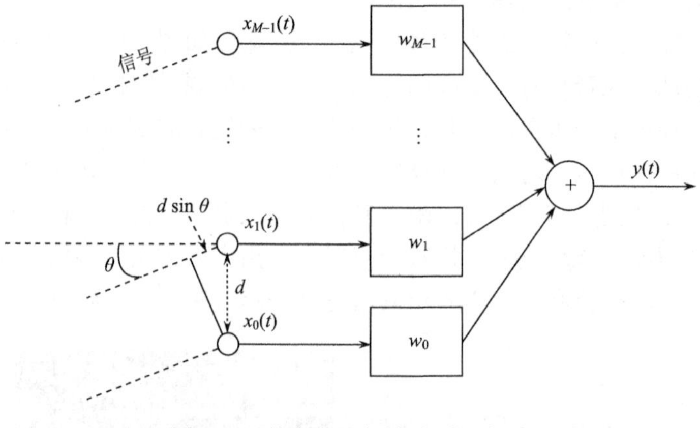

图 2.10 基本的均匀线阵列示意图

阵列在雷达、通信和超声医疗等领域有广泛应用。相比于这些领域，音频声阵列的一个显著难点在于其等效带宽极宽。考虑到可听声覆盖了 10 个倍频程（也可通俗地理解为 10 个八度）范围，想在这么宽的频带范围都获得稳定可靠的空间指向性是很困难的任务。目前吉尼斯世界纪录记载的最大规模的传声器阵列是美国麻省理工学院研发的 LOUD 系统，如图 2.11 所示，其一共使用了 1020 个传声器单元。当然，这种规模的阵列在实际应用场景中很难配置。工业界常见的阵列如图 2.12 所示，一般用于对噪声分布建图以准确定位噪声源，或采集声场信息用于有效的声场重构。近年来逐渐普及的智能音箱（如图 2.13 所示），普遍也采用传声器阵列技术。受到设备尺寸的限制，这类阵列无法配置很多传声器，通常使用 2～8 个单元。从广义上讲，手机、耳机甚至助听器中使用的 2～3 个单元的传声器系统，也可被视为传声器阵列。

图 2.11　包含 1020 个单元的 LOUD 阵列系统

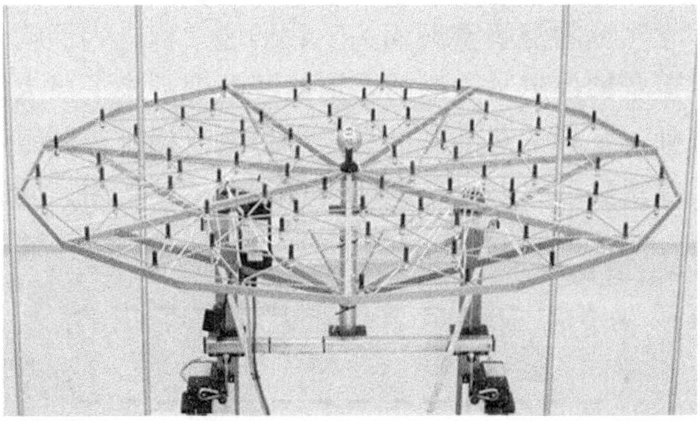

图 2.12　工业用传声器阵列

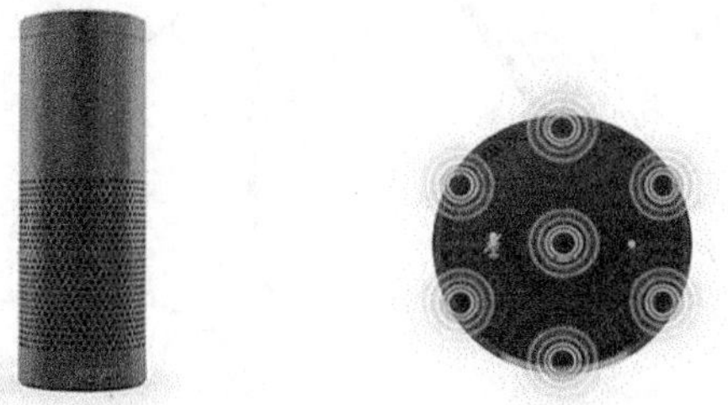

图 2.13　首个大规模商用的智能音箱 Amazon Echo
及其顶部传声器阵列（包含 7 个单元）

2.4 音频信息处理

噪声干扰是音频应用面临的最重要问题，音频信息处理的主要目标就是抑制噪声。如图 2.14 所示，常见的噪声根据来源可分为如下几类。

（1）背景噪声：相对于期望音频信息（语音最为常见），来自周围环境的噪声都属于背景噪声。

（2）声回声：声回声是指通信设备中远端说话者的语音在近端被扬声器系统和传声器系统耦合后重新传给远端说话人的一种声学现象。现在广泛应用的智能语音交互系统，如智能音箱和智能手机等，即便不处于通话场景下，传声器也会采集到设备播放的音频节目，进而产生声回声。

（3）同类型干扰噪声：干扰噪声与期望声是同一种类的音频。对语音通信而言，除了通信设备的使用者，周围其他说话人的语音都是干扰噪声；当我们希望从一段音乐节目中提取特定乐器的声音时，其他乐器的声音就是噪声。

（4）混响：身处教堂、空旷的大教室等环境中，人们互相交谈时会感觉听到的语音信息很“浑浊”，这是由于说话人的声音经过多次反射到达听音者双耳产生的效果。由于这类噪声与建筑声学领域的混响密切相关，我们通常称之为混响。与其他噪声的显著不同在于，混响与期望音频信息是同源的，这给其处理带来了极大的挑战。

除了抑制噪声以外，音频信息处理的另一个重要目标是声源定位，一般由传声器阵列结合合理的算法演算得到。声源定位对噪声抑制有辅助作用，同时还在声场信息分析中扮演重要角色。

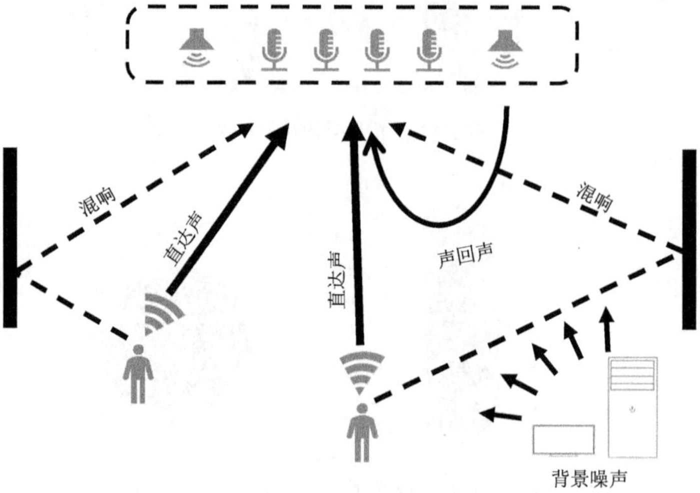

图 2.14　音频处理常见的噪声

2.4.1　语音增强

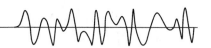

仅从字面意思看，语音增强的目标是提升期望语音的信噪比，从这个角度看，所有非期望语音的声信息都可视为噪声，包括背景噪声、声回声、干扰语音和混响。学术上，语音增强的处理目标通常仅针对背景噪声的抑制，本书也依此目标介绍其主要处理方法。语音增强的一个核心目标是提升信噪比，即期望信号功率与噪声功率的比值，在不降低期望信号质量的前提下，信噪比越高，对应的语音增强处理效果越好。

经典的语音增强处理方法构建在统计信号处理的基础上，具体处理策略依据采集信号的传声器数量有所不同。

1. 单通道处理

在只有一个传声器的条件下，语音增强的核心目标是追踪噪声统计特性（通常是功率谱特征），并根据追踪结果依据统计信号处理算法（常用的包括维纳滤波和贝叶斯估计中的最小均方误差准则）计算合理的增强因子。增强因子作用到采集信号上，恢复出期望语音信息。为了有效追踪噪声统计特性，通常还需要对采集信号做话音激活检测（voice activity detection, VAD），以区分采集数据中是否存在语音。有了话音激活检测的结果，算法统计处理尽量只在纯噪声段进行，这样可提升噪声估计的准确性。考虑到语音肯定存在间隙段，而且即便是持续的语音，也不可能持续覆盖所有频带范围，因此纯噪声段在理论上是大量存在且可以定位的。增强因子的设计一般在频域进行，这样可以根据各个频点的不同特性有针对性地优化增强因子。单通道处理面临的最大挑战是噪声的非平稳特性：仅在纯噪声段估计的噪声特性不能准确表征混入语音的噪声，因此其输出结果很难平衡噪声抑制量和语音音质。

近年来随着人工智能领域深度学习技术的快速发展，基于深度神经网络的单通道语音增强在学术界和工业界得到广泛关注。从本质上看，有别于前述基于规则（rule-based）的统计信号处理方案，深度神经网络增强方案属于数据驱动（data-driven）方案——有效的神经网络增强方案依赖大量的训练数据。其实很早就有学者提出在语音增强中使用神经网络，但受到多层神经网络训练困难的制约，早期用于语音增强的是小规模浅层网络，其建模能力有限，处理效果无法满足实际应用场景的需求。图灵奖获得者 Hinton 教授 2006 年在多层神经网络训练技术上取得突破，自此以后，很多行之有效的技术不断提升大规模神经网络的性能，推动了深度学习技术的广泛应用。

从处理策略角度看，语音增强中深度学习技术的应用大体可分为端到端（end-to-end）有监督（supervised）方案和结合信号处理的混合方案两大类。对第一类方案，端到端是指整个增强方案完全依赖深度神经网络，有监督则指网络的训练需要明确的预期输出信息。对语音增强，这个预期输出信息是不受噪声污染的纯净语音。神经网络的工作流程分训练和推理两个阶段。在训练阶段，需要对大量的纯净语音和噪声进行混合，混合结果作为网络的输入信息，训练过程中纯净语音及其特征信息作为网络的预期输出，训练的目标是使网络具备输出纯净语音的能力。网络结构的设计、损失函数的选择和训练数据的丰富程度都会显著影响训练的效果。在推理阶段，网络的输入是实际应用场景中的含噪语音，输出的结果则是抑制噪声后的纯净语音。对第二类结合信号处理的混合方案，语音增强最终的输出一般依赖统计信号处理策略，神经网络通常起提供辅助信息的作用。仅靠信号处理方案难以估计的参数，可以交由神经网络进行预测；对算法处理中需要用到的纯净语音信号模型，也可交由神经网络建模。

2. 双通道处理

如图 2.15 所示，在允许使用两个传声器的条件下，如果能用一个数学模型有效表征噪声传递到传声器 1 和 2 的相对差异，则可以把传声器 1 视为“参考”，用其采集的噪声预测传声器 2 采集的噪声，进而在传声器 2 的采集信号中抑制噪声。借助这种策略，语音增强的核心问题由噪声估计转换为传递函数的匹配（学术上可归类为系统辨识），匹配常用的策略是自适应滤波。这个策略的优点在于：如果传递函数能有效匹配，则理论上噪声是否平稳对语音增强的效果不会产生显著影响。这一策略面临的挑战也是显而易见的：如果传递函数匹配过程不做约束，数学模型不仅会匹配噪声的相对差异，还会匹配期望语音的相对差异，输出结果噪声被抑制的同时，语音也被抑制了。为了弱化这个问题带来的影响，还是需要实施语音激活检测，使传递函数匹配仅在噪声段进行，这样匹配的数学模型理论上就只对噪声有效，而不会显著影响语音音质了。

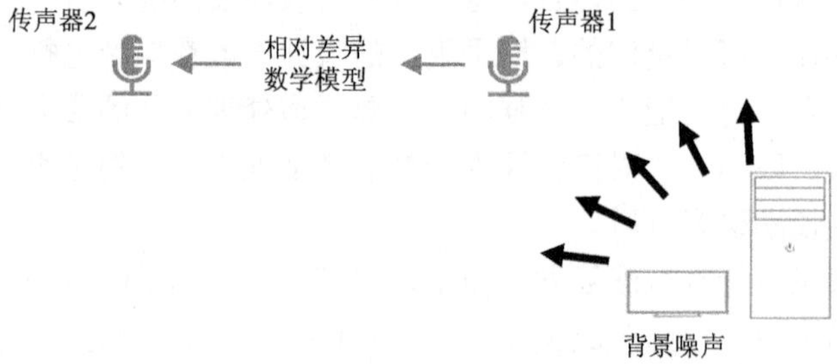

图 2.15　双传声器语音增强原理示意图

现有的智能手机、蓝牙耳机甚至助听器，普遍采用双传声器的策略，有些设备为了获得更好的处理效果，还会配置三个传声器。另一方面，在复杂应用场景中，很难仅通过传声器采集信号获得有效的话音激活检测结果，因此有些设备（尤其是蓝牙耳机）还会通过增加辅助传感的方式进一步提升话音激活检测效果。用手指接触面颊，在说话的时候可以很清楚地感受到面颊的振动，辅助传感（常用的是加速度传感器）就是通过拾取这样的振动信号来判别使用者是否在发声。辅助传感一方面可以获得更准确的语音噪声分类，另一方面其采集信号本身也可作为辅助信息参与到语音增强算法中，使算法处理获得更好的效果。

3. 传声器阵列

如 2.3.1 节所述，传声器阵列通过合适的优化，可以获得空间指向特性。如果期望声源与噪声源在空间上有区分度，则可以通过阵列的空间指向性有效提升信噪比。理论上，阵列的尺寸越大，传声器单元个数越多，可以有效处理的频带范围就越宽。最简单的延时求和波束理论上具备最好的抗干扰特性，但其空间指向性偏弱。为了在阵列尺寸受限和传声器单元数量受限的条件下获得有效的空间指向性，音频声学领域的研究者提出了大量的优化方案。这些方案的核心目标可以归结为在确保期望声源音质不受影响的前提下，尽可能提升阵列对于空间噪声的抑制能力。波束设计中另一个需要考虑的重要问题是声场的不确定性，常用的点声源（声波以声源为球心呈理想球面形式向外扩散）和平面波模型（垂直于声波传播方向波阵面上的每一点幅度和相位保持一致）在实际应用场景不可能严格成立，因此抗扰动性能是波束设计的一项重要指标。

阵列波束处理的结果还可以和双传声器策略结合，构成自适应波束处理方案。对期望声源方位的波束输出结果已经在空间上进行了噪声抑制，结合双传声器的传递函数匹配策略可以进一步有效抑制波束输出的残留噪声。广义上讲，双传声器可以视为最基本的传声器阵列。基于阵列的语音增强本质上是在时域、频域和空间三个维度上实现语音和噪声的分离。深度神经网络强大的建模能力在阵列处理中同样可以起到重要作用。除了前述加速度传感器以外，在类似智能家居和车载应用场景中，摄像头采集的视频信息同样也可以作为辅助信息用于提升阵列处理的效果，甚至在一些极端恶劣的低信噪比场景中，视频信息可直接用于语音识别。

2.4.2　声回声抑制

如图 2.14 所示，激励扬声器的信号，无论是来自通信远端的数据还是来自设备自身播放的音频节目，都可以视为已知信息。这个已知信息通过从扬声器到传声器的传递路径传入传声器中，就形成了声回声。本质上看声回声抑制属于典型的传递路径匹配问题——只要能对扬声器到传声器的传递路径建立有效的数学模型，就可以准确算出传入传声器的回声，进而在采集信号中消除回声的影响，只保留有效的近端说话人语音。

考虑到扬声器自身的非线性效应以及传递路径的时变特性，仅依赖常规的传递函数匹配方法（如自适应滤波）无法获得理想的回声抑制性能，因此完整的声回声抑制系统一般还需要包含一个残留回声抑制模块。类似智能音箱这样的设备，由于结构设计紧凑，扬声器距离传声器很近，这就使得传声器接收到的回声声压级远高于外部说话人语音的声压级，这种场景下传递路径匹配结果对应的残留回声往往会非常显著，需要进一步设计残留回声抑制模块。常规的统计信号处理方法很难有效平衡残留回声抑制和保留语音音质这两个目标，针对这一问题，近年来基于深度神经网络的残留回声抑制受到越来越多的关注。

现代通信系统对音频交互的质量要求越来越高，相应地，通信系统使用的扬声器和传声器数量也会越来越多。考虑到每个扬声器到每个传声器都有回声耦合的路径，因此声回声抑制系统面临多通道处理的挑战。理论上，多通道声回声抑制会面临传递函数匹配结果非唯一的问题——简单地理解，传递函数求解对应的是欠定方程组。由于这个问题的存在，求解结果对应的不一定是物理上真实的传递函数，进而会使得系统出现扰动时泄漏大量回声。多通道处理面临的另一个重要问题是计算量显著增大，理论上有效的回声抑制需要匹配所有的回声耦合路径。

另一类比较特殊的“回声”出现在本地扩声系统中，即需要用传声器采集特定声源信息，放大和均衡（调音）以后通过扬声器系统即时重放。这类系统最典型的应用场景就是“卡拉 OK”。如图 2.16 所示，声源信号进入传声器，再经由放大和均衡操作馈给扬声器，由于扬声器到传声器耦合路径的存在，传声器会接收到扬声器反馈的“回声”，再经过放大馈入扬声器。如果不做任何处理，这个流程循环迭代，“回声”可能会被不断放大，进而导致扬声器出现啸叫（大多数人在卡拉 OK 时都有过这个体验）。这一类回声的特殊之处在于：回声与声源信息是完全关联的，如果不加区分沿用一般声回声抑制的处理策略，其结果必然是回声抑制的同时声源信息也被抑制了——卡拉 OK 时我们听不到自己来自扬声器的歌声。应对这一问题的处理方案在学术上我们称之为反馈抑制或啸叫抑制，其难点就在于如何在处理过程中区分真正有效的声源信息和来自扬声器的反馈。

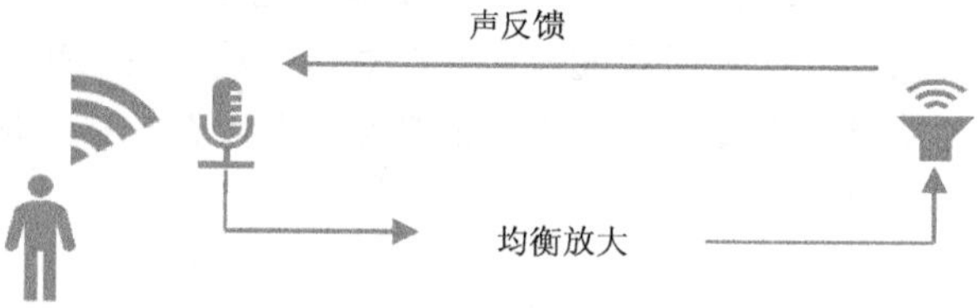

图 2.16　本地扩声反馈带来的“回声”

2.4.3　盲源分离

在多人说话的嘈杂环境中，人耳的听觉处理系统可以很轻松地聚焦到我们感兴趣的说话人，抑制其他说话人的干扰。这一机制在学术上专门有个名词叫鸡尾酒会效应（cocktail party effect）——鸡尾酒会就是典型的多人说话场景。对音频处理，盲源分离（blind source separation, BSS）的最重要目标就是要借助合理的算法拟合人耳的鸡尾酒会效应。

以图 2.17 所示场景为例，传声器采集到多个说话人的混合语音，盲源分离的目标是要解出每个说话人的语音。传声器 1 对应的采集信号（已知信息）是三个说话人语音（未知信息）经由不同的传递路径传输叠加后的结果，传声器 2 和 3 对应的采集信号类似。如果多个说话人到每一个传声器的传递路径是已知信息，那么对应的问题可以简单理解为最基本的多元一次方程组，这用初等代数方法就可以求解了。很显然，对实际应用场景，这些传递路径不可能是已知信息。如果已知每个说话人的方位信息，可以借助 2.4.1 节描述的传声器阵列技术实现分离，即对每个说话人通过合适的波束在空间上有效提取其信息而抑制其他说话人的信息。只是这类处理方式用到了关于方位的先验信息，严格意义上不能称之为“盲”源分离。

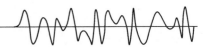

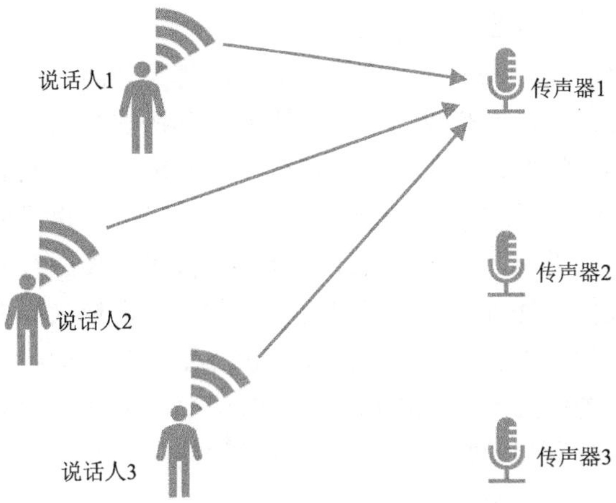

图 2.17　盲源分离场景示意图

在仅有传声器采集到的混合语音时，想求解出各个说话人语音，实现真正意义上的盲源分离，我们可以借助声源的独立性条件，即每个说话人的语音在统计意义上是没有任何关联特性的。依据这个事实，可以根据统计学和信息论的基本理论定义关于独立性的数学目标，并借助有效的优化策略最大化这一数学目标，进而实现盲源分离。实际应用场景中语音的混合并不是简单的线性叠加，而是通过传递路径卷积混合的。借助傅里叶变换把信号转换到频域，对应的混合过程则满足线性叠加准则，因此通常基于信号独立性的盲源分离方案都是在频域进行的。随之而来的一个问题是：即便在每个频率实现了有效分离，但我们并不知道各个频率分离结果的对应关系，无法把特定声源的所有信息归集到一起，通过逆变换把信号转回时域。这便是经典盲源分离方案面临的排序问题。为了解决这个问题，比较有效的处理方案是在设定信号统计模型时，考虑信号在各个频率的相互依赖关系，并借助这个依赖关系实现各个频率分离结果的自动排序。解决排序问题的另一种处理方案是张量分解。简单地理解：对音频信号而言，时域、频域和空间三个维度形成的数据结构就构成一个三阶张量。在考虑信号独立性的条件下，张量分解具备特定的形式，可以有效融合信号各个频率之间的依赖关系。理论上，基于多传声器采集信号的大部分盲源分离算法都可以归结到张量处理的框架下。

近年来基于深度神经网络的盲源分离受到广泛关注，在训练数据充分的前提下，其仅需要一个传声器就有望获得有效的分离结果。从特征提取、训练目标和网络结构来看，完全有监督学习的深度神经网络盲源分离方案和前述语音增强方案没有本质区别。把盲源分离中的干扰语音视为噪声，则盲源分离可以归类为特殊的语音增强；对背景噪声来自特定声源的应用场景，语音增强的过程也可被视为盲源分离的过程——把来自期望说话人语音和干扰源的噪声相互剥离。考虑到盲源分离中的噪声——其他说话人的语音——与期望说话人语音的声学特性高度一致，因此盲源分离相比语音增强难度更大。除了完全端到端的有监督学习神经网络方案，如果允许事先采集各个说话人的语音信息，则可以通过神经网络对说话人建模，并将建模结果融入基于规则的盲源分离算法中，实现基于网络模型和信号处理的混合分离方案。

盲源分离的结果即便实现了多个说话人语音的完美分离，有一个问题仍然悬而未决：究竟哪个或哪几个说话人语音是我们真正想要的？解决这个问题一般需要一定的先验信息，比如期望说话人的注册语音信号、语音模型以及期望说话人的方位等。类似说话人方位这样的先验信息既可以通过 2.4.5 节所述声源定位获得，也可以结合摄像头通过视频信息获取。与语音增强类似，视频信息还可以作为盲源分离的有效补充信息。这类综合音视频数据实现音频信息处理的方式学术上一般称之为多模（multi-modal）处理。多模处理有很强的心理声学和生理声学背景，以 McGurk 效应为例：受到视觉信息的影响，我们的听觉系统感知的信息不一定是真正的音频信息。例如当实际音频信息为“八”这个音时，如果我们同时看到的视频信息是一个人展示出“发”的嘴型，则几乎所有人都会认为发出的是“发”这个音。

近年来与盲源分离有关的一个热点问题是多人说话场景的语音分割和聚类（diarization），其目标是在多说话人场景中，对每个时间段判别出有哪些人说话，同时准确分离并辨认出这些特定的说话人语音。这一功能对会议系统的自动语音转录非常有用，也可在声学场景的准确建模和传输中扮演重要角色。

2.4.4 混响抑制

如图 2.14 所示，说话人的语音经过房间内壁面、屋顶、地面和房间内物体的多次反射和散射最终传递到传声器中，这些反射和散射产生的声波与说话人的语音完全同源。完全没有反射和散射的环境在自然界中几乎不存在，人耳通常比较适应存在一定混响的声学环境。换句话说，就音频信号的主观感受而言，适当的混响是有正面作用的，但混响太重，音质就会显著劣化。描述混响的客观声学参数一般用混响时间 T_{60}，即从声音消失那一刻算起，声压级衰减 60 dB 需要消耗的时间。在混响较重的条件下，传声器采集的语音不仅不利于语音通信，对智能语音交互系统的语音识别性能也会带来显著影响。

理论上语音增强的大部分策略都适用于混响抑制，但由于混响与期望语音的同质性，准确跟踪混响的统计特性非常困难。在已知声源到传声器传递路径数学模型的前提下，可以借助逆滤波的方式实现混响抑制。大多数实际应用场景中这个传递路径的数学模型是无法提前获取的，此时我们还可以借助语音的短时平稳可预测特性来实现混响抑制。其基本处理思想是：当前传声器采集到的信号是由有效语音（直达声和早期反射声）和混响叠加而成的，考虑到语音的可预测特性，可以从过去的采集信号结合合适的信号模型预测出混响信息。进一步考虑语音的短时平稳特性，混响和有效语音可被视为不相关的两个分量，因此可直接从当前采集信号中减去混响估计结果得到有效语音的估计结果。这一方案的实施过程中，有很多参数需要估计，这些参数一方面可通过合理的先验条件通过信号处理手段估计，另一方面为了应对复杂场景的应用需求，也可通过深度神经网络进行估计。当然，神经网络的应用不仅限于参数估计，设计完全端到端的神经网络直接实现混响抑制也是完全可行的。

2.4.5　声源定位

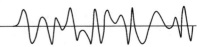

声源定位一般需要借助传声器阵列，通过不同传声器采集信号的差异推断声源的具体位置。事实上，人的两只耳朵可被视为最基本的声学“阵列”，而人耳具备相当好的声源定位性能。大多数场景下，在听到有人呼唤我们的名字时，我们会下意识地根据定位结果扭转头部或身体使得我们能准确面向对应的说话人。人耳在实施定位时，可参考的主要信息包括双耳接收声波的延时和幅度差异、头肩部以及耳廓的散射效应、对声学环境和声源信息的先验知识以及头部轻微晃动捕获的声学信息差异等。在水平方向，人耳能定位的分辨率极限大约为 5°，垂直方向的定位精度则差得多。这很容易理解：相比于水平方向，垂直方向声源位置移动导致双耳获得的相对声学信息偏差小得多。

借助传声器阵列实现声源定位的常见策略有三类。第一类策略使用 2.4.1 节所描述的阵列波束（空间选择特性），调整波束，使其最大响应方向在全空间扫描，每扫描一个位置就计算一次阵列的输出功率，则输出功率最大的一个或几个方向对应的就是定位结果。第二类策略是通过计算多个传声器采集信号的互相关特性推断出相对时延，再由相对时延折算出定位结果。第三类策略稍微复杂些，其通过阵列单元采集信号的空间相关特性或空间中信号与噪声的正交特性构造空间谱——关于声源方位的数学函数，该函数可在期望声源方位取到极大值。理论上，这三类策略有很强的相互关联，甚至在特定场景下是完全等效的。对规则排布的阵列，如均匀分布的圆阵列或球阵列，定位方案的实施除了可以在时频空间操作以外，还可以借助谐（harmonic）函数对声场做正交分解，在分解后的变换域进行定位。

实际应用场景中声源定位面临的挑战主要是噪声和混响的干扰。如果特定方位的噪声声功率超过期望声源，一般的定位策略会错误定位到噪声方向；混响较高的应用场景，来自四面八方的反射和散射声会显著降低定位精度。解决强噪声干扰的问题需要在定位的同时区分声源类型，解决混响干扰的问题一般则借助直达声的判决。这两类方案的实施既可以借助统计信号处理策略，也可以使用深度学习策略。

严格意义上，上述关于定位的讨论，其结果对应的是声源的“方向”，而非三维空间的“位置”。借助立体阵列的多个传声器单元，由多组定位结果可以推断出有效的空间位置。以基于时延估计的定位策略为例，两个传声器在特定相对时延条件下的定位结果理论上是三维空间的双曲面，三组传声器定位的三个双曲面相交，理论上即可定出三维空间的特定位置。

对依赖空间扫描的定位方案，其扫描过程还自然生成了声功率随空间坐标变化的分布。如果用不同的颜色区分声功率的大小，则可以生成声景图，如图 2.18 所示。为了保证这个图的准确性，需要阵列波束在空间有很高的精度，相应的阵列尺度要足够大，单元个数也要足够多。如图 2.19 所示的球阵列是最常见的建图阵列，商用产品甚至会直接将其命名为声学照相机。

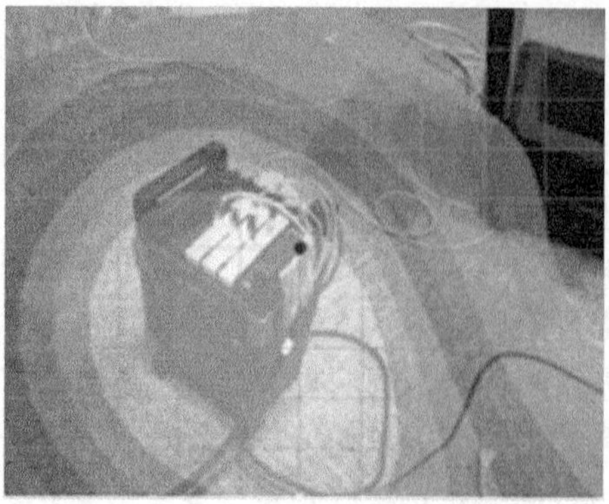

图 2.18　声景图案例（扫码查看彩图）

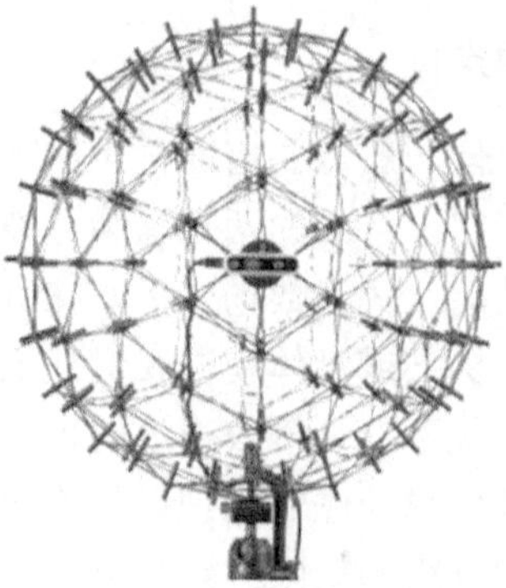

图 2.19　球阵列

从上面的讨论可以看出，音频信息处理的各个分支并不是相互独立的，而是有着非常深入的交叉融合，尤其是在引入传声器阵列的条件下。多处理目标和多处理策略的融合，以及融入更多传感信息的多模处理方案，是未来音频技术方向的重点研究内容。

2.5　声 场 调 控

声场调控的核心目标是根据特定应用场景的需求改造甚至重构声场。广义上讲，噪声控制也可纳入声场调控的范畴。考虑到本书中噪声控制内容独立成章，因此本节不讲述噪声控制的内容。如果我们仅关心听到音频节目的内容，则性能好的单扬声器系统足以满足我们的需求，但单扬声器系统显然不能满足立体声重放的需求。要准确感知立体声，扬声器系统至少需要两个单元，重放目标是为听音者的双耳服务。进一步，如果希望扩大有效听音区间，则可以借助声场重构技术在较大的区域内还原整个期望声场。在特定应用场景，不同区域的听音者有不同的听音需求，将不同的音频节目投射到不同区域则需要借助声场分区控制技术。

2.5.1　双耳声重放

立体声重放最容易想到的设备是耳机，其好处在于听音过程完全私密化，且耳机重放不会受到声场的干扰，频响易于控制。基于耳机的双耳声重放，其核心目标是重构双耳在目标声场中的听觉体验。如果目标声场是完全虚拟的声学环境，则可作为虚拟现实（virtual reality, VR）的重要组成部分；如果目标声场虚实结合，则可作为增强现实（augmented reality, AR）与混合现实（mixed reality, MR）的重要组成部分。常用的声学模型通常被称为头相关传递函数（head related transfer function, HRTF），用于描述空间中不同方位的声源到双耳的声学传递路径。空间中无论存在多少声源，理论上都可以通过声源信息与相应传递路径作用的结果演算出双耳处需要重放的声信息。常用的头相关传递函数数据库大多是用仿真人头在消声室环境下采集的，而仿真人头只能在平均意义上吻合听音者群体声学特征，无法准确体现每个个体听音者的真实声学特征。因此，借助仿真人头数据库演算出来的结果无法回避耳机声重放面临的头中效应，即听音者用耳机听具备特定方位感的声信息时，往往会感觉声音是来自脑内，而不是外部特定方位。缓解头中效应的一个有效途径是针对听音者个体使用个性化的头相关传递函数，并辅以适当的音效处理。

长期佩戴耳机会不可避免带来听力损失，且无论是耳罩式、耳塞式还是半入耳式耳机，长期佩戴的不适感都是令人难以忍受的。采用多个扬声器重放立体声是更为“健康”的重放方式，但其面临的最显著的问题是左右通道的串扰（crosstalk）。耳机重放可以保证左声道只入左耳，右声道只入右耳。扬声器重放时，左声道不可避免泄漏入右耳，右声道也不可避免泄漏入左耳，如图 2.20 中虚线标注的串扰路径。为解决这个问题，需要借助一个预处理过程，如图 2.20 中黑色框所示。预处理系统和声学传递路径的总体目标是为了消除串扰的影响，理想情况下，左耳接收的声音与左通道数据完全匹配，右耳接收到的声音与右通道数据完全匹配。在系统中声学传递路径已知的前提下，理论上这个问题在数学上是很容易通过信号处理策略求解的。但在实际应用场景中，听音者的位置是不确定的，偏离优化位置以后对应的串扰抑制效果会显著弱化，进而导致立体声重放效果劣化，这是为什么立体声重放系统存在特定最优听音区域的重要原因。为了有效扩大最优听音区域范围，一个直观的解决方案是提升扬声器单元数量。从优化角度看，这等效于提升了系统可调参数数量，增加了可以优化的空间点数，进而使得优化过程可以考虑听音者位置偏移的场景。

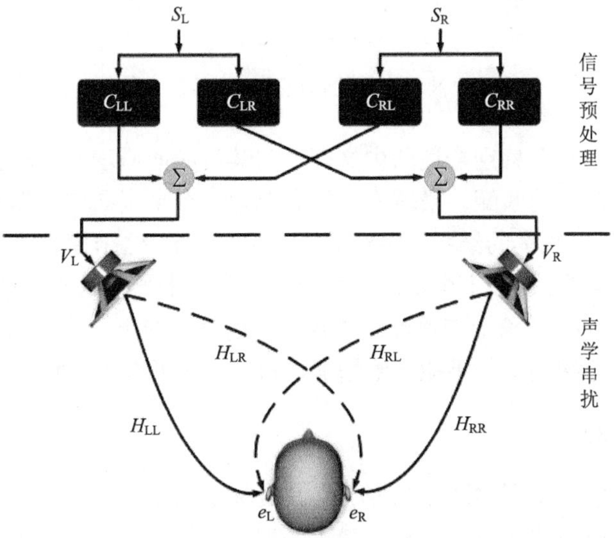

图 2.20　双耳声重放面临的串扰及其处理方法

2.5.2　声场重构

常规多声道环绕声，比如大家熟悉的杜比 5.1、7.1、Atmos 等，其声重放系统需要多个扬声器单元，与传声器阵列类似，我们可以把类似的系统称为扬声器阵列。这类声重放系统是以空间听觉的心理声学原理为基础，优化扬声器单元空间分布及相应的激励信号，达到重现特定声学事件的目标。由于其并不是严格意义上的声场复现，重放效果不能做到全空间覆盖，仍然存在最佳听音区域。理论上可以在扬声器阵列覆盖的空间内准确重构任意声场的策略包括波场合成（wave field synthesis, WFS）与 Ambisonics。

波场合成对应的物理基础很简单——惠更斯原理（如图 2.21 所示），从声学角度解释得更具体些：如果我们能在特定声源声辐射的波阵面上，重构波阵面的声压和声压梯度信息，则可以在波阵面后完美拟合出特定声源的声场信息。从这个原理出发，对任意复杂的声场，如果能知道声场中每个声源的具体位置，则可以采用面向对象的处理方式，记录声源的声信号及对应的坐标信息，进而在重构声场中借助扬声器阵列重构出目标声场。很显然，这样的声场重构方式需要的扬声器单元个数是非常惊人的。

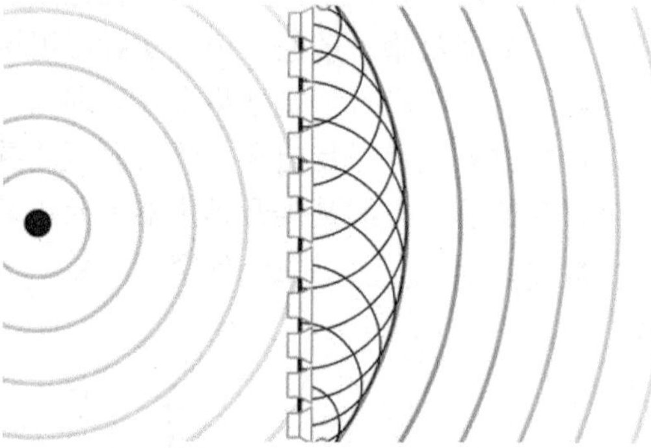

图 2.21　波场合成的物理基础——惠更斯原理

Ambisonics 目前没有特别合适的中文翻译，其对应的原理用比较通俗的语言解释是要实现对声场“模态”的匹配。最基本的模态包含一个全指向传声器和三个相互正交的“8”字型指向传声器采集的结果——一阶 Ambisonics。这个模态进一步简化可对应一类常见的立体声采集方式：一个全指向传声器和一个沿水平方向的“8”字型单指向传声器。完整的 Ambisonics 理论上依赖球谐函数对声场完备的正交分解，但实际系统受到传声器数量的制约，分解的阶数不能无限增加，可以完美匹配的声场存在频率上限。

2.5.3　声场分区控制

声场分区的典型示意图如图 2.22 所示，其目标是为了满足同一听音区域不同听音者的需求，同时尽可能弱化节目源的相互干扰。理论上传声器阵列的大部分固定波束优化方案都可应用于声场分区控制，但相比而言，扬声器阵列由于在声辐射后，总体性能完全受制于声场物理特性，波束设计的一些关键先验条件不成立，因此能满足实际应用需求的可选策略受限。扬声器阵列的波束设计更多地用于现场演出的扩声（如图 2.23 所示），常见的功能是借助波束的主瓣缓解声波传递到后排听众位置声压级明显衰减的问题。

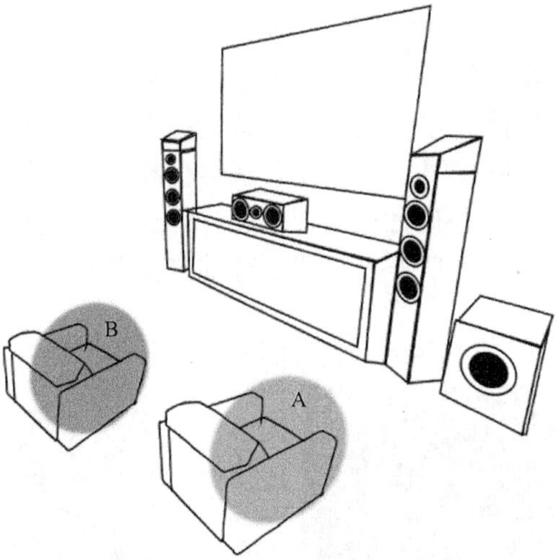

图 2.22　声场分区控制示意图

图 2.23　用于现场演出的扬声器阵列（悬吊在舞台两侧）

现有的声场分区控制方法总体上可归为两类：声对比度控制和声场匹配，匹配目标既可以是直观的声压，也可以是声场的模态。声对比度法理论上可以获得最佳的声功率泄漏控制，但其无法保证在有效区域获得准确的期望声场，而声场匹配及其修正方案理论上可以平衡声功率泄漏和期望声场还原性能。考虑到实际应用场景的复杂性，控制系统的鲁棒性是目前最受关注的研究点。鲁棒性控制一方面需要提升分区控制在不同声场景下的适应性，一方面还要关注扩声系统的总功率限制。在分区控制中结合听觉掩蔽效应提升听音者主观感受、同时进一步实现隐私保护，则是综合性能更为有效的策略。对于汽车座舱等特定应用场景，还可以结合带扬声器的头枕进一步提升分区控制效果。

除了扬声器阵列以外，还有一种可以实现声场分区控制的系统是参量阵扬声器（parametric array loudspeaker, PAL），如图 2.24 所示。其名称虽然包含扬声器，但系统中使用的电声转换的换能器其实是超声换能器（阵列）。超声频率范围的声波波长短，定向性非常好，但无法实现音频信号的直接重放。参量阵扬声器将音频信号调制在超声载波上，利用空气中声传播的非线性效应，解调出可以感知的音频信号。相比于扬声器阵列，参量阵扬声器可以在很小的尺度下获得极高的声辐射指向性，进而完成声场分区控制。从图 2.25 所示的指向性图可以看出，声波的有效辐射角度范围可以被压缩在很小的区间内，有些基于参量阵扬声器原理的产品甚至形象地被命名为声学手电筒（audio spotlight）。

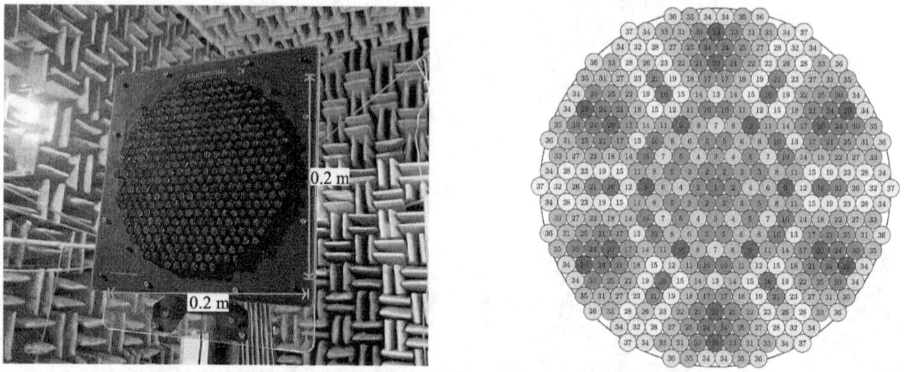

(a) (b)

图 2.24　包含 367 个超声换能器的环状参量阵扬声器

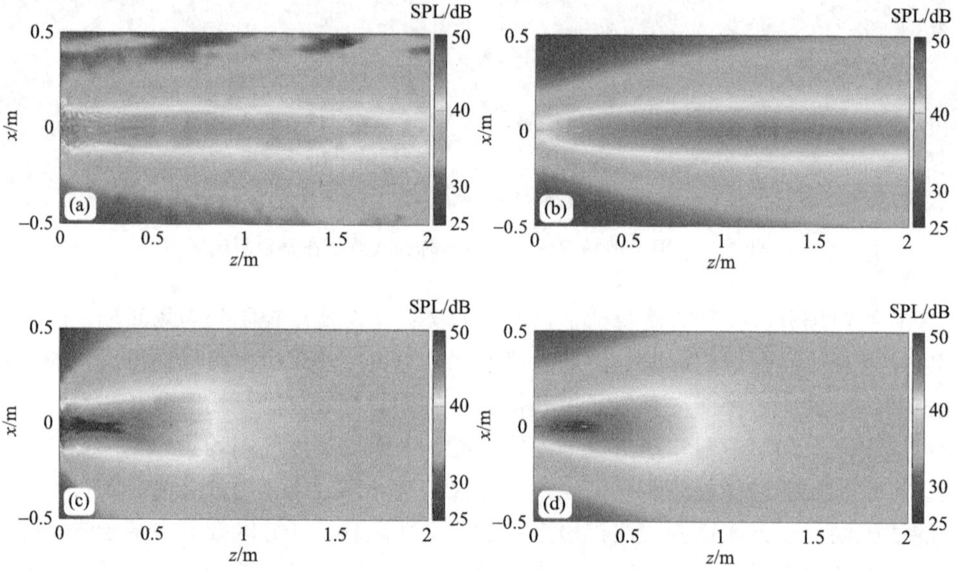

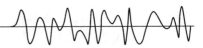

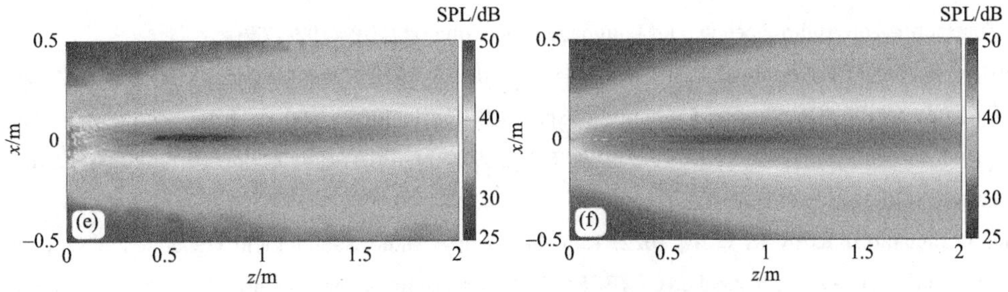

图 2.25 参量阵定向辐射控制效果

左侧为实验结果，右侧为仿真结果；（a）（b）为不带聚焦的辐射控制结果，（c）（d）为聚焦点在阵列前端 0.2 m 处的辐射控制结果，（e）（f）为聚焦点在阵列前端 1 m 处的辐射控制结果

参 考 文 献

杜功焕, 朱哲民, 龚秀芬. 2012. 声学基础[M]. 3 版. 南京: 南京大学出版社.

谢菠荪. 2019. 空间声原理[M]. 北京: 科学出版社.

杨军. 2021. 参量阵扬声器: 从理论到应用[M]. 北京: 科学出版社.

Benesty J, Chen J, Huang Y. 2008. Microphone array signal processing[M]. Heidelberg: Springer.

Berkhout A J, de Vries D, Vogel P. 1993. Acoustic control by wave field synthesis[J]. The Journal of the Acoustical Society of America, 93(5): 2764-2778.

Betlehem T, Zhang W, Poletti M A, et al. 2015. Personal sound zones: Delivering interface-free audio to multiple listeners[J]. IEEE Signal Processing Magazine, 32(2): 81-91.

Blauert J. 2005. Communication Acoustics[M]. 2nd Edition. New York: Springer.

Farhang-Boroujeny B. 2013. Adaptive Filters: Theory and Applications[M]. 2nd Edition. New York: John Wiley & Sons, Inc.

Hinton G E, Osindero S, Teh Y W. 2006. A fast learning algorithm for deep belief nets[J]. Neural Computation, 18(7): 1527-1554.

Howard D M, Angus J A S. 2012. Acoustics and Psychoacoustics[M]. 5th Edition. New York: Routledge.

Kim Y H, Choi J W. 2013. Sound Visualization and Manipulation[M]. New York: John Wiley & Sons, Inc.

Kinsler L E, Frey A R, Coppens A B. 2000. Fundamentals of Acoustics[M]. 4th Edition. New York: John Wiley & Sons, Inc.

Klcincr M. 2013. Electroacoustics[M]. Boca Raton: CRC Press.

LeCun Y, Bengio Y, Hinton G. 2015. Deep learning[J]. Nature, 521(7553): 436-444.

Loizou P C. 2007. Speech Enhancement: Theory and Practice[M]. Boca Raton: CRC Press.

Tamura S. 1989. An analysis of a noise reduction neural network[C]. International Conference on Acoustics, Speech, and Signal Processing.

Vincent E, Virtanen T, Gannot S. 2018. Audio Source Separation and Speech Enhancement[M]. New York: John Wiley & Sons, Inc.

Wang D, Chen J. 2018. Supervised speech separation based on deep learning: An overview[C]. IEEE/ACM

Transactions on Audio, Speech, and Language Processing, 26(10): 1702-1726.

Weinstein E, Steele K, Agarwal A, et al. 2004. LOUD: A 1020-Node Modular Microphone Array and Beamformer for Intelligent Computing Spaces[EB/OL]. [2023-04-14]. https://citeseerx.ist.psu.edu/viewdoc/download;jsessionid=0715F28B7536DAF897402F6B8B74E4CB?doi=10.1.1.10.9138&rep=rep1&type=pdf.

Zhong J, Zhuang T, Kirby R, et al. 2022. Low Frequency Audio Sound Field Generated by a Focusing Parametric Array Loudspeaker[C]. IEEE/ACM Transactions on Audio, Speech, and Language Processing, 30: 3098-3109.

第 3 章

以人为本——环境声学

3.1 引　　言

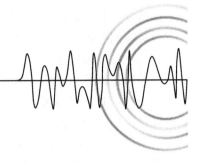

人类生活在充满各种各样声音的环境中，使用语音交流信息、表达情感，欣赏美妙的音乐和倾听大自然的声音，利用某些声波进行工业和医疗检测。理想的声学环境要求这些需要的声音不受外界影响。然而，不需要的声音干扰了人们工作和生活的安静环境，影响人们的身心健康，甚至损坏房屋和建筑，这些声音称为噪声。

环境声学是研究声环境及其同人类活动的相互作用的科学，它是一门综合性学科，涉及物理学、建筑学、生理学、心理学、生物学和医学等领域，研究的主要内容是声音在空气环境中的产生、传播和接收，及其对人体产生的生理和心理效应，研究改善和控制声环境质量的技术和管理措施。

环境声学由建筑声学逐渐发展而来。人们很早就开始研究和实践改善建筑声环境的问题，在古希腊和古罗马时期，人们通过在舞台安装反射罩以及将观众席建造成有一定坡度的台阶状，改善露天剧场的听音质量。公元前 1 世纪罗马建筑师 Vitruvius 所著《建筑十书》中记载了古希腊剧场中使用共振器和反射面来提升音量。中世纪欧洲的教堂内壁坚硬光滑，声反射强，此外采用大型耦合空间(如穹顶空间)补偿教堂主空间耗散的声能量，产生很长的混响时间，结合大型管风琴的演奏，音乐饱满，增强了神圣庄重的宗教气氛。14～16 世纪文艺复兴时期，随着戏剧的发展，欧洲建造了各类剧院，起初为庭院式剧场，之后剧场逐渐从露天向室内过渡并不断改进，观众区由半圆形变为马蹄形和扇形，舞台和观众区分离，台阶式座位延伸至接近顶棚，通过观众席座椅和舞台区悬吊的织物布景吸收声音，使用木板装修吸收低频声音，这些设计使剧场的声场分布均匀，混响时间较短且频率特性曲线平直，适合歌剧演出，获得较好的音质。

由于缺乏相关理论，厅堂的声学设计依赖于建筑师经验和直觉，直到 1900 年，W. C. Sabine 发表了关于房间混响的著名论文，定义了混响时间这一厅堂音质评价指标，并给出它与房间体积、吸声材料面积和吸声系数等参数的关系式，才为厅堂声学设计提供了科学依据。1932 年 V. O. Knudsen 出版了《建筑声学》以及 1936 年 P. M. Morse 出版了《振动与声》，标志着建筑声学在 20 世纪 30 年代从理论到实践已初步形成一门系统的学科。由于达到最佳混响时间与主观听感仍有较大差别，学者们在 50 年代开始提出新的音质指标，如反映早期声与混响声声能比的早期衰变时间、清晰度，反映空间感的侧向能量因子、双耳互相关系数。70 年代后，研究的重点转变为音质指标的独立性、客观物理指标与主观听感的关系以及音质的综合评价。

室内声场计算为厅堂声学设计提供了理论支撑，该领域逐渐发展了基于能量分析的统计声学法、基于声线和虚声源模型的几何声学法，以及基于声波方程的波动声学法。随着计算机技术的进步，声场计算仿真技术不断发展，包括利用有限元和边界元计算室内复杂声场、可视化声场预测软件、声场仿真的可听化技术等。

除音质之外，另一个需要关注的重点是噪声问题。**噪声**有两层含义，物理上指紊乱、断续或统计上随机的声振荡，有时也引申为在一定频段中任何不需要的干扰；心理上指任何难听的、不和谐的声音或干扰，它与人们当时的活动与心理状态有关。20 世纪 50 年代以来，因工业和交通的迅速发展，噪声问题越发突出，为降低建筑物内外声环境所受的噪声干扰，发展了隔声、吸声、隔振、消声等较全面的噪声控制技术。60 年代前后，噪声控制学成为一门独立学科，将研究范围从建筑物扩展到人们工作和生活整个声环境。最终，在 1974 年第八届国际声学会议上，环境声学这一术语被正式启用。由于噪声问题的日益严重，环境声学的核心问题是噪声与振动控制。我国于 2022 年 6 月 5 日起正式实施《中华人民共和国噪声污染防治法》，体现了噪声污染问题的严重以及国家对其治理的决心。

近年来环境声学的研究得到快速发展，在传统课题的基础上，产生包括声品质、声景观、声学材料、有源噪声与振动控制、心理声学等研究热点，形成新的技术和产品，旨在创造更加美好的声环境。由于环境声学内容较多，本章难以面面俱到，将着重介绍噪声评价、户外和室内声传播、噪声控制原理、有源噪声控制技术和声景观等内容。

3.2 噪 声 评 价

噪声评价是指对各种环境条件下，噪声对接收者的影响进行评价，并用可测量计算的评价指标来表示影响的程度。噪声评价涉及的因素很多，与噪声的强度、频谱、持续时间、随时间的起伏变化等特性有关。目前，基于稳态噪声的物理特性以及噪声对人的生理和心理影响，已提出了一些噪声基本评价量，并用于制定噪声允许标准。但对于包含纯音成分的复杂噪声，以及持续时间和间隙时间不同的脉冲噪声，影响尚未完全清楚，还有待进一步深入研究。

3.2.1 声压级的主观反映

1. 响度、响度级和等响曲线

声压是衡量声音大小的客观物理量，由于其变化范围超过十个数量级，一般用对数标度的声压级来表示。声压级越高则声音越大，声压级越低则声音越小。然而人耳对声音的感觉与频率有关，声压级相同而频率不同的声音听起来可能不一样响。为此，研究者考虑声音大小、频率和人的主观听感的关系，定义了响度级，即在许多听力完好的 20 岁左右青年参与的听音实验中，被试者感觉某一频率的纯音（单频声）与一定响度的 1000 Hz 的纯音一样响时，则该纯音的响度级大小为 1000 Hz 纯音的声压级大小。响度级的单位为方（phon）。

将 20～12500 Hz 范围各个频率的纯音与不同声压级的 1000 Hz 纯音进行听音比较，可得到一簇如上一章图 2.3 所示的等响曲线，每一曲线给出了响度相等的纯音的频率与声压级的关系。例如，图中 40 phon 频响曲线表明，100 dB 的 20 Hz 纯音、64 dB 的 100 Hz 纯音分别和 37 dB 的 4000 Hz 纯音与 40 dB 的 1000 Hz 纯音一样响。从图中可见，人耳对低频声不敏感，对高频声较为敏感，其中对 3000 Hz 左右频段的声音最为敏感。注意到各条等响曲线并非平行，响度级较低时，曲线在低频段斜率很大，即人耳对响度低的低频声极不敏感；而响度级较高时，曲线在低频段趋于平坦，即人耳对高响度的低频声也敏感。

响度级的量化与声压级有关，但未能反映某一声音比另一声音响多少倍的主观感觉。为此定义了描述声音大小的主观感觉评价量“响度”，单位为宋（sone），其中 1000 Hz 纯音声压级为 40 dB 时的响度为 1 sone，n sone 声音的响度为 1 sone 声音响度的 n 倍。通过大量听音测试，确定响度级每增加 10 phon 则响度增大 1 倍，反之亦然。例如，50 phon 的声音为 2 sone，100 phon 的声音为 64 sone。

对于纯音的响度，可通过其声压级从等响曲线中查出响度级，进而计算其响度，但这不适用于计算宽频带噪声的响度。史蒂文斯和茨维克考虑了宽带噪声中不同频率噪声之间的掩蔽效应，指出各频带声音对响度的贡献需通过图 3.1 所示的等响度指数曲线进行计权，具体而言，通过各频带（带宽可为 1/3 或 1/2 或 1/1 倍频程）的声压级查图表求得各频带的响度指数（以 sone 为单位），并计权求和得总响度指数，其中响度指数最大的频带贡献最大权重为 1，其余频带的响度指数因响度指数最大频带声音的掩蔽，权重为 0.15 或 0.2 或 0.3（对应 1/3 或 1/2 或 1/1 倍频程）。最后可根据图右侧换算表计算总响度级。

2. 听阈、痛阈和听力损失

图 2.3 中最下面的 0 phon 等响曲线称为听阈，表示人耳刚刚能听到的声音，而 120 phon 等响曲线称为痛阈，超过这一响度的声音人耳感觉到的是痛觉，在听阈和痛阈之间是人耳的正常可听范围，对于不同频率该范围的响度上下限相同，但声压级上下限不同，对于 1000 Hz 频率为 120 dB，相当于声能量落差 10^{12} 倍。这些值同样来自主观听音实验的平均结果，对于每个人则有一定差异。

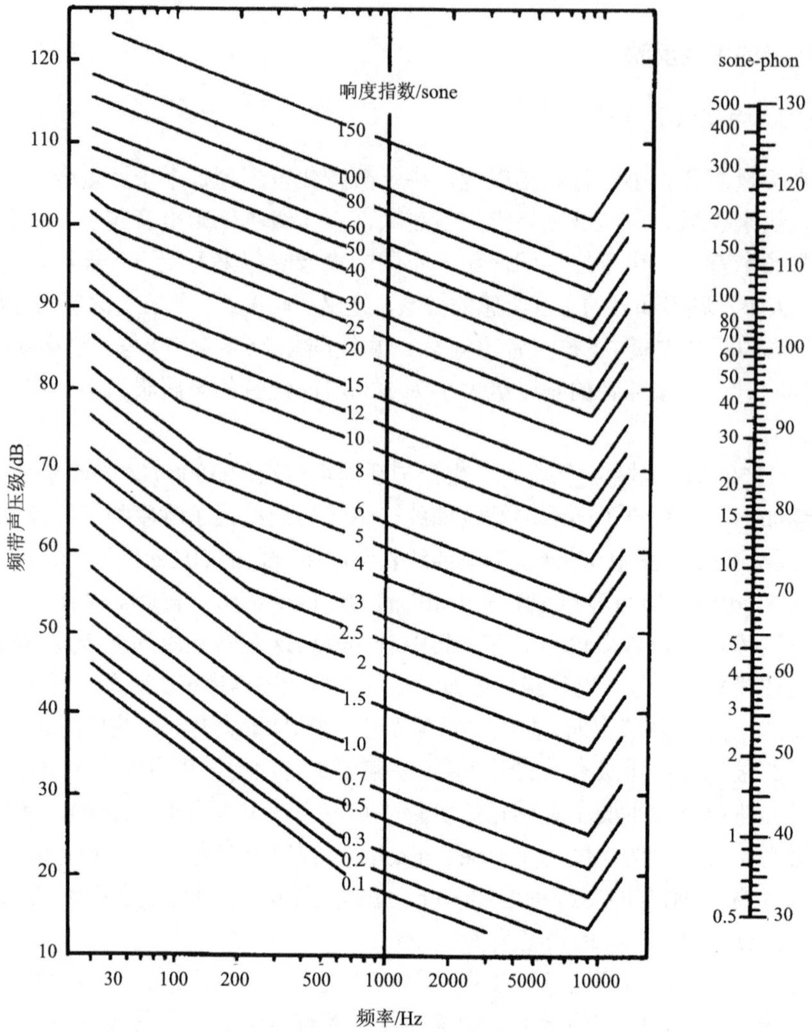

图 3.1　等响度指数曲线

由于种种原因导致的听阈上移称为听力损失。听力损失一般使用频率范围 100～8000 Hz 的纯音测听来确定，数值为使被试者刚好可听到的一系列纯音的声压级与同一系列纯音的参考声压级之间的差值。人的听力随着年龄的增长而退化导致的听力损失称为老年性耳聋，特点是听力损失随着频率升高而增大，且损失速率随年龄增加而提高，男性的损失往往比女性更快。图 3.2 为老年性耳聋引起的阈移。当然，这一现象在个体间差异别很大，并不一概而论。

暴露于过量噪声也会引起听力损失。短时间内的噪声暴露后可能产生暂时性阈移或称为听觉疲劳，经过一段时间听力基本上能恢复。如果噪声暴露是长期的或者经受了高强度噪声的暴露，可能导致听力无法恢复，造成永久性阈移。过量噪声引起的听力损失通常先发生在 4000～6000 Hz 频频范围内，并随着听力损失的增加，延伸到更宽广的频

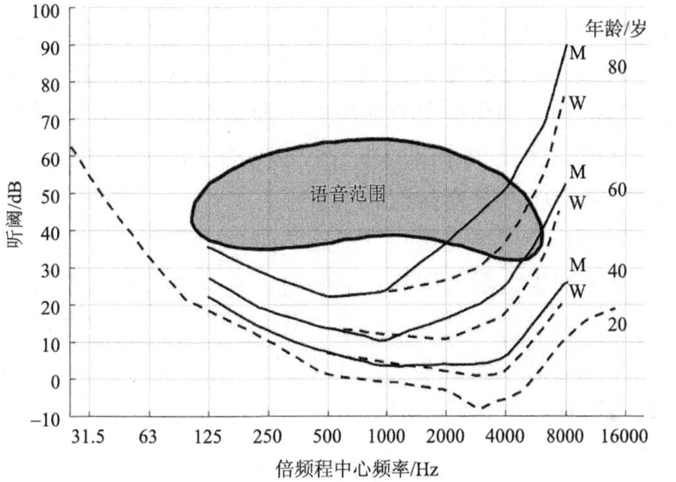

图 3.2　老年性耳聋引起的听力阈移（测试语音：男性标准声音，1 m 处，M 为男性，W 为女性）

带。最大损失一般在 4000 Hz 附近，是人耳听力的敏感区域。对于语音而言，低强度的高频辅音会被遗漏，而低频和高强度的元音仍可听到，由于辅音承载了语音中的大部分信息，虽然音量几乎没有减少，但却难以听懂了。图 3.3 为某麻纺厂女工习惯性暴露于过量噪声引起的阈移，可见在十多年后听力损失将影响她们的语音交流能力。高强度噪声，如枪炮声和爆炸声等，有可能产生鼓膜破裂或听觉器官某些部位损伤，直接造成永久性阈移。

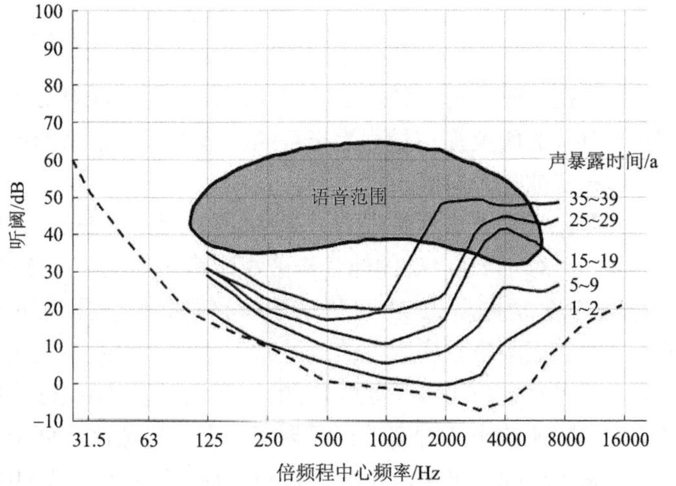

图 3.3　暴露于过量噪声引起的听力阈移（测试语音：男性标准声音，1 m 处）

对年龄和噪声暴露引起的听力损失之间的关系进行量化是很有意义的，然而目前没有被普遍接受的物理听力损伤模型，现有研究文献甚至是国际标准仅提出了一些经验公式。为避免可能的听力损失风险，基于这些经验模型制定了不同级别噪声可接受度的标准，以确保暴露于噪声中的人们的听力保持语音识别的最低要求，对于连续的普通宽带噪声，若每天暴露于 80 dB 的环境小于 8 h，其语言听力损失风险将小得可以忽略。需要注意的是，这仅是保护了人们免受语音频段的听力损伤，而不是针对所有的可听频段。大多数国家的现行标准建议以 85 dB(A)作为可接受的 8 h 暴露声级，对于不同级别的噪声，则按声压级增加 3 dB(A)暴露时间减半进行计算。对于脉冲噪声和撞击噪声，国际标准指出，应等效为与其包含声能量相等的连续噪声来评估。

助听器可缓解听力损失造成的语言理解障碍，其基本结构框图如图 3.4 所示，它由麦克风、放大器、扬声器及电源几部分构成，其中麦克风进行声电转换得到电信号，放大器可按频段补偿放大电信号的强度，扬声器则进行电声转换将放大的电信号转回声波，达到放大声音、助力听损者听音的作用。

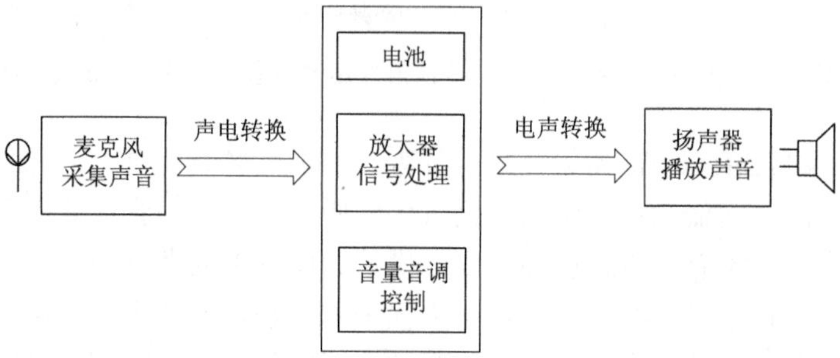

图 3.4　助听器基本结构

3. 掩蔽效应

掩蔽是一种声音干扰了感知另一种声音的现象，前者会造成对后者的听阈上移，称为掩蔽声，以 dB 为单位的阈值提高量称为掩蔽阈。例如，在嘈杂的地铁上的乘客听不清手机通话声，即为语言被噪声掩蔽。

图 3.5（a）和（b）显示了一个纯音和一个窄带的噪声作为掩蔽声在整个可听频谱上造成的听阈上移，例如，对于 800 Hz 的纯音掩蔽声，声压级为 80 dB 时可使 600 Hz 和 1000 Hz 的纯音的掩蔽阈分别提高 25 dB 和 52 dB。总体而言，被掩蔽声的频率越靠近掩蔽声，掩蔽阈越大，即在掩蔽声频率附近的掩蔽效应最强；掩蔽声的声压级越高，掩蔽阈越大且影响的频率范围越宽；不管是 800 Hz 的纯音还是以 410 Hz 为中心频率且带宽为 90 Hz 的窄带噪声作为掩蔽声，对高于自己频率声音的掩蔽比对低于自己频率的声音的掩蔽效果更好。由图 3.5（c）可见，掩蔽声为 400 Hz 的纯音与以 410 Hz 为中心频率的窄带噪声相比，在掩蔽声频率周围窄带噪声的掩蔽效应更为高效。

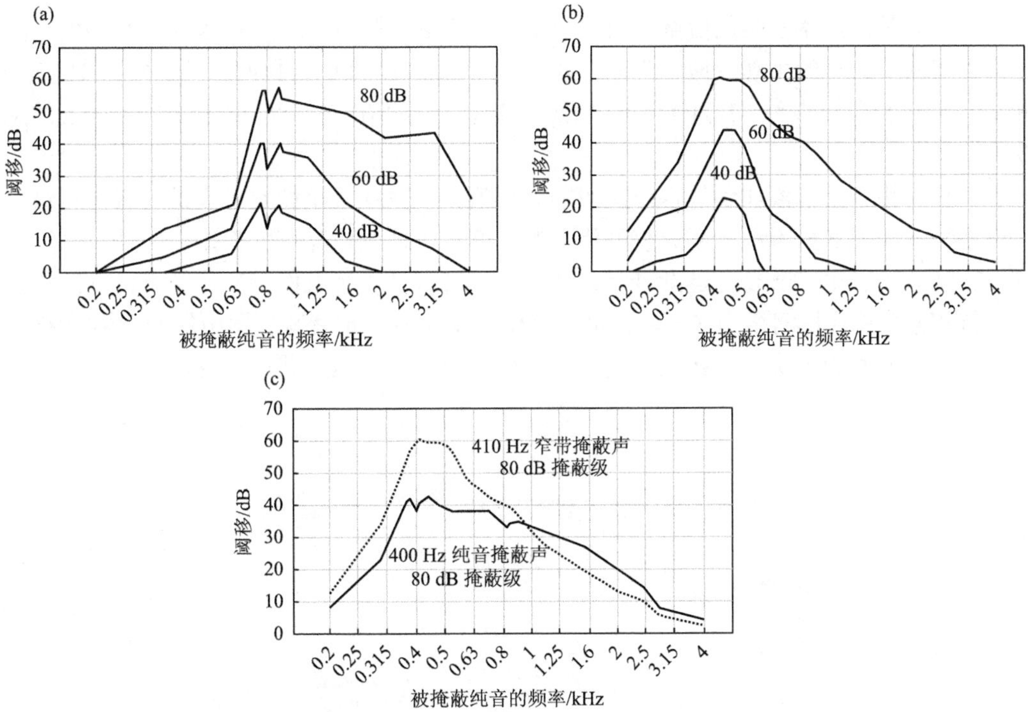

图 3.5　掩蔽效应引起的阈移频谱分布：（a）800 Hz 纯音掩蔽声，3 种掩蔽声级；（b）以 410 Hz 为中心频率、带宽为 90 Hz 的窄带噪声为掩蔽声，3 种掩蔽声级；（c）80 dB 掩蔽声级的纯音和窄带掩蔽声的对比

掩蔽效应有负面影响，如在噪声较高的环境中影响人们的交流；在地铁上戴耳机听音乐需增大音量，危害听力健康；甚至在工业生产中，噪声使操作人员听不到预警信号（如行车信号、危险警示信号）或误判指令信号引起操作失误，导致事故的发生。另一方面，人们利用掩蔽效应原理，发明了 MP3 等音频压缩技术将声音文件压缩成容量较小的文件，具体方法是利用人耳对高频声音信号不敏感的特性，将时域波形信号转换频域信号，对不同频段的声音使用不同的压缩率，其中对高频信号的压缩比较大甚至忽略高频信号，对低频信号使用小压缩比，保证信号不失真。文件的压缩比为 1/12～1/10，但对于大多数用户而言音质与压缩前相比没有明显的下降。

3.2.2　噪声基本评价量

1. 计权网络与计权声级

由等响曲线可知声压级相同而频率不同的声音具有不同的响度，由等响曲线不平行可知同频率声音的声压级与响度也不是简单的线性关系。为使可测的客观物理量能反映人耳的主观听感，人们研究出不同的计权网络，对不同频率的声音的声压级进行加权修正，再叠加求和得到噪声的总声压级，此声压级称为计权声级。

国际电工委员会所定标准推荐使用 A、B、C 三种计权网络。A 计权网络以 40 phon

等响曲线为基础，经规整化后倒置而成，使用该网络计权的声压级称为 A 计权声级，接近人耳在低声级时的主观反应，单位为 dB(A)。同理，B 和 C 计权网络分别对应 70 phon 和 100 phon 的等响曲线，B 和 C 计权声级分别接近人耳在 55～85 dB 和 85 dB 以上的主观反应。

计权网络给出了添加到线性声压级的修正值，以获得各个特定频率的计权声压级，其频率特性如图 3.6 所示。A 计权网络大幅降低了中低频段噪声的权重，C 计权网络在 50 Hz 以下和 5000 Hz 以上逐渐衰减，在其余频带有几乎平直的响应，与不计权的线性声压级相似。B 计权网络则在两者之间，对低频噪声有一定衰减。图中的 D 计权网络考虑了人们对噪声的烦扰度，曾被提议用于飞机噪声评价，但未获得支持。

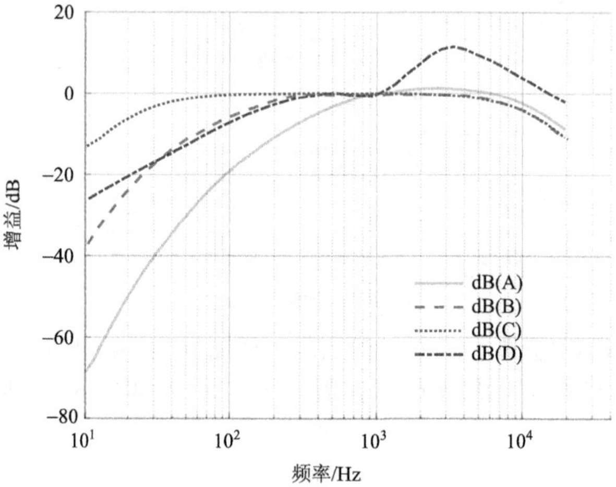

图 3.6　计权曲线

实际上，经过二三十年噪声评价的实践，国际、国家标准中凡与人有关的各种噪声评价，不论噪声大小，绝大部分均使用 A 计权声级来衡量。使用 A 计权声级有两个明显缺点，其一为同一 A 计权声级的噪声，其频谱可能相差很大，两者的主观听感有较大差别；其二为对于低频噪声成分较多的高声压级噪声，A 计权声级与人耳主观听感有较大差距。B 计权声级实际上已不再采用，C 计权声级目前被用于评价飞机噪声。

2. 等效连续 A 计权声级

对于连续的稳定噪声，声压级随时间的变化也趋于稳定，使用单值的 A 计权声级评价是合理的。但是对于强度起伏变化或不连续的噪声，无法直观给出单值评价量。例如在某工厂中，机器稳定运行时噪声为 85 dB(A)，机器停止时则为 60 dB(A)。又如车流量较小的公路旁，噪声随车辆多少和车型不同而变化，汽车经过时为 70 dB(A)，没有汽车通过时可能只有 50 dB(A)。为此使用一段时间间隔 T 内噪声能量的时间平均值来计算 A 计权声级，称为等效连续 A 计权声级，用 $L_{\mathrm{Aeq},T}$ 表示，其本质为使用某一段时间内声能量与该噪声相等的连续稳定噪声的 A 计权声级来表示该噪声在这段时间的大小。

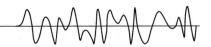

等效连续 A 计权声级被用作职业性和环境噪声的评价量。对于职业性噪声，最常见的描述量为 8 h 等效连续 A 计权声级 $L_{Aeq,8h}$，尽管统计的时间 T 可能比 8 h 长或短，经历的噪声能量均对 8 h 进行平均。对于环境噪声，常用昼夜等效连续 A 计权声级 L_{dn}，统计的时间为 24 h，考虑到夜间（22:00～7:00）噪声对人们的影响更大，将夜间的噪声级加 10 dB 修正后再计算其能量。

声级计是测量噪声声压级的常用仪器，其“积分”功能可自动测量某一段时间内的等效连续 A 计权声级。

3. 声暴露级

对于单次或离散噪声事件，如飞机一次起飞和降落过程、炮弹一次发射过程、一辆汽车驶过等，使用长时间进行平均的等效连续 A 计权声级不能反映其主观听感。可用声暴露级 L_{AE} 来评价这一噪声事件，其值为使用在该噪声事件持续时间内的声能量对基准持续时间（不注明时取为 1 s）取平均来计算等效连续 A 计权声级。

4. 累计百分数声级

等效连续 A 计权声级对噪声能量在时间上取平均，不能反映噪声的随机起伏程度，这种起伏可用不同噪声级在一段时间内出现的概率或累计概率来表示，后者对应目前常用的累计百分数声级 L_n。L_n 表示在测量时间内有 n%时间的噪声声级超过该值。一般认为 L_{90} 相当于本底噪声级，L_{50} 相当于噪声平均中值，而 L_{10} 相当于峰值噪声级。

5. 噪度与感觉噪声级

人们对声音的“吵闹”程度与对响度的主观感觉并不一致。一般情况，对于响度相同的噪声，高频噪声比低频噪声更“吵闹”；强度变化快的噪声比强度较为稳定的噪声更“吵闹”；看不到声源位置的噪声比可定位的噪声更“吵闹”；包含有纯音或能量集中在窄频带内的噪声更“吵闹”。

与人们主观判断噪声的“吵闹”程度成比例的数值量称为噪度，单位为呐（noy）。与等响曲线类似地定义了等噪度曲线，不同的是参考声为中心频率 1000 Hz 的倍频程噪声，并以 5 dB/s 速率增大到最大值，保持 2 s 后再以同样速率下降。与响度类似，参考声为 40 dB 时对应的噪度为 1 noy，n noy 的噪声比 1 noy 的噪声“吵闹”n 倍。类比响度级与响度的关系定义了感觉噪声级 L_{pN}，单频噪声的感觉噪声级可从等噪度曲线中查询，宽带噪声的感觉噪声级计算方式与计算宽频带噪声的响度级类似。

6. 语言干扰级

人们通过语音进行交流时，语音的可懂程度取决于背景噪声级与语音声级的大小关系。语言干扰级（SIL）用于评价噪声对语言的干扰程度，是中心频率为 500、1000、2000 和 4000 Hz 四个倍频带噪声声压级的算术平均值，单位通常用 dB 表示。图 3.7 为面对面交谈时不同距离和不同语言干扰级下的交谈效能。例如两人相距 1 m 面谈，当 SIL 为 58 dB

时，可使用正常音量大小的语音交流；当 SIL 为 65 dB 时，需提高音量；当 SIL 为 70 dB 时需要很大的声音；当 SIL 为 75 dB 时，需大喊才可交流。

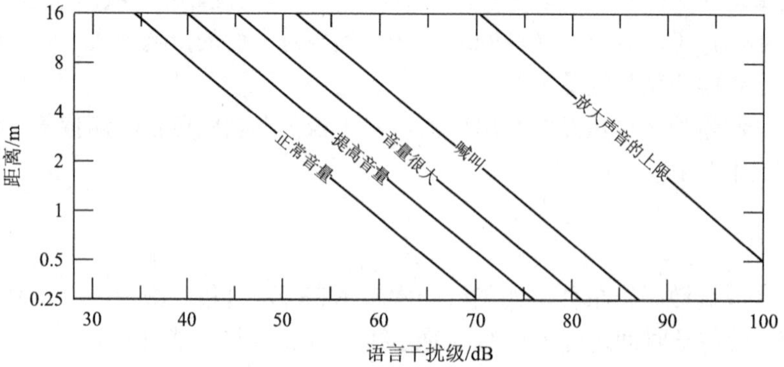

图 3.7　不同距离和不同语言干扰级下的交谈效能

7. 噪声评价曲线

从等效连续A计权声级这类评价量中无法得知噪声不同频率成分的具体贡献，然而，对噪声评价和后续的噪声控制而言，在许多情况下需要有一定频率权重的噪声评价曲线或噪声标准曲线。常用的三类单值加权曲线包括噪声等级（NR）、噪声标准（NC）和房间标准（RC）计权曲线。

以国际标准化组织采用的 NR 计权曲线为例说明，如图 3.8 所示，标准给出声压级-倍频程中心频率（31.5～8000 Hz）的 NR 计权曲线簇，每一条曲线的 NR 数与该曲线 1000 Hz 的声压级值相同。应用时首先绘出待评价噪声的声压级频响曲线，在该曲线簇中寻找 NR 数最小的曲线，对于任何频带待评价曲线的值均不超过该 NR 曲线的值，则该 NR 曲线的数即为待评价曲线的 NR 等级。图 3.8 中圆符号线表示的待评价噪声的 NR 等级为 60 dB。

三种曲线的形式与使用方法是类似的，其中 NR 曲线在国际上被广泛使用，特别是评价环境噪声级和工业噪声级；NC 曲线广泛应用于建筑服务行业中，由于实践发现该曲线有些频率与实际情况有差别，经过修正得到了更佳噪声标准曲线（PNC），其后又提出了平衡噪声标准曲线（NCB）；RC 曲线用于评价已使用空间中可接受的背景噪声级，包括空调噪声和任何其他环境噪声。

3.2.3　环境噪声评价

在项目建设前需要进行环境噪声影响评价，包含下列基本内容：

（1）依据拟建项目各种方案噪声预测成果和环境噪声标准，评述拟建项目各个方案在施工、运营阶段噪声影响程度、影响范围和超标状况；对项目建设前和预测建设后的状况进行分析比较，判断影响的重大性，依据各方案噪声影响的大小提出推荐方案。

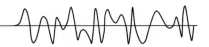

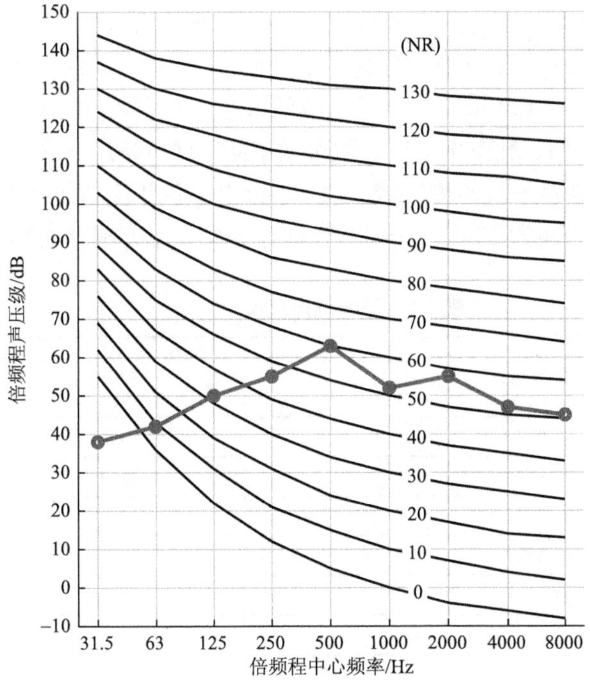

图 3.8　噪声等级曲线

（2）分析受噪声影响的人口分布（包含超标和不超标噪声影响）。

（3）分析拟建项目噪声源和引起超标的主要噪声源或主要因素。

（4）分析拟建项目选址、设备布置和设备选型合理性，分析建设项目设计中已有噪声防治对策的适应性和防治效果。

（5）为使拟建项目噪声达标，评价必须提出需要增加的、适用于该项目噪声的防治对策，并分析其经济、技术可行性。

（6）提出针对该拟建项目关于噪声污染管理、噪声监测和城市规划方面的建议。

根据项目投资额度，项目建设前后噪声级的变化程度，以及受拟建项目噪声影响的环境保护目标、环境噪声目标和人口分布等因素，噪声评价等级可分为 3 级，对应不同的评价要求。例如，一级评价要求噪声现状调查全部实测，噪声源强逐点测试和统计；二级评价要求现状调查以实测为主，利用资料为辅，噪声源强可利用现有资料进行类比计算；三级评价要求现状调查以利用资料为主，噪声源强统计以资料为主进行分析。

环境影响评价中的项目噪声需满足法规和标准的允许限值。我国已正式实施《中华人民共和国噪声污染防治法》，并制定了大量的噪声标准，大致可分为环境质量标准、噪声排放标准和产品噪声标准几大类。

为保障城乡居民正常生活、工作和学习的声环境质量，国家标准《声环境质量标准》（GB 3096—2008）规定了五类声环境功能区的环境噪声限值及测量方法。该标准适用于声环境质量评价与管理，但不适用于机场周围区域受飞机通过（起飞、降落、低空飞越）噪声的影响。其中，0 类区指康复疗养区等特别需要安静的区域，1 类区以居住、文教、医卫、科研、行政等单位为主，2 类区以商贸为主要功能，或为居住、商业和工业混杂的区域，3 类区以工业生产、物流仓储为主要功能，4 类区指交通干线两侧一定距离之内，需要防止交通噪声对周围环境产生严重影响的区域，其中 4a 类为高速公路、一级公路、二级公路、城市快速路、城市主干路、城市次干路、城市轨道交通（地面段）、内河航道两侧区域，4b 类为铁路干线两侧区域。表 3.1 给出了各环境功能区的噪声限值，其中昼间为 6:00～22:00，夜间为 22:00～6:00，时间划分允许地方根据实际情况调整。

表 3.1　环境噪声限值　　（单位：dB(A)）

声环境功能类别		噪声限值	
		昼间	夜间
0 类		50	40
1 类		55	45
2 类		60	50
3 类		65	55
4 类	4a 类	70	55
	4b 类	70	60

为防止工业企业噪声危害，保障职工的身体健康，保障生产安全与正常工作，保护环境，《工业企业噪声控制设计规范》（GB / T 50087—2013）规定了工业企业厂区内各类工作场所噪声限值，其中生产车间的 8 h 等效 A 计权声级不超过 85 dB(A)。

在噪声排放方面，国家制定了《工业企业厂界环境噪声排放标准》（GB12348—2008）、《建筑施工场界环境噪声排放标准》（GB12523—011）、《铁路边界噪声限值及其测量方法》（GB12525—1990）以及《机场周围飞机噪声环境标准》（GB9660—88），限制了大型噪声污染源，保护周边声环境。对噪声源排放的限制还包括产品噪声允许标准，涉及各类家用电器产品、办公类电子产品、车辆、供配电设备等其他机电产品。

3.3　声 的 传 播

3.3.1　基本概念

声音由物体振动产生，通过媒质传播，它在媒质中传播的速度称为声速。声波在传播过程中经过声学特性不同的媒质，会发生反射、折射、透射、衍射和散射等声学现象。

当声波从一种媒质入射到声学特性不同的另一种媒质时，在两种媒质的平面分界面处声波将发生折回的现象，称为反射，它使入射声波的一部分能量返回第一种媒质；入射声波若进入第二种媒质继续传播，传播方向发生改变，称为折射，如图 3.9 所示。当两种媒质的分界面是平面时，入射波、反射波和折射波的传播方向与平面法向的夹角分别称为入射角、反射角和折射角。反射角与入射角相等，而折射满足斯内尔定律，即入射角的正弦与折射角的正弦之比等于两媒质中声速的比值。在入射点处，反射波声压与入射波声压之比称为声压反射系数；反射波的声强与入射波的声强之比称为声强反射系数。折射波声压与入射波声压之比称为声压透射系数，折射波的声强与入射波的声强之比称为声强透射系数。

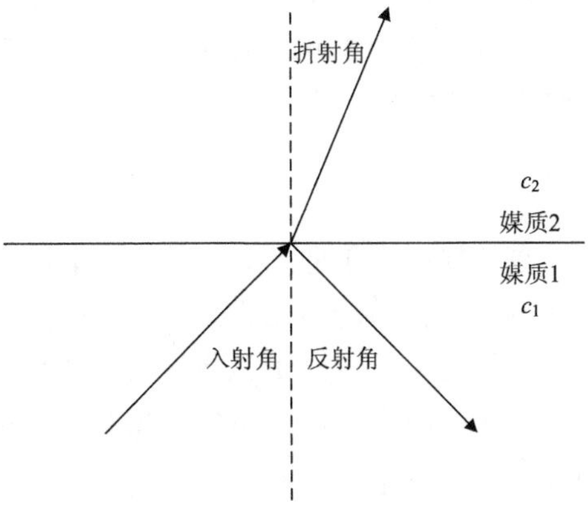

图 3.9　声波的反射和折射

在声波传播的路径上插入声学特性不同的另一种媒质时，声波能够透过这种媒质继续传播，称为透射，透射波声压幅值与入射波声压幅值之比称为声压透射系数。

声波在媒质中传播碰到障碍物时，如果声波频率很高或障碍物的线度远远大于波长，大量的声波能量被障碍物反射；但当声波频率不是足够高时，有一部分声波从障碍物的侧面绕射到背面，这种声波绕射现象称为衍射。波长愈长（频率愈低），衍射效果愈明显。

当媒质中由于有障碍物或者不均匀区域的存在而引起声波改变传播方向的现象统称为散射。散射包括平面和非平面的反射、折射，也包括衍射。

3.3.2　户外声的传播

1. 户外声传播预测

户外声的传播是环境声学的基本现象，如露天剧场、广场集会以及工厂中机器噪声向厂区周围的传播，交通噪声沿道路两旁的传播，飞机噪声从空中向地面的传播等。研究户外声传播规律并进行户外声传播预测，对环境噪声评价和治理非常重要。

户外声传播预测即根据噪声源和声传播途径的相关信息，使用声学理论和实际工程数据建立模型来预测户外噪声传播声场。户外声传播预测需要考虑声源声功率、几何传播因数、声源指向性和逾量衰减，其中逾量衰减包括空气吸收引起的衰减，由规则屏障、房屋和工艺设备/工业建筑的屏蔽引起的衰减，由树林引起的衰减，由于地面反射引起的衰减，以及由例如风和温度梯度等气象条件影响引起的衰减。

预测难度取决于声源的特征以及传播路径的几何属性与声学性质的复杂度。预测精度与预测难度以及采用的预测模型有关，粗放的模型预测精度较低，细致的模型则精度较高。一般而言较好的模型预测精度可达±5 dB。

2. 扩散传播衰减

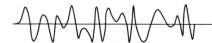

从实际声源辐射出来的声波在自由空间扩散传播时其声压级随着传播距离增大而衰减。对于点声源，接收点与声源距离增大 1 倍，声压级减少 6 dB；对于无限长线声源，与线声源的距离增大 1 倍，声压级减少 3 dB；对于面声源，扩散传播特性比较复杂，具体数值和声源大小以及接收点与声源的相对位置有关。

3. 逾量衰减

空气声吸收衰减为声波在传播中由于非理想气体产生的能量耗散造成的衰减。空气声吸收包括空气的黏滞性和热传导将声能转化为热能引起的经典吸收，分子转动和振动时声能与转动能及振动能的能量转化造成分子弛豫吸收。空气声吸收与声音频率、大气温度、湿度和气压有关，一般频率越高，温度越低，相对湿度越小，声吸收越大。受温度影响较小，受湿度影响较大。

屏障、房屋和工艺设备/工业建筑对声传播的影响可统一视为声屏障的影响，使用声屏障对声波衰减量的计算方法来分析预测。不同树林对声波的衰减差别很大，与树木的种类、树叶茂密程度、树木分布密度等有关。一两排树木对噪声的衰减可忽略不计，数十米宽的树木带对交通噪声的衰减可达 10 dB(A)。

地面效应衰减为声波在传播中由于地面影响而产生的衰减。粗略近似情况下，如混凝土或沥青等硬地面的效应可使噪声级增加 3 dB，而如草、雪等软地面则没有影响。较准确的近似可通过计算声压地面反射因数来获得，该计算根据是否考虑平面波、球面波传播和地面局部湍流，有不同程度的复杂度和精度。

气象效应衰减为声波在传播中由于气象（天气）因素的影响而产生的衰减，具体因素包括温度、风速、风向和太阳辐射情况等。风速和垂直温度变化引起的声速垂直梯度可导致声波曲线传播，从而产生声影区。同一测量地点由于天气不同导致的测量差异可达 10 dB 以上。

4. 户外声传播预测的计算机模拟

户外声传播预测的计算机模拟可分为两大类，一类针对某一具体路段或某一区域，建立较为精确的模型，得到较准确的声场分布，以进行声环境的设计或治理；另一类则将户外声传播预测技术与地理信息系统相结合，绘制大范围（如城市或城市的一部分）的噪声地图。

前者发展了许多环境噪声预测软件，国际上通用的如德国的 SoundPlan 和 Cadna/A、丹麦的 Lima、英国的 Noisemap、比利时的 Raynoise 等，软件一般依据声传播原理和相关评价标准，对一个或若干声源发声后在周围环境中的声场分布进行计算、显示和数据管理。噪声源包括道路交通噪声、飞机噪声、铁路噪声、工业噪声等，声传播计算根据国际标准及各国的标准进行，预测结果一般以不同颜色的噪声声压级等高线图显示。

噪声地图是指利用声学仿真模拟软件绘制、并通过噪声实际测量数据检验校正，最终生成的地理平面和建筑立面上的噪声值分布图，一般以不同颜色的噪声声压级等高线、网格和色带来表示。通过对噪声源的数据、地理数据、建筑的分布状况、道路状况、公路和铁路交通资料以及相关地理信息综合、分析和计算后生成该数据地图，它反映了一个区域的噪声水平状况，展示了城市区域环境噪声污染普查和交通噪声污染模拟与预测的成果，可为城市总体规划、交通发展与规划、噪声污染控制措施提供决策依据。噪声地图在欧美日等发达国家和地区已得到广泛应用，中国的一些城市如深圳、北京、上海和广州也已绘制了初步的噪声地图。

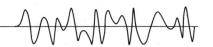

3.3.3　声波在封闭空间中的传播

当声源在封闭空间中辐射声波时，边界面将反射声波，同时也会吸收一部分声能。在空间较大时，还应考虑高频时的空气吸收。如果声源稳定地辐射声波，则在声源开始辐射后，空间内的声能逐渐增涨；当声源辐射的声功率与被室内所吸收（包括界面与空气）的声功率达到动态平衡时，空间内声压达到稳定值；当声源停止辐射时，空间内声能逐渐衰降。当声源具有脉冲时间特性时，在室内某点将接收到直接传到的直达脉冲和一系列的反射脉冲。封闭空间中的声传播分析方法包括：室内波动声学法、室内几何声学法和室内统计声学法。

1. 稳态声场和瞬态声场

空间各点声压不随时间变化的声场定义为稳态声场。当声源开始稳定地辐射声波时，直达声能的一部分被壁面与媒质吸收，另一部分被壁面反射回室内，增加室内混响声场的平均能量密度，而混响声场的能量也会被壁面与媒质吸收。当单位时间内声源提供给混响声场的能量正好等于被壁面与媒质所吸收的混响声场能量时，室内混响声平均能量密度达到动态平衡，声场即为稳态声场。稳态声场中关闭声源后，声能量逐渐耗散直至消散。

声压随时间变化的声场则称为瞬态声场。瞬态声场常用于描述稳态声场中关闭声源后声能量的衰变过程。

2. 混响声和混响时间

混响声为经过壁面一次或多次反射后到达接收点的声音，听起来像是直达声的延续。当声源辐射时室内声能包含直达声和混响声两部分，当混响声能达到稳态时，平均声能密度与声源平均辐射功率成正比，与房间常数成反比。房间常数与室内的平均吸声系数和表面积有关，平均吸声系数越大，房间常数越大。室内混响声和直达声相等的临界距离可由房间常数求得，接收点到声源的距离大于临界距离后，混响声能大于直达声能；接收点到声源的距离小于临界距离时，直达声能大于混响声能。

当室内声场达到稳态后，令声源停止发声，自此刻起声压级衰变 60 dB 所经历的时间定义为混响时间，即 T_{60}。混响时间主要取决于房间的形状以及壁面、设备、观众、空气的声吸收。在扩散场条件下，仅考虑壁面吸声且平均吸声系数小于 0.2 时，混响时间可以用赛宾公式进行估算。测量混响时间可以用声源切断法和脉冲响应反向积分法。实际测量中由于声源辐射能力的限制，大多数情况下声压衰变曲线难以直接获得 60 dB 的动态范围，一般使用衰变 30 dB 或 20 dB 的时间来推出衰减 60 dB 的时间，此时混响时间（衰减 60 dB 的时间）相应称为 T_{30} 或 T_{20}。

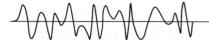

3. 模态和扩散声场

由于房间壁面反射，空间中反射波和入射波叠加，在某些频率时会在房间里形成驻波，称为共振模态，其发生的频率称为模态频率。这些模态的声压和振速在空间的分布是静态的，随着位置的变动，空间各处声压变化较大。在矩形房间中有三种类型的房间模态，分别是轴向模态、切向模态和斜向模态。轴向模态发生在两个相对壁面之间，切向模态发生在除去两个相对壁面之外的四个壁面之间，斜向模态发生在所有六个壁面之间。模态频率又称为简正频率，宽带噪声激励下房间的简正频率附近会出现声学响应的极大值。

当房间内被激励起足够多的模态时，由于不同模态有各自的传播方向，因而到达房间某点的声波包括了各种可能的入射方向。此时同时满足下述三个条件的声场定义为扩散声场：①声以声线方式以声速直线传播，声线所携带的声能向各方向传递概率相同；②各声线是互不相干的，声线在叠加时它们的相位变化是无规律的；③室内平均声能密度处处相同。扩散声场是理想条件，是室内统计声学的研究基础。实际应用中，常用混响室逼近扩散声场。

4. 室内波动声学

室内波动声学用波动的观点研究室内声学问题，从声波波动的物理本质出发，求解满足房间边界条件的声波波动方程，其解为一系列不同幅值房间模态的集合。当房间壁面非刚性时，各阶房间模态都将出现衰减，房间内的声能衰减可看作是所有模态衰减量的总和。对于形状和边界条件复杂的房间，直接准确求解其房间模态比较困难，需要使用数值计算方法，如有限元法和边界元法。房间模态对应的简正频率的密度与频率的平方成正比，因此在高频计算时需要考虑的模态数目较多，计算量大。故室内波动声学一般适用于在低频段求解形状规则且边界简单的房间的室内声学问题。

5. 室内几何声学

室内几何声学用声线的观点研究室内声学，忽略声的波动特性，不考虑声衍射、声干涉、声透射和折射。它采用声线描述声波的传播，适用于房间界面比声波波长大得多的中高频段。常见方法包括声线/声束追踪法、虚源法以及两者结合的混合法。声线/声束追踪法结合声源辐射的指向性，假设许多条携带一定能量的声线/声束由声源发出，沿直线传播，遇到房间边界产生反射并损失部分能量，对所有声线的传播进行跟踪，最后合成接收点处的声场。虚源法将壁面对声波的反射用虚声源（声源关于壁面的声像）的辐射来等效，即室内的反射声由相应的虚声源发出，最后合成接收点处的声场。由于壁面的多次反射，相应的虚源可以有很多阶，当然随着声传播的能量损耗，越高阶的虚源对声场的贡献越小。

一般而言，若考虑的反射阶次较少，且房间边界条件和形状较为简单，虚源法较为简便，然而若考虑多次反射，且房间边界条件和形状较为复杂，虚源法在判断虚声源可见性的过程中需耗费大量时间，因此计算速度慢，而声线/声束追踪法计算速度相对要快。此外，虚源位置的确定基于全镜面反射的壁面假设，因此适用范围有限；声线/声束追踪法可以基于各类散射模型处理壁面上的非镜面反射问题，对实际问题的仿真精度高。

6. 室内统计声学

室内统计声学用统计学方法研究室内声学，它从能量的观点出发，忽略声的波动特性，用统计学手段来描述声场平均状态。统计声学方法一般基于扩散场假设，即声场为统计平均的，此时室内声场的平均能量密度分布是均匀的。可用该方法研究室内声场的平均自由程、平均吸声系数、平均声能密度以及混响时间等。

相比于波动声学和几何声学方法，统计能量分析对系统的描述和分析计算大为简化，所用的主要变量是能量，可以直接测量，特别适用于耦合声场的模拟。但该方法也有一定的局限性：仅适用于中高频段、模态数较大的场合；一般仅能获得声场的平均状态，无法获得局部位置的精确响应。

7. 室内声场的计算机模拟

除理论分析和实验研究之外，可使用计算机仿真技术来研究室内声波传播规律和预测室内声场。室内声场的计算机模拟方法主要包含两大类：基于波动声学的计算方法和基于几何声学的计算方法。前者包括有限元法和边界元法，它们将声场空间或边界离散化为许多小单元进行求解，单元的划分与波长相关，频率越高波长越短则单元大小越小数量越多，因此对于中高频段的声场分析所需计算资源较多，耗时较长。该方法常常用于理论分析，在工程中应用较少。后者主要基于声线/声束追踪法和虚源法，随着计算机技术的进步获得很大发展，已广泛用于指导实际工程设计，并开发了成熟的商业软件，如德国的 EASE 和丹麦的 ODEON。使用软件可根据建筑的三维模型和表面特性，计算建筑的声学特性，预测声场甚至可聆听模拟的结果。

3.4　噪声控制原理

3.4.1　概述

在噪声环境中，声源发出噪声通过各种传播途径向外界辐射，并最终达到接收者处，如图 3.10 所示。因此，噪声控制措施可分为声源控制、传播途径控制和保护接收者 3 类，它们的特点如下。

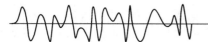

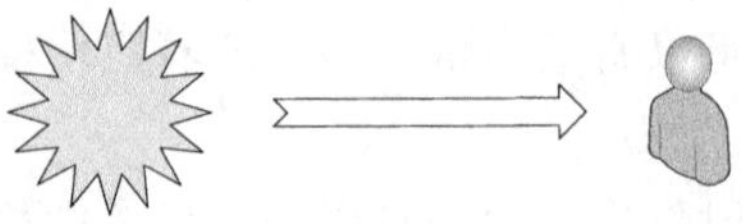

图 3.10 噪声传播示意图

（1）声源控制从源头出发，通过研究分析声源的发声机理，采取对应措施控制噪声产生或降低噪声辐射，是最根本且最有效的方法。对于工业应用，常用的方法包括：改进机器设备的生产工艺控制其发声，改进机器设备的结构降低其声辐射，在机器设备上使用隔振、阻尼减振等方法减小振动幅值或减小振动、能量的传递。对于交通噪声，可行的方法包括：对交通工具进行改进，如控制燃油车的排气噪声；对路面进行改进，如设计低噪声路面。然而声源控制也有其局限性，主要是客观条件限制、技术难度高、成本较高等因素，导致许多场合难以进行声源控制。

（2）传播途径控制是应用最广泛的方法，对于声源已经向周围辐射的噪声和振动，一般需要在传播途径上进行控制。在总体设计阶段可通过规划对噪声源进行合理布局，将强噪声源与噪声敏感区分开，如工厂与居民区分开，振动强烈的机器设备与其他机器设备分开。在具体设计时可规划噪声传播的方向和途径，减小对敏感区的影响，如排气管道的出口方向与居民区隔开。当以上方法已无法实施时，需在传输途径上直接应用降噪措施，包括：使用隔声罩、隔声间、隔声屏障、吸声材料与结构、消声器、隔振、减振、吸振、有源噪声控制等。其控制机理包括声吸声、声反射、隔振减振等。

（3）当以上 2 种方法无法使用或效果欠佳的时候，保护接收者是一种常用的方法。接收者一般是人，如在极端条件下工作的炮兵、飞行员、舰艇兵、强噪车间工人等，可使用头盔、耳罩、耳塞进行保护。接收者也可是灵敏的设备，如电子显微镜、激光器、精密天平等，一般采取隔声和隔振方法进行保护。

3.4.2 噪声源

噪声源的发声机理可分为机械噪声、空气动力性噪声和电磁噪声 3 类。机械噪声是由于机械设备运转时，零件、零件和零件之间以及零件和加工件之间的摩擦力、撞击力和非平衡力，使机械零件、壳体以及加工件产生振动而辐射噪声，例如，齿轮变速箱、纺织机、球磨机、电锯、车床和碎石机等发出的噪声。

空气动力性噪声是由于气体流动过程中的相互作用，或气流和固体介质之间的相互作用而产生的噪声，例如，通风机、空气压缩机、喷射器、汽笛、内燃机排气噪声和锅炉排气放空等产生的声音。其噪声特性与气流的压力、流速等因素有关，声压级很高，如火力发电厂的排气噪声可达 150 dB。

电磁噪声是由电磁场交替变化而引进某些机械部件或空间容积振动而产生的噪声，如发电机、变压器、镇流器、开关电源等发出的声音。其噪声特性与交变电磁场特性、被振动部件和空间的大小形状等因素有关。

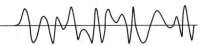

这 3 类噪声中机械噪声源所占的比例最高，空气动力性噪声源次之，电磁噪声源较低。通常声源是复杂的，可能包含不止一种发声机理的噪声源。

实际的声源非常复杂，可使用几种典型的理想声源模型进行分析，包括点声源（单极子）、偶极子、四极子、线声源、面声源、活塞声源等。这些理想声源模型的噪声辐射性质可通过严格计算得到，实际声源可近似为理想声源的组合，故可借此对其辐射声场进行计算分析，并进行噪声预测。此外，可以通过测量未知噪声源的声场，反推噪声源的组成和辐射特性，指导降噪方案的设计。

由于噪声场中的某一测点声压级不仅与噪声源的强度有关，还与测点与声源的距离、方向以及周围的声学环境等因素有关，因此不能全面表示噪声源的信息。使用噪声源的辐射声功率可排除上述因素的影响，噪声控制工程中一般需对此进行测量。若要精确地测量噪声源声功率，一般要求将声源置于专业实验室如 3.4.3 节介绍的消声室或混响室中，前者不仅可测量声功率，还能测得声源指向性的信息，而后者仅能测得声功率数据。由于实际情况下，许多声源因体积、重量或使用条件限制，无法在专业实验室进行精密级测量，可在近似声环境进行工程级测量，如在户外开阔空间或在大房间中除地面以外的五个壁面适当铺上吸声材料，可近似为半自由场，又如可将普通房间改装成简易混响室。若上述条件均不满足，还可在噪声源所在现场进行简易级测量。

3.4.3　吸声

声波在媒质中传播或射到媒质表面上，能量被媒质吸收造成声能减少，该现象称为吸声。吸声的机理较为复杂，从微观而言，在纯媒质中的吸声机理包括媒质的黏滞、热传导以及微观过程引起的分子弛豫效应等，在非纯媒质中，则包括悬浮颗粒对媒质做相对运动的摩擦损耗，以及声波对粒子的散射引起的附加能量耗散。

吸声系数指在给定频率和条件下，被媒质分界面或媒质吸收的声功率，加上经过分界面透射的声功率之和，与入射声功率之比，它反映了媒质的吸声能力。工程中常使用降噪系数（NRC）粗略地评价在语言频率范围内的吸声性能，它是 250、500、1000 和 2000 Hz 测得的吸声系数的算术平均值，精确到小数点后两位，末位取 0 或 5。

吸声量指与某物体或表面吸收能力相同而吸声系数等于 1 的面积，又称等效吸声面积，单位为 m^2。一个表面的吸声量等于它的面积乘以其吸声系数。一个物体放在室内某处，吸声量等于放入该物体后室内总吸声量的增量。评价房间吸声能力常常使用平均吸声系数，它是房间各界面吸声系数的加权平均值，权重为各界面的面积，也可理解为各界面吸声量之和除以界面总面积。需要说明的是，一种吸声材料在不同频率的吸声系数的算术平均值也称为平均吸声系数，需避免混淆。

法向吸声系数为声波垂直入射时的吸声系数，可用驻波管法测量。统计吸声系数指平面波的入射角作无规分布时的吸声系数，使用混响室法测量的声音无规入射时的吸声系数与之略有差别，原因是混响室无法保证入射角在 0°～180°范围的分布完全均等。

实际上几乎所有物体都具有一定的吸声能力，但只有具有较强吸声能力的材料或结构，才视为吸声材料或吸声结构。吸声材料一般为多孔材料构成，能使大部分声波进入材料并耗散，而吸声结构一般基于共振原理，使媒质振动剧烈进而大量消耗能量，达到吸声目的。

1. 多孔吸声材料

多孔吸声材料是含有很多微孔和通道，对气体或液体流过给予阻尼的材料，包括纤维状、颗粒状和泡沫状。其吸声机理为当声波入射到多孔材料时，引起孔隙中的空气振动，由于摩擦和空气的黏滞阻力，使一部分声能转变成热能；此外，孔隙中的空气与孔壁、纤维之间的热传导，也会引起热损失，使声能衰减。常见的几款多孔吸声材料如图 3.11 所示。

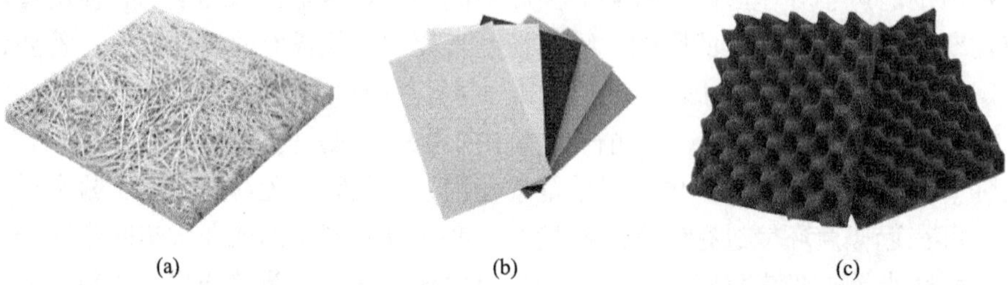

图 3.11　多孔吸声材料示例：（a）木丝板；（b）聚酯纤维板；（c）聚氨酯海绵

多孔材料的吸声系数随声音频率的增高而增大，吸声频谱曲线由低频向高频逐步升高，并出现不同程度的起伏，随着频率的升高，起伏幅度逐步缩小，趋向一个缓慢变化的数值，如图 3.12 所示。影响多孔材料吸声性能的参数主要有流阻、孔隙率和结构因数，这在材料设计阶段就需要考虑。在材料应用阶段，增加材料的厚度，可提高低、中频吸声系数，但对高频吸收的影响很小。材料的体积密度与材料的纤维、筋络、颗粒本身的大小或直径以及固体密度都有关系，因此它对吸声性能的影响较为复杂，一般而言，材料的体积密度或纤维直径对吸声性能的影响比材料厚度引起的影响要小。在吸声材料和

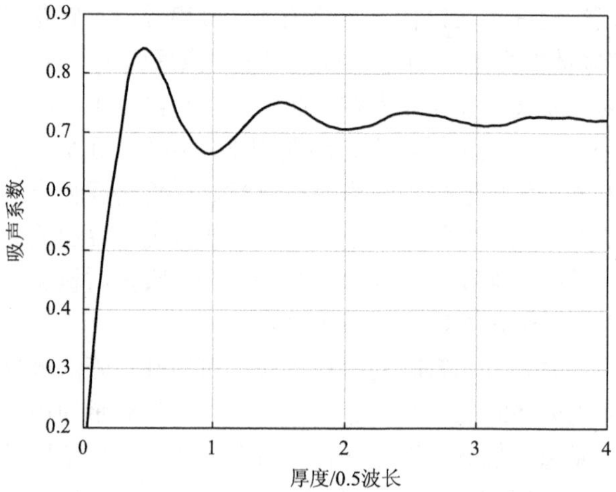

图 3.12　多孔吸声材料的吸声系数

刚性墙面之间留出适当空气层，等效于增加材料的厚度，可提高低频吸声能力。在多孔材料表面刷油漆或涂料将降低中高频的吸声系数，但可稍微提高低频吸声系数。较疏松的多孔材料往往需在表面覆盖护面层来满足使用要求，如护面穿孔板、织物、罩网或薄膜等，透气性差的护面层对高频吸声有影响。

2. 共振吸声结构

当声波频率与结构或物体的固有频率相同时会产生共振，此时结构或物体中的声波振动最强烈，引起的能量损耗最多，吸声系数也最大。在多种共振结构中，最基本的结构是亥姆霍兹共鸣器，如图 3.13 所示，它由一根短管和一个腔体构成共鸣器，物理本质等效于“质量块-弹簧”共振结构，有一固有的共振频率。当声波因共振在结构中剧烈振动时，能量逐渐耗散，若结构中存在适当声阻材料，则会强烈消耗声能，达到良好吸声效果。

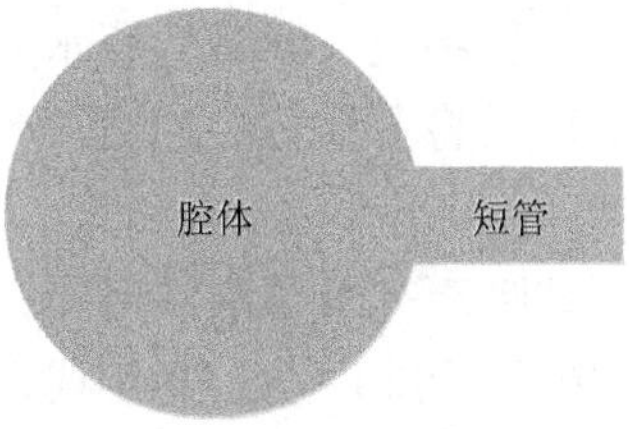

图 3.13　亥姆霍兹共鸣器

亥姆霍兹共鸣器结构的吸声性能由共振频率、共鸣器与媒质的声阻率比以及品质因素决定，共振频率决定了吸声主要频段，声阻率比决定了吸声的最佳效果，品质因素决定了具有最佳吸声效果的频带宽度，且这三个参数相互有关联，如追求吸声最佳效果，则会缩小吸声带宽。由于共鸣器主要是利用了共振效应，因而吸声频带有限，一般用于低频段，特别是在噪声频谱中出现低频段具有明显峰值的情形。这类共振式吸声结构大多应用于 500 Hz 以下的吸声处理，很少会用于 1000 Hz 以上的吸声处理。

在噪声控制工程应用中，共鸣器一般不以单体形式出现，而是以穿孔板共振结构出现，通过在刚性壁面前的一定距离处安装一块有一定厚度的穿有很多小孔的板，小孔分布较为均匀，因此这些穿孔板连同板后空间就形成许多并联的共鸣器，一个小孔对应一个小空间，即为共鸣器的短管和腔体，穿孔板的共振频率由这一小孔和这一小空间决定。图 3.14 为穿孔板共振吸声结构示意图和示例。穿孔吸声板广泛应用于公共建筑，如剧院、音乐厅、体育馆、图书馆、会议中心和办公大厅等。

共鸣器利用短管声质量与腔体形成共振，也可使用薄板与腔体形成共振，构造板式吸声器。板式吸声器的薄板必须与声场耦合，并被声场驱动以通过面板的弯曲振动消耗声能量，其最大吸声量一般发生在薄板-腔体耦合系统的第一个共振频率处。对由不透气的薄板背后设置空气层并固定在刚性壁上的板共振吸声结构，其第一个共振频率取决于薄板的尺寸、重量、弹性系数和板后空气层的厚度，并且和框架构造及薄板安装方法

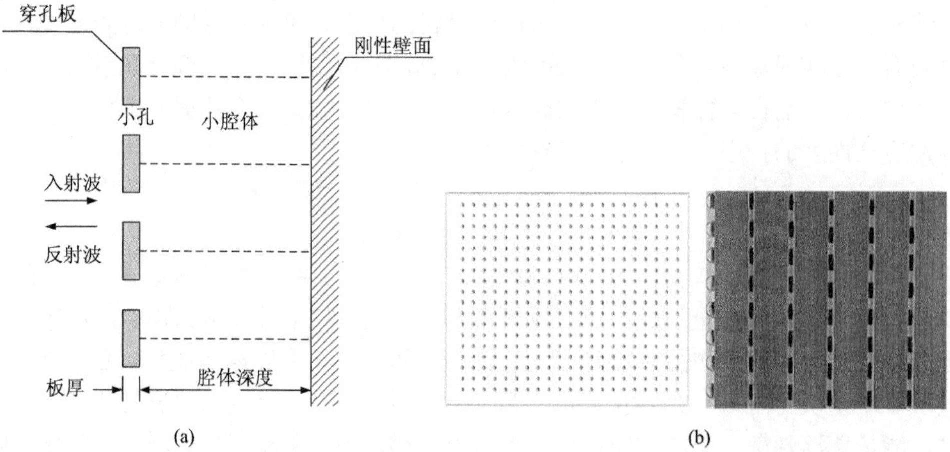

图 3.14　穿孔板共振吸声结构：（a）示意图；（b）石膏穿孔板与木质穿孔板

有关。常用的薄板材料有胶合板、纤维板、石膏板和水泥板等。板共振吸声的频率范围一般较窄，一般用于吸收低频噪声。将薄板替换为更薄更轻的薄膜，则为薄膜吸声器，其原理与板式吸声器相同。

由于穿孔板的声阻很小，因此吸声频带很窄，需要在腔体内填充多孔材料来拓展吸声频带。我国著名声学专家马大猷授于 20 世纪 70 年代提出了微穿孔板吸声结构及其理论解决了这一问题，原理是把穿孔的孔径缩小到毫米以下，可增加孔本身的声阻，则不必另加多孔材料就能获得满意的吸声效果。微穿孔吸声结构的板厚度小于 1 mm，孔径小于 1 mm，穿孔率在 1%～3%之间，板后设有一定厚度的空腔（如 5～20 cm）。由于它比穿孔板声阻大且质量小，因而在吸声系数和吸声带宽方面都优于穿孔板。为进一步拓宽频率范围和提高吸声效果，还可以采用不同穿孔率和孔径的多层结构。微穿孔板可用薄金属板、胶木板、塑料板、有机玻璃等材料制作，外观可做得很美观，但加工工艺有一定难度。由于微穿孔板后的空腔内无需填充多孔吸声材料，因此可用于有气流、高温、潮湿以及有严格卫生要求等的场合。

声学超材料是目前声学领域的研究热点，研究者使用较薄、较轻的共振结构，如弹性结构薄膜、声学 Mie 共振结构等，通过局域共振实现窄带吸声，或设计“卷曲空间结构”（coiling space）结合阻性吸声材料获得宽带吸声。这方面的工作参见第 7 章“人工声学材料”。

近年来提出的分流扬声器是一种由扬声器单元和分流电路构成的闭路系统，通过电路参数的调节可改变扬声器振膜处的声阻抗，实现有效的声吸收。由于扬声器单元机械系统的共振特性，分流扬声器也可视为共振吸声体。声能先是在振膜处转化成了机械能，进一步在分流电路中转化成电能，最终以内能的形式耗散，从而达到吸声的效果。图 3.15 为针对变压器噪声设计的具有三个共振峰的分流扬声器及其吸声系数，可见在 100、200 和 300 Hz 频率的吸声系数均超过了 0.9。

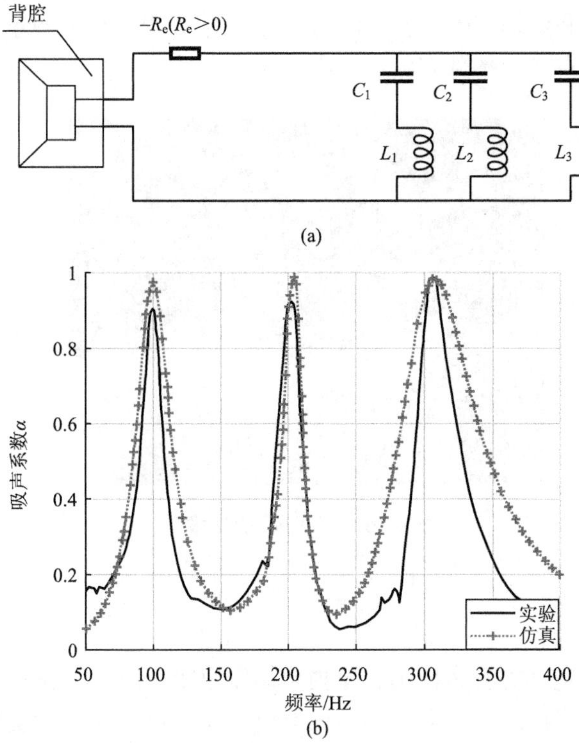

图 3.15　三个共振峰的分流扬声器：（a）结构示意图；（b）吸声系数曲线

3. 复合吸声结构

复合吸声结构指结合了多孔吸声材料、板共振吸声结构和其他吸声材料和结构以扩大吸声范围、提高吸声系数的结构。如针对多孔吸声材料低频吸声系数小的特点，可用多种共振吸声结构来弥补低频吸声能力，其中共振吸声结构可以是薄板共振、薄膜共振、1/4 波长管以及穿孔板共振吸声结构。近年来研究者将多孔吸声材料和分流扬声器结合设计出薄型宽带吸声体，其中扬声器中的电路和机械结构体积设计得较小，但能有效吸收和耗散低频噪声，从而降低整个吸声体的厚度。

4. 空间吸声体

空间吸声体是一种分散悬挂于建筑空间上部，用以降低室内噪声或改善室内音质的吸声构件，形状包括平板矩形、柱形、球形、正方体、扇形、波浪形等。图 3.16 为工厂车间内应用平板矩形吸声体的照片。与铺设于顶棚、墙壁等室内表面的吸声材料相比，在同样投影面积下，空间吸声体具有较高的吸声效率。这是由于空间吸声体具有更大的有效吸声面积（包括空间吸声体的上顶面、下底面和侧面）；另外，由于声波在吸声体的上顶面和建筑物顶面之间多次反射，从而被多次吸收，使吸声量增加，提高了吸声效率。通常以中、高频段吸声效率的提高最为显著。空间吸声体用于室内吸声降噪的效果主要取决于吸声体的材料和结构（决定了单体的吸声性能）、吸声体的数量以及悬挂间距，此外还与建筑空间的原有声学条件有关。

图 3.16　空间吸声体示例

5. 吸声应用

吸声的典型应用是室内噪声控制。室内声源发出噪声时，同在室内的接收者不仅会听到声源直接传来的直达声，还会听到室内墙壁及其他反射面多次反射形成的混响声。距离声源较近的接收点，以直达声为主，反之以混响声为主，二者相等时声源与接收点的距离称为临界距离。使用吸声方法来降低噪声中的混响成分，是噪声控制工程中普遍采用的方法。例如，在工厂车间四壁安装吸声材料，在体育场馆悬吊空间吸声体，在办公大厅安装吸声吊顶，在会议室铺设地毯并在吊顶和四壁安装吸声材料等。

其他应用还包括：在厅堂音质设计中，可使用吸声材料和结构调整不同频率声音的混响时间，满足不同用途的厅堂的听音需求；在管道消声器中使用多孔吸声材料吸收噪声；在隔声罩中使用吸声材料和结构提高隔声罩的隔声效果；在音箱中布放吸声材料减小驻波改善音质；在轻质隔声结构内使用吸声材料以提高构件的隔声量。

6. 消声室和混响室

消声室和混响室是两个具有特殊吸声性能的房间。消声室的边界能有效地吸收所有入射声音以在其中基本实现自由声场，以完成需要避免反射声或外界干扰以及模拟自由声场的工作。衡量消声室声学性能的主要指标有：吸声结构截止频率、本底噪声以及自由场半径。降低边界反射通过安装吸声结构实现，一般为吸声尖劈，有些场合也使用平板复合吸声结构。为了保证较低的本底噪声，建造消声室时需要考虑隔声和隔振，必要时需采用房中房的形式，此外针对消声室的通风温控系统的管路，还需要作相应的消声处理。为了便于实际使用，将消声室的一个底面改成全反射的刚性面，实现半自由声场，称为半消声室。消声室的典型应用包括：测量电声器件的声学参数，如扬声器的频响和指向性等；噪声源的功率测试，如电器、通信机箱等。

混响室是壁面接近完全反射、混响时间长，声场接近扩散分布的房间。为了尽可能实现扩散场，混响室一般采用不规则的墙面、悬吊空间散射体或者使用可旋转的散射体来提高声能密度空间分布的均匀性。房间尺寸与测量的声音频率相关，房间太小无法产生足够多的声模态，声场难以均匀，房间太大声程过长，无法提供足够反射和混响，声场也难以均匀。混响室的典型应用包括：测定材料的吸声系数、测量电声器件和设备的声功率及对灵敏机件做噪声疲劳试验等。图 3.17 为消声室与混响室示例。

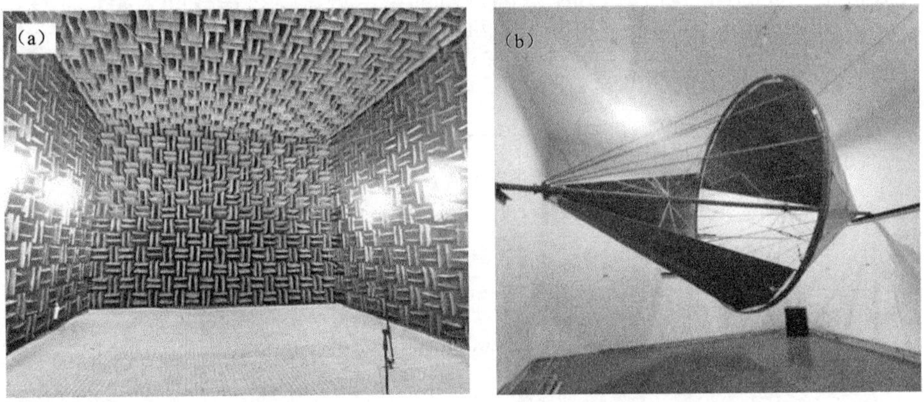

图 3.17　消声室与混响室示例：（a）全消声室；（b）安装了旋转散射体的混响室

3.4.4　隔声

利用材料（构件、结构或系统）来阻碍噪声的传播，使通过材料后噪声能量减小的方法，称为隔声，其主要物理机理是声反射。材料的隔声效果不仅与材料的特性有关，还与材料的使用场合、安装方式及测试方法有关。描述材料隔声效果的常用量有 3 个：隔声量（也称传声损失）、噪声衰减量和插入损失。隔声量定义为噪声通过材料前后的声能量比，反映了材料本身固有的隔声能力，通常在符合规范要求的实验室（隔声室）按照标准来测量。噪声衰减量和插入损失一般用来表示材料安装后，在现场测得的实际隔声效果，前者定义为隔声材料内外某两特定点的声压级差，后者定义为声波透射侧的某一特定点在隔声材料安装前后的声压级差。它们不仅体现材料本身的隔声量，还受现场的声吸收、材料的侧向传声、应用场合的漏声情况以及其他因素的影响。

实际应用中不仅仅使用单一结构进行隔声，还常常使用组合结构隔声，即通过把具有不同隔声量的隔声单元组合成一个构件进行隔声。如建筑上包含门和窗的隔声墙和含有通气口的隔声罩等。组合结构的总隔声量和各部分的隔声量及其面积大小均有关系，一般取决于隔声量小的部分的隔声量及其占整个结构面积的面积比，例如，隔声结构的小孔和缝隙的漏声对高频隔声量的影响较大。因此，在设计时需注意不必追求某一部分的极致隔声量，而是考虑各部分的平衡，且要注意防止漏声现象。

1. 隔声曲线

对于不同频率，材料的隔声量不同。以有限大小单层均质薄板为例说明，它的隔声量如图 3.18 所示，随频率由低到高依次划分为：整体振动刚度控制Ⅰ区、整体共振Ⅱ区、质量控制Ⅲ区、吻合效应Ⅳ区和弯度刚度控制Ⅴ区。Ⅰ区中隔声量主要由板的刚度控制，板刚度越大，频率越低，则板隔声量以每倍频程 6 dB 的速率增大。Ⅱ区中板处在整体或模态共振状态，板的第一阶共振频率对隔声量的影响最大，它由板的大小、厚度、其他物理特性和边界条件决定，对面积较小的简单构件，如小面积玻璃窗，其共振频率可能高达几百 Hz，影响整体隔声效果。

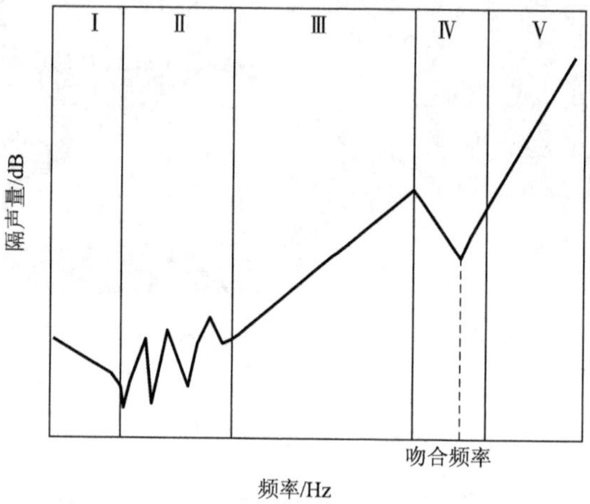

图 3.18　有限大小单层均质薄板的隔声曲线

Ⅲ区的隔声量以每倍频程 6 dB 的速率随频率增加，该区的隔声量符合质量定律，因此称为质量控制区。该定律表明薄板的隔声量与它的面密度以 10 为底的对数成正比，面密度指薄板单位面积的质量。面密度增加一倍则隔声量大 6 dB。质量定律仅适用于法向入射的声波，在实际中，声波一般从各个方向入射，此时的隔声量包括薄板对各个方向入射声波的隔声量的和，略小于质量定律预测的隔声量。

Ⅳ区为吻合效应区。当声波以某入射角从空气向一薄板传播时，会激发薄板内弯曲波的传播，如果声波到达薄板的时间顺序与弯曲波在薄板内传播的速度相“吻合”，弯曲波的振动将达到一极大值，向薄板另一面的辐射也特别大，隔声量出现一个低谷，这一现象称为吻合效应。声波平行于薄板入射（掠入射）时发生吻合效应的频率称为吻合频率。隔声低谷的隔声量比质量定律预测的在该频率的隔声量要低十几 dB，取决于板的弯曲振动的阻尼。吻合效应影响的频段相当宽，大约有 3 个倍频程范围。当声波频率继续增大进入Ⅴ区，板的弯曲振动的刚度随频率的增大逐渐增大，此时隔声量随频率的升高快速增大，理论上速率可达每倍频程 18 dB。

2. 多层隔声结构

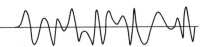

多层隔声结构通过引入一定厚度不同阻抗的中间层，使同等质量的多层（包括双层）结构在感兴趣的中频段上的隔声量比单层结构有所提高。其代价是在低频段引入了一个由“质量-弹簧-质量”系统的共振频率所决定的隔声低谷，而在高频段也引入了一系列和中间空气层的共振频率有关的隔声低谷。

若要使多层结构的隔声性能较同等重量的单层结构有明显改善，需合理选择各层材料、配置各层厚度，增大反射声能，减少透射声能。基本的原则是：利用中间层的阻尼和吸声作用，减弱共振和吻合效应；利用厚度和材质不同的多层结构，错开共振与吻合频率，减少共振区与吻合频率区的隔声低谷，提高总体隔声性能。设计合理的多层隔声结构可满足结构的轻薄化要求，常见的结构包括：周期或准周期性多层板结构、含弹性多孔材料的复合多层板结构和带微穿孔板的多层板隔声结构等。

3. 隔声罩

隔声罩是为了减少噪声源的噪声辐射，采用具有一定隔声量的隔板将噪声源部分或者全部封闭起来，并在隔板内表面附加吸声材料的降噪装置。隔声材料的隔声降噪机理是声反射，然而隔声罩的降噪机理是声吸收。隔声罩中噪声入射到罩内壁面小部分透射出去，大部分反射回隔声罩内，反射波将被罩内吸声材料吸收或经壁面透射而出。若隔声罩内吸声系数很小，则隔声罩的隔声量有可能很小；随着罩内吸声系数增大，其隔声量逐渐接近隔板本身的隔声量。当罩壁振动较大时，可在罩壁表面涂一些内损耗系数较大的阻尼材料通过减振降低噪声辐射。为防止固体传声，罩内机器设备和隔声罩之间应避免刚性连接，可为设备安装隔振器或铺设隔振材料，对于罩内设备和罩外设备的连接管路，应在管路和壁面连接处使用弹性结构降低振动传递。对于由于通风散热要求在隔声罩罩壁所留孔洞，通常在孔洞上设计消声器，并使消声器的降噪量与隔声罩罩壁的隔声量相匹配。隔声罩可分为全封闭式隔声罩、活动式隔声罩和局部封闭式隔声罩等。

4. 隔声间

在噪声强烈的环境中建造隔声性能良好的房间，形成安静的环境，对工作人员的听力进行保护，这种设施叫作隔声间。与隔声罩类似，它由具有一定隔声量的隔板并在隔板内表面附加吸声材料构成，不同的是噪声源在房间外，因此其降噪机理是首先利用隔声板将噪声反射到原噪声场中，然后对部分进入隔声间的噪声利用其中的吸声材料进行吸声。隔声间的噪声衰减量大小不仅和隔声间壁面本身的隔声量有关，还和隔声间内的吸声量大小以及隔声间的受声面积（隔声间外表面积）有关。隔声间一般是组合隔声结构，其门窗部分和通风部分的隔声量在设计时都需要统筹考虑。在嘈杂的工厂车间一般设有供操作工人休息或观察机器运转情况的隔声间，此外用于听力测定和实验的测听室也是一种特殊的隔声间，它要求室内的声压级远低于周围的环境噪声。

3.4.5 声屏障

在声源与接收点之间设置障板，阻断声波的直接传播，以降低噪声，这样的结构称声屏障。噪声受屏障阻挡，不能直接传播到其背后的接收者，而需经过屏障的绕射才传播到接收者，即在屏障背后一定距离内形成“声影区”。声影区的大小与声音的频率和屏障高度等有关，频率越高，声影区的范围越大。图 3.19 为声屏障的示例。

图 3.19 声屏障示例

声屏障使受声点声压级降低的分贝数称为声屏障的插入损失，反映了屏障的降噪效果。声屏障的降噪效果与噪声的频率、屏障的高度以及声源与接收者之间的距离等因素有关。一般情况下，低频效果较差，高频效果较好；屏障高度越高，降噪效果越好；为了使屏障的降噪效果较好，应尽量使屏障靠近声源或接收点。

声屏障常分为交通隔声屏障、设备噪声衰减隔声屏障、工业厂界隔声屏障。屏障高度一般在 1～5 m 之间，覆盖有效区域平均降噪达 10～15 dB，最高达 20 dB。

声屏障的降噪效果与屏障的高度紧密相关，但由于经济性和安全性等方面的影响，声屏障高度不能无限增加。在不增加屏障高度的情况下提高其降噪性能的方法大致可分为两类：一类是改变屏障的形状，如设计 T 形屏障、Y 形屏障、圆形屏障、多边沿屏障和陷波屏障，其典型形状和顶部结构如图 3.20 所示；另一类是通过无源结构实现声学软边界或安装吸声材料或吸声结构来抑制屏障顶部的声压。这两种方法可结合使用。

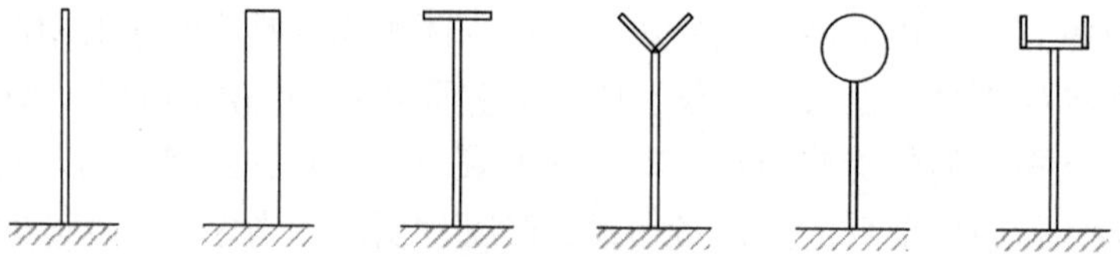

图 3.20 不同形状和顶部结构的声屏障（侧视图）

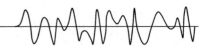

声屏障设计时首先考虑声学性能，包括：材料本身必须有足够的隔声量，应比设计目标隔声量大 10 dB 以上；在声源侧可在屏障上设计吸声结构，减弱反射声能和绕射声能；选择合理的顶部结构；声屏障与支撑结构等的连接处防止漏声。其次，结构设计需考虑力学性能，避免安全隐患。研究表明，屏障的材料以及屏障的美观度等其他因素会以复杂的方式影响人们对屏障有效性的主观感知，因此应注意在设计时给予关注。

3.4.6　消声器

消声器主要用于消除管道中的噪声，一般是气流管道的噪声，可分为抗性消声器和阻性消声器两大类。抗性消声器主要以声抗性原理将噪声反射回去，消声器具有明显的频率选择特性，类似滤波器，因此适用于管道噪声中频谱具有明显峰值特征的情况，尤其适合于低中频段噪声。阻性消声器主要利用在管道壁上或管道中安装的吸声材料，吸收管道中传播的声能量，从而减弱噪声的传播。因为阻性吸声材料的特点，阻性消声器一般对中高频噪声有效，适用于宽带噪声。在实际的管道噪声控制工程中，常常会根据噪声频谱特征，将抗性消声器和阻性消声器结合使用，以在较宽的频率范围内取得较好的消噪效果。

消声器的性能包括声学性能、空气动力性能和结构性能。声学性能包括消声大小和消声频带，可用传声损失、插入损失、末端降噪量或者声衰减量等表示。插入损失定义为通过管道传播的声功率相对于无消声器时所传播声功率的衰减量；而传声损失定义为消声器入口处入射的声功率与消声器所发射的声功率的差值。空气动力性能指消声器对气流的阻力而引起管道中的压力损失，包括摩擦阻损和局部阻损，其中抗性消声器的压力损失主要来自于局部阻损，阻性消声器的压力损失主要来自于摩擦阻损。结构性能包括外形、体积、重量、维修、寿命和系列化设计等。

1. 抗性消声器

抗性消声器是具有特殊形状的气流管道，可有效地降低气流中的噪声。特殊形状包括共振腔体、扩张管和消声弯头等。其机理是利用弯头或截面积突然改变及其他声阻抗不连续的管道等降噪器件，使管道内噪声反射回去。抗性消声器一般具有频率选择性，适用于窄带噪声。抗性消声器的性能取决于声源和末端的阻抗，有时会影响到声源处的声音产生，使得抗性消声装置的传声损失和插入损失可能大不相同。

简单的扩张管消声器，是在主管道中加装一节具有一定长度，截面积比主管道要大的管道。这种消声器的消声性能随着频率变化，会相继出现极大消声与零消声的现象。理论上，极大消声量可随扩张比的增大而增大，但是实际上会受到种种约束，例如工程中常常不允许这种扩张管占用十分庞大的空间，更重要的是这类消声器的消声效果在较高频率时会随着频率的升高而下降，甚至最终失去效果。由于这种消声器存在通过频率，使消声功效受到很大制约，可使用两种方案改善该问题。一是使用连接式双扩张管消声器，不同长度的扩张管对应不同的通过频率，因此可在不加大扩张比条件下大幅度提高消声量；二是内插管式扩张管方案，它通过长度为扩张管长 1/2 和 1/4 的内插管抑制通过频率，从而大大扩展消声频率通带。图 3.21 为这两种扩张管的示意图。

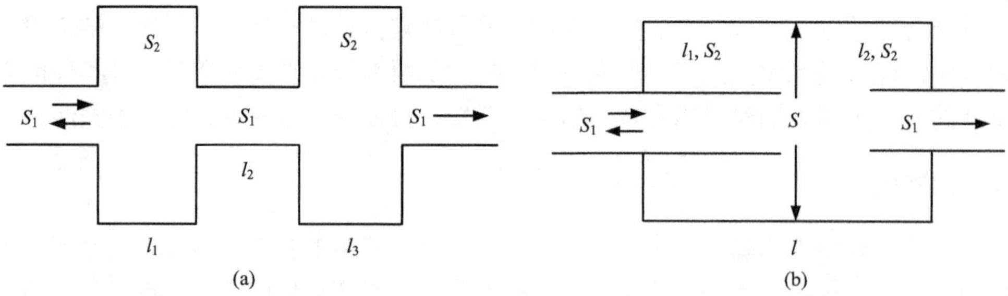

图 3.21　扩张管消声器：（a）连接式双扩张管；（b）内插管式扩张管

共振式消声器在管壁上设计共鸣器旁支管，当共鸣器的共振频率与传声频率一致时，共鸣器旁支将使该频率的声波产生短路，从而阻挡该声波继续向前传播。最简单的共鸣器是 1/4 波长管，最常见的共鸣器为基于亥姆霍兹共鸣器的穿孔吸声结构。穿孔吸声结构的共振腔消声器，传导率、共振腔体积和截面积决定消声量的大小，共振腔体积、截面积和板厚决定共振频率大小。由于共振式消声器有很强的频率选择性，消声频率范围过窄，可采用多节共振式消声器或双层共振式消声器改善该问题，它们具有若干个共振频率，在较宽的频率范围内可获得较好的消声效果，图 3.22 分别表示了它们的结构示意图。两节共振式消声器由不同的共振腔产生不同的共振频率，若目标为宽带噪声，则两个共振频率不宜分得太开，避免在整个消声范围内出现消声的频率谷点。双层共振式消声器由两层共振结构实现不同共振频率，由于两个共振结构相互连通产生耦合，设计相对复杂，在工程应用中，为了简单处理，两个不同共振频率可分别独立地进行估算，与实际结果有一定差异。

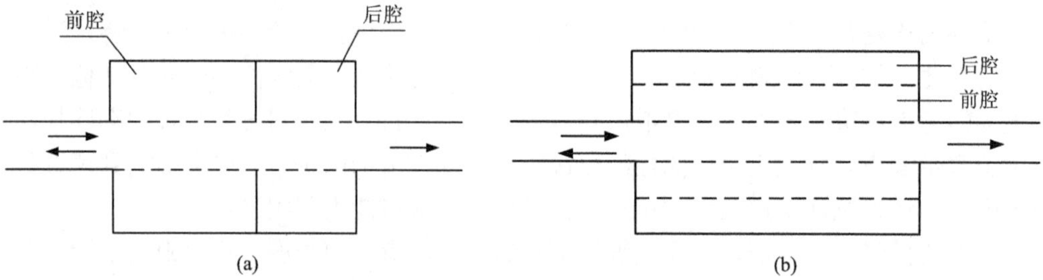

图 3.22　共振式消声器：（a）两节共振式；（b）双层共振式

2. 阻性消声器

阻性消声器是具有吸声衬里的气流管道，可有效地降低气流中的噪声。吸声衬里包括多孔吸声材料和共振吸声结构等。它的降噪机理是利用声波在多孔性吸声材料或吸声结构中传播，因摩擦将声能转化为热能而散发掉。阻性消声器的管道越长，吸声衬里的吸声系数越大，管道截面积越小，则其消声性能越大。它的降噪性能不易受声源和负载阻抗的影响。由于多孔吸声材料和结构的吸声系数的频率依赖性，阻性消声器一般对中高频噪声有效，适用于宽带噪声。使用吸声材料的阻性消声器，不适合在高温、高湿、多尘的条件下使用。与抗性消声器类似，阻性消声器也有高频失效现象。

阻性消声器的截面形状通常为矩形或圆形，在需要高消声性能的场合，在矩形管道中常常做片式结构，即将消声管道截面用片式吸声材料分隔成多个扁状截面，称为片式消声器。因为它的通道截面是扁状的，短边通常比长边小很多，可大幅提升消声器工作失效的上限频率，从而增加消声器的消声量。为了进一步提升消声性能，还可将截面用吸声材料分隔成小矩形阵列或多个圆孔阵列，称为列管式消声器。

3. 气流的影响

在现场测试中，当气流速度提高到一定程度时，阻性消声器的性能常常会明显变差，严重的甚至几近失效。这一现象主要并不全是气流导致消声管道的消声系数降低，而是气流在管道内产生了再生噪声。一般在阻性消声器中，气流产生再生噪声主要有两种原因，一是管道内壁或者其他构件在气流碰击下产生振动而辐射噪声，这部分称为结构噪声，通常以低频成分为主，其强度一般按流速的四次方规律增加。当消声管道的壁面及其他构件刚度不高，而气流速度又较低时，这种结构噪声常常起主要作用。二是由于管道中高速气流产生湍流运动而引起的噪声，一般以中高频成分为主，其噪声辐射强度按流速的六次方规律递增，一般当气流速度高于 20 m/s 时，噪声的频谱峰值位置会由低频向中高频移动，气流再生噪声也常常会由结构噪声为主转为以湍流噪声为主。

4. 其他消声器

为达到更好的消声器效果，阻性和抗性消声器通常结合在一起构成复合消声器使用。复合消声器有多种形式，如阻性-扩张复合式、阻性-共振复合式、阻性-扩张-共振复合式和利用微穿孔板构成的复合消声器。复合消声器的设计比较复杂，通常通过计算机软件辅助设计和实验测试进行。设计需要综合考虑降噪带宽、降噪量、压力损失和消声器的体积。

高压气体排气放空的噪声是工业生产中的常见噪声，具有强度大、频谱宽的特点。排气放空消声器是专门用于降低和控制排气放空噪声的消声器，主要型式有节流减压型排气消声器、小孔喷注型排气消声器、节流减压加小孔喷注复合型消声器及多孔材料耗散型排气消声器等。

节流减压型排气消声器利用多层节流穿孔板或穿孔管，分层扩散减压，即将排出气体的总压通过多层节流孔板逐级减压，气体流速也相应逐层降低，使原来的排气口的压力突变转化为通过排气消声器的渐变排放，从而降低噪声。小孔喷注型排气消声器将原来单个大直径排气喷口改为大量小孔喷口，当通过小孔的气流速度足够高时，小孔能将排气噪声的频谱移向高频，使噪声频谱中的可听声部分降低，从而减少了噪声对环境的影响。多孔材料耗散型排气消声器利用多孔陶瓷、烧结金属、粉末冶金、烧结塑料及多层金属丝网等具有大量微小孔隙的多孔材料，当气流通过时被滤成无数股小气流，使排气压力大为降低，同时材料本身也具有一定的吸声作用。

3.4.7 振动控制

声波起源于物体的振动，物体的振动除了向周围空间辐射在空气中传播的声（称“空气声”）外，还通过其相连的固体结构传播声波，简称“固体声”，固体声在传播的过程中会向周围空气辐射噪声，特别是当引起物体共振时，会辐射很强的噪声。

振动除了产生噪声干扰人的生活、学习和健康外，低频振动直接对人有影响，包括：造成疲劳，降低工作质量甚至引起安全事故；影响人体身心健康，涉及血液循环系统、呼吸系统、消化系统、神经系统以及听觉、视觉、人体平衡等多方面。此外，长期的高强度振动会破坏建筑物结构，干扰精密仪器运行，损坏设备等。

振动指标是振动加速度级，是振动加速度与基准加速度之比的以 10 为底的对数乘以 20，单位为 dB。基准加速度为 20 $\mu m/s^2$。振动级是根据等振曲线计算的加权振动加速度级，分为垂直振动级和水平振动级，它们和人的舒适性和工作效率有关。

振动控制技术包括：采用隔振技术来降低振动的传递率；用振动阻尼减弱物体振动强度并减低向空间的声辐射；用动态吸振器将机械的振动能量转移并消耗在附加的振动系统上。振动控制在噪声控制工程中很重要，此外，有些精密机械、精密仪表以及要求低噪声的实验室，也需要振动控制来避免环境振动对它们的影响。

1. 隔振

隔振就是在振动源与基础、基础与需要防振的仪器设备之间，加入具有一定弹性的装置以减少振动量的传递。最常用的隔振的评价量是振动传递系数，传递系数越小，隔振性能越好。隔振分为积极隔振和消极隔振，前者是减少振动设备传向地面或者基础的力传递系数，后者是减少地面振动传向设备的位移传递系数。隔振的主要方法是通过使用弹簧或者橡胶等软物体降低整个系统的共振频率，使其远低于设备或者地面的激励频率。

定义激励频率和隔振系统固有频率比为频率比，当频率比为 0 或 $\sqrt{2}$ 时，传递系数为 1，振动完全传递；频率比在 0～$\sqrt{2}$ 时，隔振系统有放大振动的作用，使用阻尼可以限制放大倍数；频率比大于 $\sqrt{2}$ 时，振动传递减弱，隔振系统有效。隔振系统设计时一般要求频率比大于 3 或 6，有几个驱动频率时，取最低值代入频率比的计算中。激励频率低的振动传递较难控制。常见隔振器材包括橡胶、软木等隔振垫，钢弹簧、橡胶、空气弹簧和全金属钢丝绳等隔振器，如图 3.23 所示。另外还包括橡胶接头和金属波纹管等柔性接管。

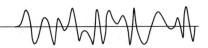

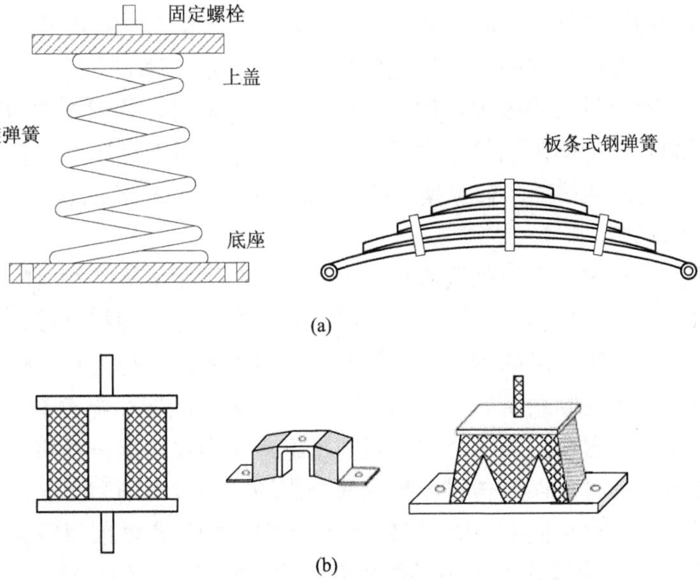

图 3.23　金属弹簧隔振器和橡胶隔振器：（a）螺旋式和板条式金属弹簧隔振器；（b）压缩型、剪切型和复合型橡胶隔振器

2. 吸振

当设备仅在某个或若干个很窄的频带内振动或受力时，安装振动控制装置即吸振器，利用系统共振吸收设备的振动能量以降低其振动幅度的措施定义为吸振。无阻尼动力吸振器可看成质量和弹簧组成的共振结构，当吸振器的固有频率和待吸振设备的振动频率一致时，设备的振动位移接近零，而设备所受的作用力完全转移至吸振器上，此时设备和吸振器构成的系统的共振频率取决于吸振器和设备的质量比。若吸振器质量不够大，会在原设备共振频率附近产生新的共振。为了避免在其他频率的共振和拓宽吸振频带，可使用有阻尼的动力吸振器。为了进一步拓宽吸振频带可将多个阻尼动力吸振器进行组合形成复合动力吸振器。

3.5　有源噪声控制技术

3.5.1　概述

1. 定义

前面介绍的噪声控制方法，通过声学材料或声学结构与声波的作用，达到降低噪声或消除噪声的目的，属于无源噪声控制方法。这些方法是噪声控制的主要方法，原理为消减声波能量的传播或改变声波传播的路径，形式上包括使用吸声材料或结构、使用隔声材料和结构、使用消声器和使用吸/隔振材料等。

材料与结构的声学性能与频率密切相关，进而影响噪声控制效果。对于中高频噪声，易取得较好的控制性能，然而在处理低频噪声时，若希望达到良好的降噪效果，材料和结构的尺度或材料重量需要很大，例如，很厚的吸声材料、体积庞大的吸声结构、很长的阻性消声器和笨重的隔声墙等。大尺度的材料和结构以及超重的材料在许多场合无法安装使用，成本也可能很高。有源噪声控制（active noise control, ANC）方法为解决这一问题提供了新的思路。

有源噪声控制通过人为引入次级声源产生声波与原始噪声（初级噪声）发生相消性干涉而降低噪声。有源控制也称为主动控制，其中有源与无源相对应，主动与被动相对应。应用有源噪声控制技术的硬件、软件和电声器件的组合称为有源噪声控制系统。典型的单通道有源噪声控制系统如图 3.24 所示，它分为控制器和电声部分。电声部分包括次级声源、参考传感器和误差传感器，其中次级声源为发出抵消噪声的扬声器，参考传感器拾取初级声场信号，误差传感器拾取残余声场（初级声场和次级声场之和）信号。控制器为电子电路，包括核心控制电路和外围电路（如传声器前置放大电路和功率放大电路），控制器接收传声器输入的声场信号后经滤波形成抵消信号输出给次级声源。参考传感器包括传声器、转速传感器、加速度计和激光振动传感器等，误差传感器包括传声器、质点速度传感器、声强传感器和激光振动传感器等。目前参考传感器根据应用场景的不同，形式多样，而误差传感器一般为传声器。

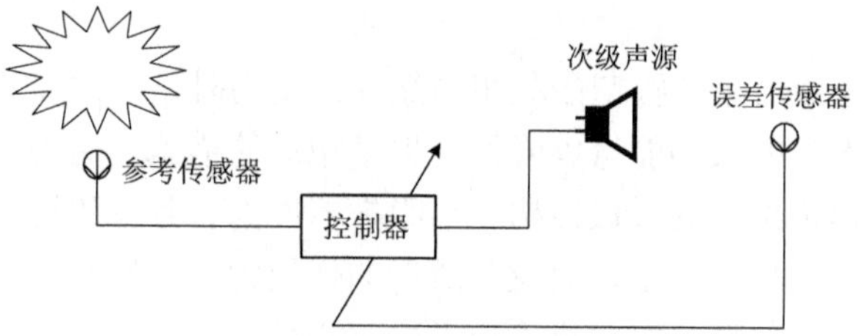

图 3.24　单通道有源噪声控制系统示意图

2. 分类

有源噪声控制系统有多种分类方式，重要的分类方式如下。

（1）前馈系统和反馈系统。前馈控制系统需使用参考传感器采集与目标噪声相关的参考信号，如有源降噪耳机通过传声器采集周围噪声，如汽车发动机有源降噪系统使用转速传感器采集发动机转速信号，又如汽车路噪有源降噪系统使用加速度计采集汽车底盘振动信号。若前馈系统是自适应的，则需要误差传感器采集残余噪声，否则不需要。反馈控制系统无需参考信号，因此仅需要误差传感器。反馈系统结构紧凑，但稳定性要求高且控制频段有限。

（2）自适应系统和非自适应系统。能调整控制器的参数来适应噪声声场空间传递函数的变化的系统为自适应系统，反之为非自适应系统。自适应系统的核心是自适应滤波器和自适应算法，自适应算法根据预先设定的性能准则（一般为使误差传感器拾取的误差信号能量最小化），不断采集控制系统当前工作状态，实时调整控制滤波器系数，使系统达到所需性能。非自适应系统的滤波器是固定的，有的控制系统为不同类型的若干声学环境预先设计相应的滤波器并预存于系统中，使用时根据声学环境的变化切换不同的滤波器，不属于自适应范畴。

（3）模拟系统和数字系统。模拟系统的控制器为模拟电路，结构简单，成本低，但只能实现简单的非自适应滤波器结构，通常只应用于声场空间传递函数简单的单通道控制系统。数字系统的控制器为数字电路，一般通过数字信号处理器实现滤波功能，既可以是非自适应滤波，也可以是自适应滤波，前者低成本低功耗，后者灵活性强，适合多通道控制及复杂声场下的控制，但结构复杂，价格高。

（4）单通道系统和多通道系统。单通道系统仅包含一个次级源和一个误差传感器，而多通道系统则包含两个以上的次级源和误差传感器。一般而言，单通道系统控制的声场空间范围有限或目标空间降噪量有限，多通道系统可扩大控制的声场空间范围或提升目标空间降噪量，代价是控制器复杂度和成本大幅增加，对于自适应控制系统，保持算法的实时性和稳定性是一项挑战。

此外，根据多通道系统中次级源分布方式可分为集中型系统和分布式系统；根据次级源类型可分为声源控制和力源控制；根据误差传感器类型可分为声传感和结构传感，等等。根据这些不同分类方式可自由组合成为不同的有源噪声控制系统，如基于声传感的前馈自适应多通道有源噪声控制系统。

3. 性能影响因素

对于有源噪声控制系统，降噪量为主要评价指标，如图 3.25 所示，它由以下几方面决定。

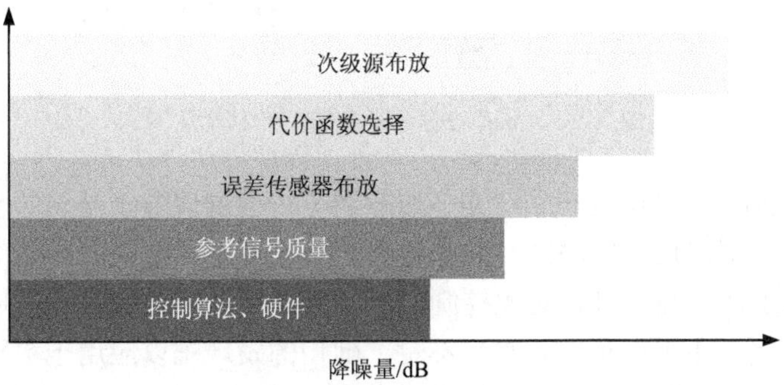

图 3.25　影响有源噪声控制系统降噪量的因素

（1）次级源的布放策略即位置和个数：次级源的布放可计算出系统可能取得的最大降噪量，称为理论降噪量。

（2）代价函数：理论上应选择声功率最小化为代价函数，如控制初级噪声源时选择噪声源辐射声功率最小，控制某一区域噪声时选择进入该区域的噪声功率最小。然而声功率难以直接得到，一般使用有限点的声压平方和来逼近。

（3）误差传感器的布放策略即位置和个数：该策略决定了系统降噪量逼近理论降噪量的程度。以上 3 项均为物理因素，它们确定了系统的物理降噪上限。

（4）参考信号质量：从信号处理角度，前馈控制系统的参考信号与误差传感器处的初级噪声信号的相关性越高，可获得的降噪量越逼近物理降噪上限。参考传感器布放策略将影响参考信号质量，此外，还需注意次级声源以及环境（如气流）对参考信号的影响。

（5）控制算法和硬件：在上述因素确定后，实现最优控制滤波器是控制算法的目标。对于非自适应系统，可使用各种优化算法设计最优控制滤波器；对于自适应系统，自适应算法的收敛性和鲁棒性十分关键，前者体现算法的稳态性能以及收敛速度，后者表示算法的稳定性和可靠性。非自适应系统的硬件资源仅需实现最优控制滤波器并实时滤波，而自适应算法需实时更新控制滤波器并滤波，硬件的计算量、内存空间和电子时延对降噪性能有影响，其中自适应算法对硬件资源要求更高。

4. 发展现状

20 世纪 30 年代，德国物理学家 Lueg 首次提出利用声波的相消性干涉来消除噪声，并申请了相关专利。图 3.26 为 Lueg 设计出的理想模型，噪声由管道中的声源产生，传声器检测噪声后将信号转化为电信号传递至控制器，最后由次级声源产生另一束声波与原始声波进行干涉从而达到消减噪声的目的，这两束声波应满足相位相反且幅度相等的条件。

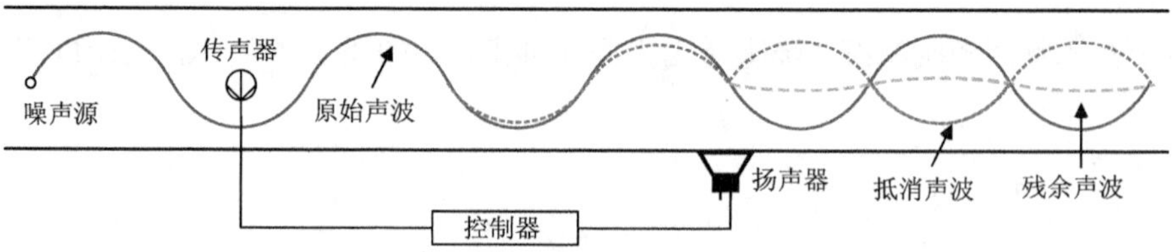

图 3.26　Lueg 的有源噪声控制专利示意图

1953 年，Olson 和 May 提出了“电子吸声器”，通过调节扬声器的输出使传声器的声压为零，在传声器附近产生静区，并设计实验系统进行了验证。1956 年，美国 GE 的 Conover 尝试对变压器噪声进行有源控制，现场实验结果表明在目标区域降噪的同时，某些区域噪声升高。由于电子技术水平不足，他们的发现难以应用于实际，有源噪声控制的研究也陷入沉寂。随着电子技术的进步，从 20 世纪 70 年代起，有源噪声控制的研究渐渐复苏并最终蓬勃发展，形成了系统理论，产生大量论文和专利，也出现了基于有源控制的成熟应用和产品，如有源降噪耳机、汽车发动机的有源控制系统、通风管道的有源控制、油烟机的有源控制，等等。此外，在变压器、机箱、车辆、舰船、机舱、吸尘器、头靠、通风隔声窗、声屏障、隔声罩等各个方面均有应用研究，有的已趋近实用。

3.5.2　管道的有源噪声控制

一维管道中声场模型较为简单，一般采用传声器采集参考信号和误差信号。有源噪声控制是从管道开始的，Lueg 申请的最早的有源控制专利，就是首先在管道进行了分析和解释，再推广到三维空间。

一维管道中，当声源振动频率小于管道截止频率时，管中高次波将会逐渐衰退，最后只能以平面波的形式传播。对于无限长管道，可用次级声源发出抵消声波在下游与初级噪声干涉，则下游声场得到控制。然而在实际应用中，次级声源的传播一般是无指向的，在前馈控制系统中，次级声源辐射到管道上游的声波会干扰参考传声器对初级噪声的采集，称为“次级声反馈”。一般来说有两种办法来减小次级声反馈的影响，其一为声反馈补偿，即量化次级声源到参考传声器的传递函数，设计相应电路给予补偿，或者布置参考传声器阵列，利用不同信号的组合来抵消声反馈信号；其二为构造单指向性的次级声源，仅向下游辐射次级声波，从源头上消除声反馈。对于有限长的管道，由于界面上的反射，管道中将形成驻波，可使用声学虚拟接地、吸收终端、使初级声源和控制声源总功率最小化等方法进行控制。其中使用控制声源使总功率最小化，改变初级源的辐射阻抗来抑制共振模态是最有效的策略。实际管道不可能是无限长的，在管道较长或管道中有吸声处理，使管道中反射声很小时，可视为无限长管道。

当频率上升超过截止频率后，管道中出现高阶模态，为了有效控制高阶模态，对于每一个要控制的模态需要至少一个控制通道，即一个误差传声器和一个控制声源。由于模态的存在，误差传声器位置对控制效果有很大影响，一个基本原则是不能选择在模态的节点处。

典型的管道噪声包括中央空调、通风管道、输气管道、输液管道和排气管道中的噪声。由于传统的无源消声器处理低频噪声的局限性，可设计有源消声器控制低频声，结合无源消声器设计复合消声器则可在很宽频带内有效降噪。有源消声器在舰船、工厂、商业场所、住宅的通风管道都有应用前景，目前已经有产品投入使用。此外，它还可用于降低汽车的发动机排气噪声、鼓风机的排气噪声等。

有些应用场合本来没有成型的管道，通过构造有源消声管道达到降噪的目的。通信机箱设备和运算服务器设备，它们为降低芯片温度设置了大量散热风扇，其进风口和出风口辐射出很大的噪声，甚至超过 100 dB，影响人们工作和生活。在其风口设计复合消声管道可降低全频带噪声，目前在 IBM 的某些服务器中设计了这种消声装置，此外通信设备商也开发了相关产品。另一个值得关注的应用是自然通风隔声窗，如图 3.27 所示，它使用双层玻璃隔声，在内外两层玻璃上分别设置通风口，两个通风口位置交错，因此双层玻璃间形成横向通道自然通风，在通道中使用传统降噪技术（弯管降低直达声以及可在管道上下壁面适当安装吸声材料）与有源控制结合的方法进行降噪，在打开通风通道并开启有源控制系统的情况下，等效于关闭通风通道窗户的降噪效果。

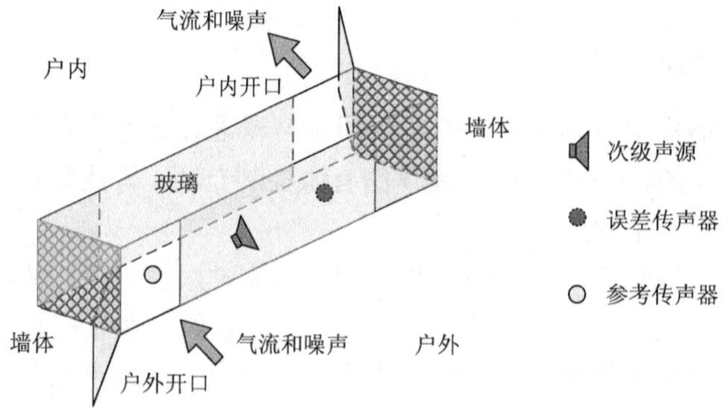

图 3.27 自然通风隔声窗

3.5.3 自由声场中的有源噪声控制

自由声场中边界的影响可以不考虑，声源向四周辐射的声波不受阻碍和干扰。实际应用中少有理想的自由声场，若声场边界和声场内物体对声传播方式的影响很小，声场可近似为自由声场。有源噪声控制研究中，旷野中的变压器噪声、开阔地公路上行驶的汽车辐射噪声、空中飞行的飞机辐射噪声、舰船行驶时辐射的噪声、大型厂房内机械设备在附近区域辐射的噪声（以直达声为主），均可视为处于自由场中。自由声场的有源噪声控制可分为全局控制和局部控制两大类。

1. 全局控制

全局控制是指空间中处处降噪，在自由声场需降低初级声源向外的声辐射。根据惠更斯原理可知，初级声源向外辐射的声场可由包围该声源的某一封闭曲面上的无限个声源的辐射确定，因此可在该曲面上布放与上述声源等幅反相的次级声源，则形成的次级声场可与初级声源辐射的声场完全抵消。实际应用中无限个次级声源无法实现，可行的方法是在封闭曲面上布放有限个离散声源，最常见的是布放单极子声源。

降噪的关键是求解最优次级声源强度，以初级声源和次级声源为单个点源为例，降噪性能最优的方法为优化的次级声源应使初级声源和次级声源的总辐射声功率最小。研究发现，一定频率下，次级声源距离初级声源越近，总辐射声功率越小；初次级声源一定间距下，声源频率越低，总辐射声功率越小；只有初级声源与次级声源距离在半波长之内才有较为明显的降噪效果。对于初级声源为复杂声源的情况，可以将初级声源分解为多个离散点声源的集合，再使用总辐射声功率最小化的策略进行次级源优化。

降噪效果还与次级声源的数量有关，次级声源越多，降噪效果越好，需要注意的是，在次级声源与初级声源距离不满足小于半波长的情况下，即使增加次级源，降噪效果提升也很小。实际应用中不易直接测得辐射声功率，可用包围初次级声源的曲面上有限个位置的声压平方和来代替。

由于全局控制对次级源和初级源的距离要求，仅适用于频率很低的应用场合，如户外变压器噪声的全局控制，低频分量大，基频为 100 Hz。由于变压器体积较大，不能视为点声源，因此所需的次级声源和传声器都较多，一般在其近场使用许多传声器检测近场声压、近场声强等声学参量来计算要优化的代价函数，使用布放在变压器四周的次级声源发出抵消噪声。由于系统的复杂度，目前仅有在实验室中对小型变压器的实验研究，还没有对大型变压器的演示系统。

一些机械设备在几十 Hz 有很高的噪声，也可使用大型音箱作为次级声源放置在该设备附近，使用有源降噪技术实现全局噪声控制，在这方面日本有关于某些大型起重机的发动机噪声控制案例。

2. 局部控制

针对声源的控制需要知道初级声源的位置，并且在其附近能够放置控制声源，但许多场合在噪声源附近无法放置控制声源，可选择在噪声场中产生局部静区。

自由场的局部控制主要应用是有源声屏障。传统隔声屏边缘对入射波的衍射影响了隔声效果，尤其在低频。将有源控制技术和传统隔声屏相结合，在传统隔声屏顶部放置控制声源，通过最小化隔声屏边缘的声压级来减少入射波的衍射，能增大隔声屏的插入损失，等于增加了屏障的高度。当误差传声器间距小于二分之一波长时，控制效果稳定而有效；控制声源越靠近初级声源，控制效果越好。但一般的声屏障都相当长，如果要使有源控制系统起作用，需要的次级声源数目以及传声器数目相当惊人。

考虑到实用需求，有源控制系统可设计在声屏障顶部。2004 年，日本研究者在 40 m 长的声屏障上安装了产品级的反馈式有源控制系统阵列，实验结果表明，在 315～1000 Hz 频段，有源控制系统新增插入损失为 1.6～3.1 dB，这在当时是最接近实用的有源声屏障系统。2010 年，中国研究者在有源声屏障系统中使用分布式前馈有源控制系统，该控制系统由多个单通道前馈有源控制系统组成，如图 3.28 所示。作为前馈系统，可解决反馈控制系统稳定性不佳以及控制带宽较窄的问题；作为分布式系统，与集中式系统相比，

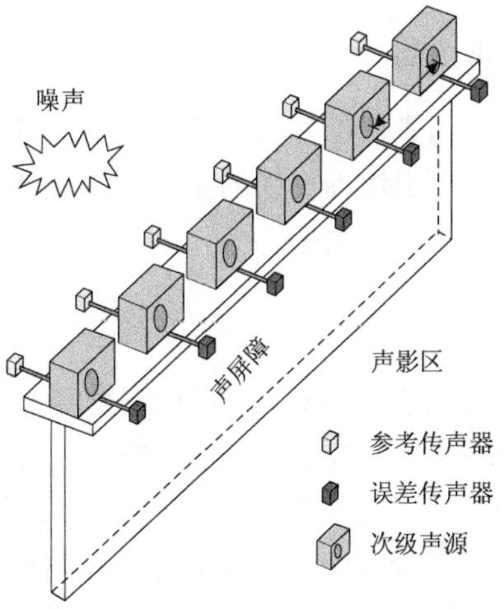

图 3.28　有源声屏障

计算量与成本均大幅降低。2014 年，对某 110 kV 室外变压器的声屏障实施有源降噪技术，由于厂界噪声主要通过屏障竖直边缘衍射而得，在该 6 m 高的竖直边缘布置 15 通道的分布式有源控制系统，降低 100～400 Hz 的线谱噪声，在厂界敏感测点获得平均约 2 dB 的新增插入损失。

有源声屏障的物理原理是反射噪声，是传统声屏障与有源控制系统结合的应用，有源控制系统呈现线型分布。若将传统声屏障整个替换为平面分布的有源控制系统，则构成平面型虚拟声屏障（virtual sound barrier, VSB），它“阻隔”声音但不“阻隔”空气和光，像一个无形的屏障对声音起作用，故而得名。2011 年，在成都某变电站对 110 kV 变压器进行了现场实验，如图 3.29（a）所示，在变压器一侧距变压器约 2 m 的竖直平面上布放 4 行 4 列的次级声源阵列，使用 16 通道自适应控制系统进行有源控制，效果如图 3.29（b）所示，在 16 个误差传声器处 100 Hz 噪声的降低量超过 25 dB，远场也有明显听感。

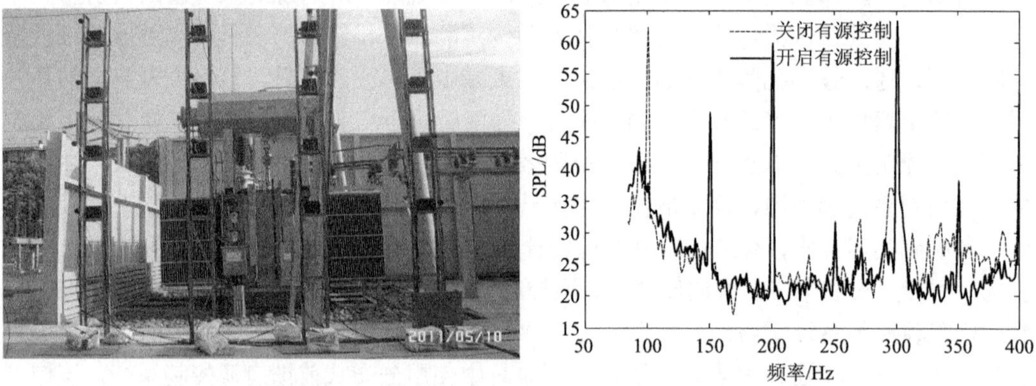

(a) (b)

图 3.29　户外平面型虚拟声屏障示例：（a）照片；（b）降噪效果

3.5.4　封闭声场中的有源噪声控制

封闭声场的有源噪声控制场景包括各种交通工具（如飞机、船舶、汽车、坦克）的舱室、办公室和住宅居室等。由于边界反射的影响，封闭声场较为复杂，但其有源噪声控制仍可分为全局控制和局部控制两大类。

1. 全局控制

与自由声场不同，封闭声场存在声模态。在低模态密度的时候，即使次级声源离初级声源有数个波长，也能获得全局降噪，只要次级源产生的模态能耦合初级声源产生的模态，即在模态频率处，两者的声场在空间的分布相匹配，空间内的降噪效果显著，有超过 10 dB 的降噪量。此时次级声源和误差传声器的布放位置均不能在目标噪声的模态节点上。

低模态密度意味着非常小的房间或非常低的频率。当房间变大或频率升高，房间的模态密度变高，声场变为扩散声场，此时次级声源与初级声源的距离必须小于二分之一波长才能实现全局控制。

汽车的发动机噪声的低频分量主要是进排气噪声，具有很强的谐波成分，其频率与发动机转速直接相关，对于单冲程双缸发动机，汽车从怠速行驶到高转速如 5000 r/min 时，基频范围约为 20～150 Hz，对于基频和低阶次谐波，使用 4 个车门扬声器和 3～4 个位于顶棚的误差传声器，可获得车内空间全局降噪的效果。目前已有许多轿车配置了发动机噪声的有源控制系统，除此之外，针对矿山小火车驾驶室、挖掘机驾驶室、火车驾驶室也开展了相关研究和应用。

2. 局部控制

低模态密度的场合并不常见，高模态密度的空间需要在噪声源附近放置次级声源才能获得全局降噪，因此，在这种空间产生局部静区保护接收者是更为合理的选择。使用有源降噪耳机可有效降低宽带噪声，保护接收者，然而耳机佩戴有时给人耳带来不适或压迫感，因此在人耳附近空间产生静区有很强的应用需求，尤其在噪声级高、噪声源众多且难以定位的复杂噪声环境，如在舰船舱室、飞机机舱和列车车厢中降低操作人员和乘客附近的噪声，在生产车间降低操作人员附近的噪声，甚至可在卧室人耳附近降低舍友传来的鼾声。

目前已逐渐得到应用的方法是有源降噪头靠（active headrest），如图 3.30 所示，一般由 2 个次级声源（扬声器）、2 个误差传声器和 1 套有源控制器组成，通过控制器调节扬声器输出在人耳旁的误差传声器附近产生静区。有源降噪头靠的概念最早可追溯至 Olson 和 May 提出的“电子吸声器”，囿于技术上的原因，直至 20 世纪 80 年代电子技术的飞跃，才快速发展起来。

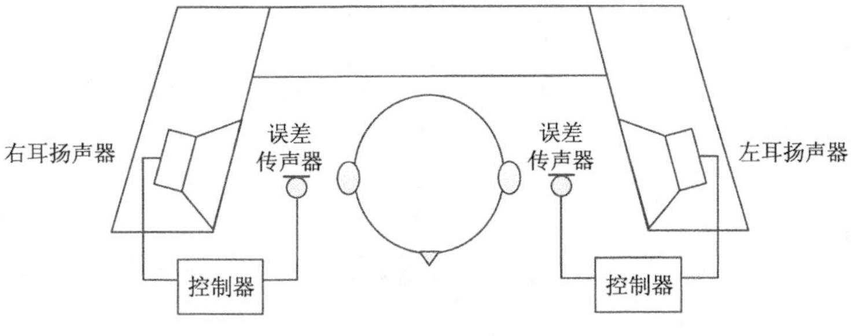

图 3.30　有源降噪头靠示意图

降噪量超过 10 dB 的静区大小是评价降噪性能的重要参数。一个次级源在扩散场中降低某点的噪声，则在该点附近产生直径不超过十分之一波长的有源静区，以 1000 Hz 的噪声为例，静区直径小于 3.4 cm。这意味着有源降噪头靠系统误差传声器必须靠近人耳，才能在人耳处有较好的降噪效果，这会影响人头的自由移动，有时不方便。可在头靠系统中引入虚拟传感技术，将误差传声器（此时称物理传声器）移至离人头较远的位置，在人耳处架设虚拟传声器，使用物理传声器预测虚拟传声器处的噪声，从而使次级声源在虚拟传声器处生成静区。

虚拟传感技术包括多种实现方法，常用的方法为远程传声器法（remote microphone technique, RMT），需要预先测量次级路径传递函数和初级噪声场中物理传声器和误差传声器的传递函数，用于预测虚拟传声器的噪声。然而人头移动时这些传递函数会发生变化，降低虚拟误差信号与近端误差信号的估计精度，进而影响降噪效果和系统的稳定性。可使用人头位置跟踪技术解决该问题，预先测量并存储不同人头位置及对应的声场传递函数，当人头位置变化时，跟踪系统识别其位置并调用对应的传递函数计算抵消信号来降低噪声。

人头位置跟踪系统一般基于视频或红外。图 3.31 给出一套基于视频跟踪技术的有源降噪头靠系统，可见它不包含误差传声器，取而代之的是 4 个物理传声器和 1 套人头跟踪系统，人耳处为虚拟传声器位置。人头活动区域可划分为 20 个位置（图中网格点），事先测量人头在不同位置时的声场传递函数并储存，人头移动时，跟踪系统判断其所在位置，调用相应的传递函数计算虚拟传声器位置处的声压并驱动次级源降噪。在整个头部移动范围内，该系统均可取得良好的降噪效果。

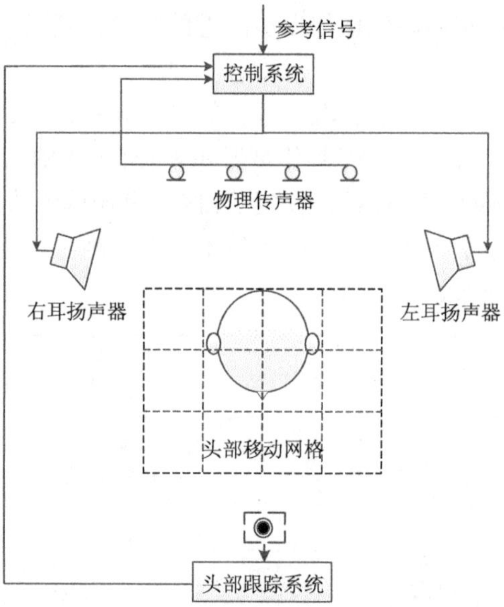

图 3.31　使用 RMT 技术和人头跟踪系统的有源降噪头靠系统

与生成静区面积小的有源降噪头靠不同，立体形式的虚拟声屏障使用次级声源阵列与传声器阵列围成封闭几何形状包围目标区域，阻挡来自各个方向的噪声，可形成较大范围的静区，如图 3.32 所示。

用于局部区域控制的 VSB 系统一般远离初级噪声源，其降噪机理为对初级声场的声能量进行吸收或反射。在边界上使用连续分布的单极子源和偶极子源的组合可实现对入射声波的完美吸收，若单独使用单极子源或偶极子源，其机理为对入射声波的反射。图 3.33（a）为 16 通道圆柱状分布的 VSB 系统，人头在半径为 0.2 m、高 0.2 m 的柱状区域自由平移或转动，对 550 Hz 以下的噪声，人耳处均有 10 dB 以上的降噪量，且人头的散射作用能稍微提高降噪效果，如图 3.33（b）所示。它通过控制位于区域边界的传声器处的声压为零形成声学软边界，将入射的初级噪声反射回去，会导致静区外部分区域噪声升高。

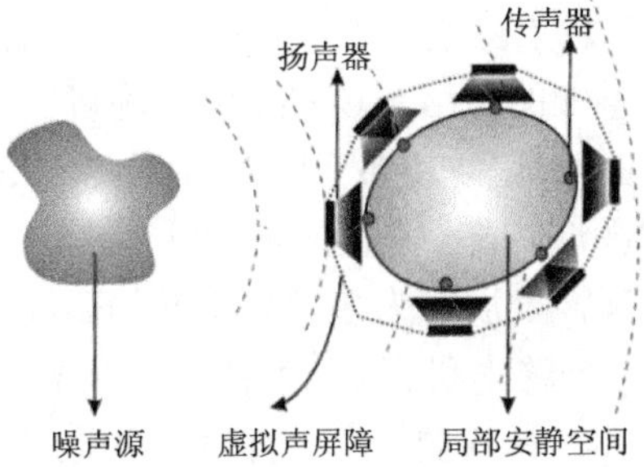

图 3.32　虚拟声屏障系统示意图

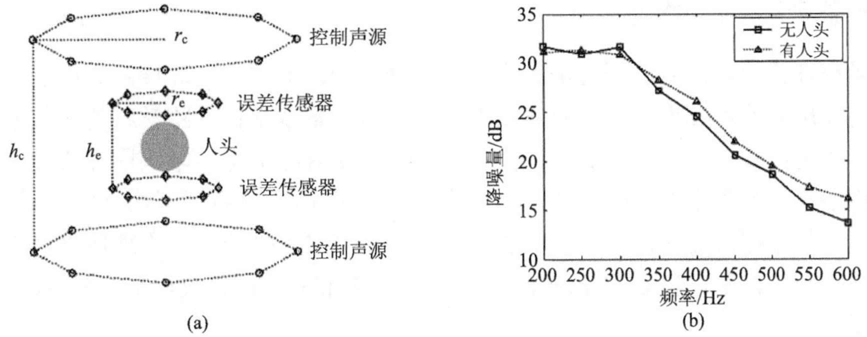

图 3.33　圆柱状分布的 16 通道 VSB 系统：（a）示意图；（b）实测降噪量随频率变化的曲线

有源降噪头靠系统需要较少次级声源，系统相对简单易实现，但静区范围较小，结合虚拟传声器技术和人头跟踪技术后可实现随人头移动的静区，降噪频率可达中高频；虚拟声屏障产生的静区范围较大，但次级声源个数较多，系统复杂和成本高，可通过代价函数和次级源指向性优化，以及主被动混合控制技术来提高有效频率范围和减少次级源个数。未来的发展趋势包括针对具体应用场景，两种方法综合应用，结合虚拟传声器和声场预测技术，采用主被动混合结构实现复杂声学环境中人耳附近空间的有效降噪。

3.6　声　景　观

3.6.1　声景观定义

声景观研究也称为声景学或声景生态学，主要研究声音对人类健康、认知和文化的作用，即研究建立声音、自然和社会之间的相互关系。与传统的噪声控制不同，声景重视感知，而非仅物理量；考虑积极正面的声音，而非仅噪声；将声环境看成是资源，而非仅“废物”。不同于噪声控制工程的“因污染而治理”的被动，声景着眼于积极主动地创造舒适的声环境。

声景研究综合物理、工程、社会、心理、医学、艺术等多学科，而研究声景的学者分布于数十个领域，不同领域对声景有不同的定义。在 1978 年出版的《声音生态学手册》中，声景的定义是被个体或社会所感知和理解的声环境，它取决于人与声环境之间的关系，这个定义可指实际环境或意象环境（如乐曲和磁带）。目前国际标准化组织将声景定义为：个体、群体或社区所感知的在给定场景下的声环境。

声景观最早由加拿大作曲家默里·沙弗（R. Murray Schafer）等在 20 世纪 60～70 年代提出，并首先在加拿大和欧洲完成了大量的基础性工作，经过 20 年的缓慢发展后，逐渐在学术界及实践界引起重视，发展成为多学科交叉的研究方向。鉴于声景研究的多学科特征，国际上已建立了一系列跨学科、跨行业的研究联盟，如 2006 年成立的英国噪声未来联盟，2009 年成立的欧洲声景联盟，2012 年成立的全球可持续发展声景联盟等。国际标准化组织于 2008 年成立了声景标准委员会，以制定评价声景质量的标准方法。

3.6.2 声景观评价和营造

与噪声评价一样，声景研究需首先关注声景评价，即评价声环境是怎样在给定场景下影响其使用者的。在现场或实验室条件下，已有大量多学科、跨学科的研究工作，主要就声环境空间和功能、声源类型、声源特征、使用者特征等的影响展开研究。大部分声景评价基于社会和心理学的方法，一些声景评价也使用了生理学的方法，例如使用核磁共振成像技术探讨对人们安静度的感知。此外，声景评价和其他物理环境之间的相互作用如视听交互作用，以及语言分析（包括有关词汇和叙述的语义学研究），都是声景评价的重要方面。

主要从声源、空间、使用者和环境/场景这 4 个方面来描述声景。声源方面可包括声压级、频谱、时域变化、位置、声源移动性和心理学/社会学特征。空间方面包括混响、反射模式与回声、周围背景声等。使用者方面包括使用者社会学/人口学/行为学特征，以及使用者的居住地的声环境及长期的声环境经历。环境/场景方面则包括温度、湿度和光等，以及视觉、景观和建筑特性。

声景数据的采集包括通过录音并分类，建立声音数据库；以及通过问卷调查、声漫步和深度访谈等获取主观调查数据。然而由于影响声景评价的要素众多，如何量化这些要素的影响，并将这些要素有机地结合，设计主观感受好的声景，是一个挑战。

国际上许多城市已经实施了许多实际的声景项目，如伦敦、柏林、安特卫普、斯德哥尔摩等。英国谢菲尔德火车站的站前广场是一个典型的声景营造案例，其主要声景元素是不锈钢雕“锋刃”，灵感源于谢菲尔德作为欧洲钢都及不锈钢发明地的城市历史和文化。“锋刃”作为屏障降低了交通噪声，同时在其广场一侧设计了流水帘幕，提供了自然的流水声。实地问卷调查结果显示，水声虽然并非所有声音中最响的，但其注意度最高。此案例表明，使用声景元素可以减少噪声烦扰度、提高使用者的愉悦感，其附加价值是简单的噪声控制不能达到的。

我国古代不乏使用声景改善声环境的应用，例如在园林设计中，往往将声音（风声、植物声、水景声、雨水声音、鸟鸣声等）作为场所的一个部分来考虑。例如，扬州个园冬山南墙上的 24 个圆形“风音洞”，当风吹过时如同笛子般发出呼呼的声音，像北风呼啸，给人寒风料峭的感觉。传统园林、历史建筑和街区的声景观是中国建筑遗产的重要组成部分，也是国内学者进行声景观研究的重要内容之一。此外，我国对包括公共学校、住宅小区、公园、公共休息空间、村落、车站等场所的声景观问题也展开了广泛研究。

噪声控制和声景观营造在城乡规划、建筑设计、景观创造等方面均具有重要意义。在生活质量方面，安静区域和具有恢复性的声景有益于人们的心理健康，例如减缓老年人身体机能退化、为儿童提供舒适的学习环境等。在经济效益方面，有吸引力的声景可以提高环境质量，创造良好的投资环境，而具有恢复性的城市空间可弥补为健康所消耗的医疗成本。在文化建设方面，声景观营造基于不同人的感知与评价，促进城市文化多样性，有助于对地方特色的识别、保护和恢复。

参 考 文 献

陈克安. 2003. 有源噪声控制[M]. 北京: 国防工业出版社.

程建春, 田静. 2008. 创新与和谐——中国声学进展[M]. 北京: 科学出版社.

程建春, 李晓东, 杨军. 2021. 声学学科现状以及未来发展趋势[M]. 北京: 科学出版社.

都有为. 2018. 物理学大辞典[M]. 北京: 科学出版社.

杜功焕, 朱哲民, 龚秀芬. 2012. 声学基础[M]. 3 版. 南京: 南京大学出版社.

国家技术监督局. 1996. 声学名词术语: GBT 3947-1996[S].

何琳, 朱海潮, 邱小军, 等. 2006. 声学理论与工程应用[M]. 北京: 科学出版社.

洪宗辉. 2002. 环境噪声控制工程[M]. 北京: 高等教育出版社.

康健. 2014. 声景: 现状及前景[J]. 新建筑, (5): 4-7.

康健. 2017. 从环境噪声控制到声景营造[J]. 科技导报, 35(19): 92.

马大猷. 2002. 噪声与振动控制工程手册[M]. 北京: 机械工业出版社.

孙广荣, 吴启学. 1995. 环境声学基础[M]. 南京: 南京大学出版社.

维特鲁威. 2001. 建筑十书[M]. 高履泰, 译, 北京: 知识产权出版社.

邹海山, 邱小军. 2019. 复杂声学环境中人耳附近空间有源降噪研究综述[J]. 物理学报, 68(5): 054301.

比斯 D A, 汉森 C H. 2013. 工程噪声控制：理论和实践[M]. 4 版. 邱小军, 于淼, 刘嘉俊, 译. 北京: 科学出版社.

Beranek L L. 1971. Noise and Vibration Control[M]. New York: McGraw-Hill Book Co.

Elliott S J, Joseph P, Bullmore A J, et al. 1998. Active cancellation at a point in a pure tone diffuse sound field[J]. Journal of Sound and Vibration, 120(1): 183-189.

Elliott S J. 2001. Signal Processing for Active Control[M]. New York: Academic Press.

Elliott S J, Jung W, Cheer J. 2018. Head tracking extends local active control of broadband sound to higher frequencies[J]. Scientific Reports, 8(1): 5403.

Garcia-Bonito J, Elliott S J. 1995. Local active control of diffracted diffuse sound fields[J]. Journal of the

Acoustical Society of America, 98: 1017-1024.

Garcia-Bonito J, Elliott S J, Boucher C C. 1997. Generation of zones of quiet using a virtual microphone arrangement[J]. Journal of the Acoustical Society of America, 101(6): 3498-3516.

Jung W, Elliott S J, Cheer J. 2017. Combining the remote microphone technique with head-tracking for local active sound control[J]. Journal of the Acoustical Society of America, 142(1): 298-307.

Kryter K D. 2013. The Effects of Noise on Man[M]. New York: Academic Press.

Nelson P A, Elliott S J. 1992. Active Control of Sound[M]. New York: Academic Press.

Niu F, Zou H, Qiu X, et al. 2007. Error sensor location optimization for active soft edge noise barrier[J]. Journal of Sound and Vibration, 299(1-2): 409-417.

Olson H F, May E G. 1953. Electronic sound absorber[J]. Journal of the Acoustic Society of America, 25: 1130-1136.

Omoto A, Fujiwara K. 1993. A study of an actively controlled noise barrier[J]. Journal of the Acoustical Society of America, 94: 2173-2180.

Zhang X, Qiu X. 2017. Performance of a snoring noise control system based on an active partition[J]. Applied Acoustic, 116: 283-290.

Zou H, Qiu X, Lu J, et al. 2007. A preliminary experimental study on virtual sound barrier system[J]. Journal of Sound and Vibration, 307(1): 379-385.

Zou H, Qiu X. 2008. Performance analysis of the virtual sound barrier system with a diffracting sphere[J]. Applied Acoustics, 69(10): 875-883.

Zou H, Lu J, Qiu X. 2010. The active noise barrier with decentralized feedforward control system[C]. ICSV, 2010.

第 4 章

明察秋毫——超声检测技术

4.1 引　　言

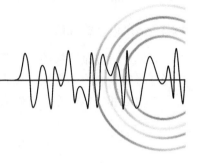

超声检测（ultrasonic testing, UT）是指利用被检测材料的声学特性或内部结构的变化，通过超声波在传播过程中的反射、折射、衍射、传播时间和能量等的变化，对检测材料内部或表面进行测试，并对结果进行分析和评价的一种无损检测（nondestructive testing, NDT）方法。超声检测是常规无损检测技术之一，始于 20 世纪 30 年代。1929 年，苏联科学家 Sokolov 进行了超声波穿透法的实验研究并申请了材料缺陷检测的专利。美国和英国分别于 1944 年和 1964 年研制出脉冲反射式超声波探伤仪。20 世纪 60 年代，随着电子技术的进步，超声波检测技术迅速发展，成为无损检测的有效方法之一。例如发展了衍射时差法，可应用于焊缝等缺陷的检测。20 世纪 70 年代，得益于计算机技术的发展，实现了利用超声技术对缺陷信号的自动检测，包括读取、识别、补偿、量化和报警等。20 世纪 80 年代，大规模集成电路和微机技术的发展使得超声检测设备向数字化迈进。在此阶段，若干超声检测新技术被提出，例如 B 扫描、C 扫描、相控阵技术、超声 CT 成像技术、电磁超声检测及导波技术等。近年来，随着人工智能技术和网络信息技术的发展，超声波检测技术进一步向数字化、图像化、智能化和云端化发展。

本章将介绍超声检测的关键部件（超声换能器）、超声检测技术的基本原理，以及常用的超声检测技术。

4.2 超声换能器

人们在很早以前就发现，通过研究蝙蝠和海豚的行为可以实现对目标的检测和定位。早在 1794 年，意大利科学家 Spallanzani 推测蝙蝠借其耳朵来指导其飞行；1938 年，Pierce 通过研究证明蝙蝠可以发出超高频的尖叫；1945 年，人们已经证明了蝙蝠在黑夜中可以利用高频超声波来进行精确定位。因此，根据超声波的传播特性（如反射、透射及衰减等），可以实现对材料表面或内部缺陷的检测和评估。而在超声无损检测应用中，超声换能器的性能往往直接决定检测设备的整体性能。在一台超声无损检测设备中，优良的超声换能器甚至可以占到整体超声无损检测设备成本的一半。

4.2.1　压电超声换能器

可以进行能量转换的器件都可以称为换能器。如日常生活中最常见的日光灯和喇叭，日光灯将电能转换为光能，喇叭将电能转换为机械能。压电超声换能器是以压电材料的逆压电效应和压电效应为基础来实现电能和机械能相互转换的一类器件（图 4.1）。

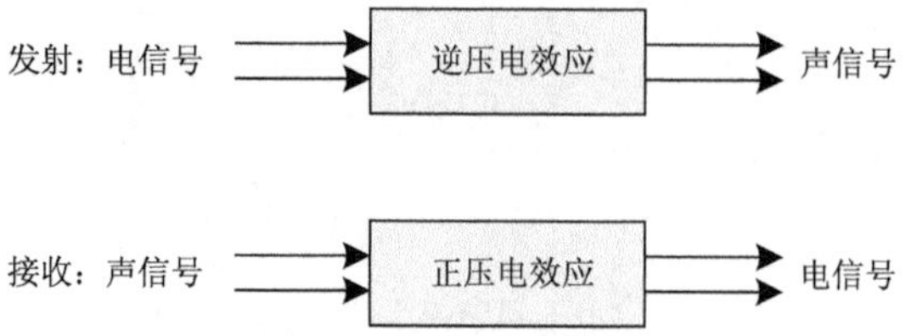

图 4.1　声电相互转化示意图

压电超声换能器可以用来发射及接收超声波信号，从而实现信息的传输以及对材料表面及内部缺陷的检测。压电超声换能器可以对各种动态力、机械冲击和振动进行测量，在声学、医学、力学和导航等领域得到了广泛的应用。

4.2.2　压电效应

当你轻按煤气灶按钮后立刻燃起蓝色火焰，这是什么原因？将一块陶瓷接上导线和电流表，用手在陶瓷上轻按，电流表指针会产生摆动，表示产生了电流。这些奇妙现象的产生是因为压电陶瓷，一种能将机械能和电能互相转换的材料，即具有压电效应的材料。1880 年，法国物理学家居里兄弟通过实验发现了压电效应的存在，即在石英晶体的特定方向上施加压力或拉力会使石英晶体表面出现电荷，并且电荷的密度与施加外力的大小成比例。1881 年，居里兄弟又验证了逆压电效应的存在，并且获得了石英晶体的正逆压电系数。

如图 4.2，压电效应是指当在某些电介质如压电陶瓷、晶体材料或者高分子材料等的某一特定方向上施加一定的压力或者拉力时，会在此类电介质对应的表面上产生与所施加外力成比例的正电荷或者负电荷，即产生极化效应，并且当撤销所施加的外力后，产生的相应的电荷也会伴随着外力的消失而迅速消失。与压电效应过程相反的则称为逆压电效应，即当外加电场作用于此类电介质的某一方向上时，该电介质会产生与之相对应的应变，并且该应变随着外加电场的变化而变化。当撤销所施加的电场后，产生的相应的应变也会伴随着外加电场的消失而迅速消失。

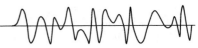

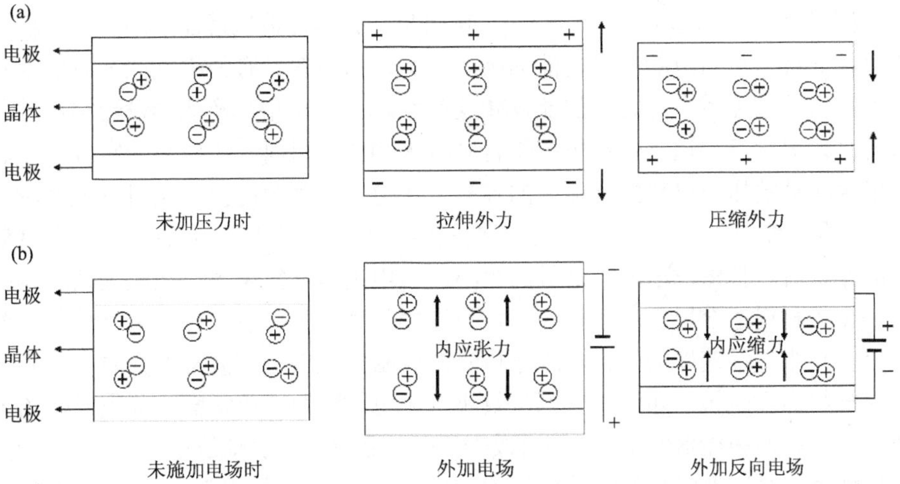

图 4.2　压电效应示意图：（a）正压电效应；（b）逆压电效应

具有压电效应的材料称为压电材料，通常可分为三类，即无机压电材料、有机压电材料和复合压电材料。无机压电材料分为压电晶体和压电陶瓷，压电晶体通常是指压电单晶体，例如水晶（石英晶体）、镓酸锂、锗酸锂、锗酸钛、铌酸锂、钽酸锂等。这些材料由于晶体结构无对称中心而具有压电性。陶瓷是指用必要成分的原料进行混合、成型、高温烧结，由粉粒之间的固相反应和烧结过程而获得的微细晶粒无规则集合而成的多晶体。具有压电性的陶瓷称压电陶瓷，例如钛酸钡 BT、锆钛酸铅 PZT、改性锆钛酸铅、偏铌酸铅、铌酸铅钡锂 PBLN、改性钛酸铅 PT 等。有机压电材料又称压电聚合物，如聚偏氟乙烯（PVDF）（薄膜）及以它为代表的其他有机压电（薄膜）材料。在有机聚合物基底材料中嵌入片状、棒状、杆状或粉末状压电材料，还可以构成各类新型复合压电材料。

三类压电材料中，压电陶瓷的压电性强、介电常数高、适合加工成任意形状，缺点是机械品质因子较低、电损耗较大、稳定性差，因此适用于大功率换能器。石英等压电单晶的稳定性很高，机械品质因子高，但缺点是压电性弱、介电常数低、存在尺寸限制等，多用于制作标准频率控制的振子、高频及高温超声换能器等。而有机 PVDF 薄膜的压电应变常数偏低，作为有源发射换能器受到很大的限制。

目前工业检测中使用最多的压电材料是锆钛酸铅压电陶瓷（PZT 陶瓷），该材料具有极强的压电效应、高的机电耦合系数，并且具有好的机械强度，易于加工，可以满足不同尺寸和形状的需求。其缺点是声阻抗较高，通常在 25～37 MRayl 范围内，这使得由该类压电陶瓷材料振动产生的超声波很难传入其他低声阻抗材料（例如水或者空气）中。可以用 Sr、Ca、Mg 等元素部分地取代 PZT 中的 Pb，或者是通过添加 Nb、La、Sb、Cr、Mn 等元素来改性，制成许多不同用途的 PZT 型压电陶瓷，如 PZT-4、PZT-5、PZT-6、PZT-7 和 PZT-8 等。

压电材料的以下几个特性参数对超声换能器的性能影响较大，包括：机电耦合系数

k、压电应变常数 d_{33}、压电电压常数 g_{33}、声阻抗、介电常数以及品质因子等。机电耦合系数 k 直接表征压电材料的压电性能的强弱，即压电材料具有的机械能与电能相互转换能力的大小。系数 k 越大，材料的能量转换效率越高。在超声换能器设计制作过程中，为了获得高的灵敏度，通常优选机电耦合系数大的压电材料。压电应变常数 d_{33} 表征作为振动发声主体的压电材料振动能力的强弱。压电应变常数越大，发射灵敏度越高；具有较大 d_{33} 的材料适合用于制作发射超声换能器。压电电压常数 g_{33} 表征当压电材料受到超声波的作用时，被激发出的电信号的大小。压电电压常数越大，接收灵敏度越高；具有较大 g_{33} 的材料适合用于制作接收超声换能器。声阻抗可表征为压电材料的密度与超声波在该材料中传播速度的乘积，压电材料的声阻抗越接近声波辐射介质的声阻抗，越容易实现材料间声阻抗的匹配。介电常数决定压电材料两个电极面之间电容值的大小，该参数可用于超声换能器的电阻抗匹配方案设计。品质因子表征压电材料中的能量损耗，与超声换能器的带宽及能量传输效率相关。品质因子主要包括电学品质因子 Q_e 和力学品质因子（机械品质因数）Q_m 两部分。

为了获得高性能的超声换能器，很多学者研发了多种压电材料。1969 年，日本 Nomura 等研发了压电单晶材料，此类材料的压电系数及机电耦合系数等指标均高于目前普遍使用的 PZT 压电陶瓷。表 4.1 比较了压电单晶材料与压电陶瓷 PZT-5A 的材料特性参数。

表 4.1　压电单晶材料与压电陶瓷的对比

参数	PZN-9%PT（单晶）	PZT-5A
密度/（kg/m^3）	8.42	7.66
介电常数（极化前）	8000	1700
介电常数（极化后）	3470	2000
介电损耗	1.0	2.0
居里温度/℃	182	290
机电耦合系数/%	83	67
声速/（m/s）	2570	3900
声阻抗/MRayl	22	30

1978 年，Newnham 等提出将压电陶瓷与高分子聚合物（如 PVDF 和其他含氟树脂等）按照一定的连通方式、体积比例及空间分布加工成压电复合材料，并成功研制了 1-3 型压电复合材料。压电陶瓷与高分子聚合物可以采用 0、1、2 和 3 维的方式进行连通，并按照连通方式进行分类。按照其连通方式，图 4.3 列出了现在主要的十种不同分类的压电复合材料，即 0-0 型、0-1 型、0-2 型、0-3 型、1-1 型、1-3 型、2-1 型、2-2 型、2-3 型及 3-3 型（其中第一个数字表示压电陶瓷的连通维数，第二个数字表示高分子聚合物的连通维数）。

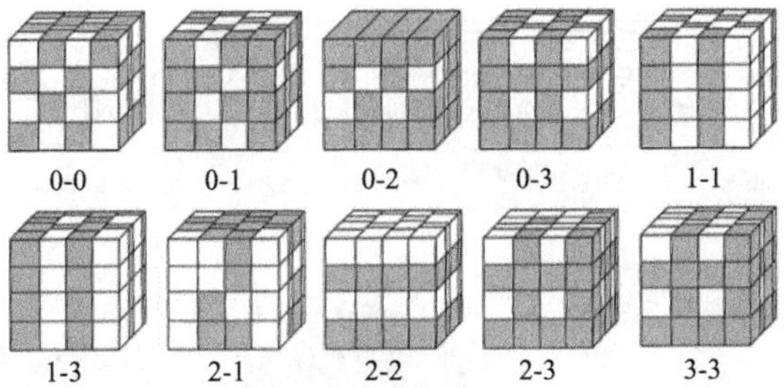

图 4.3　两相压电材料的十种连通方式

由于压电复合材料是由压电陶瓷和高分子聚合物复合形成，它克服了压电陶瓷的固有缺点而具有以下优势：①压电复合材料的声阻抗介于压电陶瓷和高分子聚合物的声阻抗之间，因此容易实现压电复合材料与待测试件声阻抗匹配；②由于对压电陶瓷进行了切割，因此压电复合材料的横向振动得到抑制，其厚度方向振动变得更纯，非常适合制作高品质纵波超声换能器；③在厚度方向振动时，压电复合材料具有高的机电耦合系数；④由于压电复合材料中存在高分子聚合物，其具有很强的可塑性，易于根据测试需求加工成合适的形状及大小，如线聚焦的弧形结构；⑤高分子聚合物大的声衰减系数使得压电复合材料的机械品质因数较低，在制作超声换能器时有利于获得较大的带宽。综上所述，压电复合材料具有极大的综合优势，并且通过改变压电陶瓷和高分子聚合物的体积比及连通性可以优化调整其声阻抗及相对介电常数等参数，更好地贴合实际应用要求。因此，压电复合材料广泛应用于水声设备、医疗设备及无损检测设备中。

目前广泛应用的是 1-3 型压电复合材料，它是由一维的压电陶瓷柱平行排列于三维连通的聚合物中而构成的两相压电复合材料。由于聚合物相的柔顺性远比压电陶瓷相好，因此当 1-3 型压电复合材料受到外力作用时，作用于聚合物相的应力将传递给压电陶瓷相，造成压电陶瓷相的应力放大；同时，由于聚合物相的介电常数极低，整个压电复合材料的介电常数大幅降低。这两个因素综合作用的结果是压电复合材料的压电电压常数得到了较大幅度的提高，并且由于聚合物的加入使压电复合材料的柔顺性也得到了显著的改善，从而使材料的综合性能得到了很大的提高。1-3 型压电复合材料具有相对较低的声阻抗（相对于压电陶瓷）和高机电耦合系数，非常适合应用于空气耦合超声换能器的研制。

1-3 型压电复合材料的制作一般采用两种基本方式，即排列浇铸法和切割浇铸法。排列浇铸法是较早采用的一种制作方法，这种方法将压电陶瓷棒先在模板上插排好，然后向其中浇注聚合物，固化之后再经切割成片、镀电极、极化及形成 1-3 型压电复合材料；切割浇铸法沿与压电陶瓷块极化轴相垂直的两个水平方向准确地切割，在陶瓷块上刻出许多深槽，然后在槽内浇注聚合物，固化之后将剩余的陶瓷基体切除掉，经镀电极、极化之后即形成 1-3 型复合材料。图 4.4（a）为采用切割浇铸法的 1-3 型压电复合材料制作流程。图 4.4（b）、图 4.4（c）为 1-3 型压电复合材料示意图及实物图。方型柱子是晶柱，通常是压电单晶或压电陶瓷。“框框”是高分子材料，通常是环氧树脂。

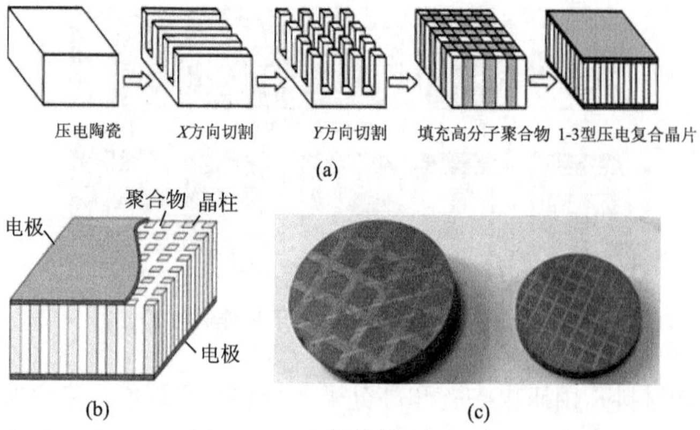

图 4.4　1-3 型压电复合材料：（a）制作流程；（b）材料示意图；（c）实物图

4.2.3　压电超声换能器的结构

压电超声换能器是利用压电材料的压电效应来将电能与声能进行相互转换的器件。如图 4.5 所示，压电超声换能器基本结构包括：压电晶片、吸声背衬、匹配层、电极及外壳。

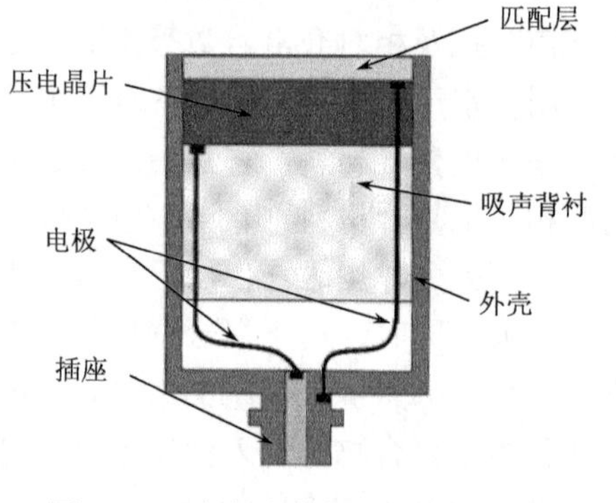

图 4.5　压电超声换能器的基本结构

压电晶片：压电超声换能器的核心结构，用于发射和接收超声波，即进行电-声、声-电转换。压电晶片的厚度决定了超声换能器的工作频率；工作频率越高，压电晶片的厚度越薄。压电晶片的形状决定了声束的形状和声场的分布，需要根据具体应用确定压电晶片的形状及尺寸。

吸声背衬：当对压电晶体施加电激励时，压电晶体的两个端面都会辐射超声波。吸声背衬可以吸收或者衰减压电晶体反向辐射的超声波，降低超声波在压电晶体两端之间反射带来的干扰；同时增大压电晶片阻尼，抑制瞬态响应，改善超声换能器带宽，从而提高检测分辨率。应用中，一般要求吸声背衬具有较强的声衰减能力，并且具有与所选用压电材料相近的声阻抗。吸声背衬通常通过在环氧树脂中添加钨粉、铁氧体粉、橡胶粉制作而成。

匹配层：在超声检测中，仅有性能优良的压电材料还远远不能满足应用要求。压电材料和待测试件之间声阻抗的巨大差异使得只有很少一部分超声波可以透过压电材料与待测试件的界面辐射到试件中，无法实现声能量的有效传播。声阻抗巨大差异还会导致压电元件以高机械品质因数谐振，使得声波在压电元件中往返反射，导致超声信号脉冲变长，超声换能器的灵敏度降低，超声无损检测设备的检测精度变差。匹配层的使用可以实现压电晶片与待测试件之间声阻抗的匹配，使得能够辐射进待测试件的声能量大幅度增加，从而可以提高超声换能器的灵敏度；同时，匹配层的使用也可以提高超声换能器的带宽；此外，匹配层的使用还可以起到隔离保护的作用。目前，高性能的超声换能器均使用匹配结构。影响匹配层性能的两个关键因素是声阻抗值和匹配层的厚度。应用中，一般要求匹配材料具有较低的衰减系数及较好的耐磨损能力。匹配材料多选用环氧树脂、有机玻璃及乙二氨等材料。对于单频超声换能器，匹配层的厚度约为四分之一波长；对于宽带超声换能器，匹配层的厚度需要通过实验确定。根据具体要求，可以选用单层匹配结构、多层匹配结构及声阻抗渐变结构。

电极：从压电晶片两端面引出，用于传输电信号。通常选用银或者铜。

外壳：固定电缆引线，并作为超声换能器核心部件的保护体。

4.2.4　压电超声换能器的主要性能指标

压电超声换能器的性能指标有工作频率、机电转换系数、机电耦合系数、品质因数、指向特性、发射功率、效率、灵敏度等。根据发射及接收用途，对换能器所要求的性能指标会有所差异。

用于发射或接收的超声换能器的共同指标包括：工作频率、机电转换系数、机电耦合系数、阻抗特性、品质因数、指向特性、频率特性等。

（1）工作频率：换能器的工作频率通常是压电材料的谐振频率，这样应该可以使换能器工作在最佳状态。换能器的工作频率会直接影响到换能器的频率特性、方向特性、发射功率、灵敏度等。

（2）机电转换系数：是指换能器在机电转换过程中转换前的力学量（或电学量）与转换后的电学量（或力学量）之比。

（3）机电耦合系数：是指换能器在能量转换过程中能量相互耦合的程度。

（4）阻抗特性：是指换能器的电阻抗特性；由于换能器要与发射末端的网络回路或接收前端的网络回路相匹配，换能器的电阻抗特性很重要。

（5）品质因数：换能器包括电学系统和机械系统，因而其品质因数也包括电学品质因数和机械品质因数，分别可通过等效电路图或等效机械图获得。换能器的品质因数不仅与换能器的材料、结构有关系，还与换能器的辐射声阻抗有关，因而不同介质中换能器的品质因数会不同。

（6）指向特性：不同应用场景对超声换能器的指向特性要求会有所不同；发射换能器尖锐的指向特性会有助于提高发射声能；接收换能器指向特性决定了检查的空间范围。

（7）频率特性：是指换能器的重要指标随频率的变化。对于发射换能器，主要是指发射功率随频率的变化；而对于接收换能器，主要是指接收灵敏度随频率的变化。

对于发射换能器有特别要求的性能指标包括发射声功率和发射效率。发射声功率是指换能器在单位时间内向介质辐射的声能，该物理量与频率相关。而发射效率可以采用三个不同的物理量描述，即机电效率、机声效率和电声效率。机电效率是指换能器将电能转换为机械能的效率；机声效率是指换能器将机械能转换为声能的效率；电声效率是指换能器将电能转换为声能的效率，等于机电效率与机声效率的乘积。

对于接收换能器有特别要求的指标包括灵敏度、频带宽度和等效噪声压。灵敏度是接收换能器的一个重要指标，分为电压灵敏度和电流灵敏度。接收换能器的自由场电压灵敏度是指接收换能器的输出电压与引入换能器之前该点的自由场声压之比；自由场电流灵敏度是指接收换能器的输出电流与引入换能器之前该点的自由场声压之比。频带宽度则是指换能器正常工作的频率范围。高灵敏度意味着可以接收到更小的超声信号；大的相对频带宽度有利于获得窄的时域宽度，进而得到更高的纵向分辨率。通常来说，在超声换能器的优化设计过程中，最高灵敏度和最大频带宽度是不能同时获得的，需要根据具体的应用需求在二者之间进行取舍。图 4.6 为压电超声换能器回波时域信号及相应的频谱。当接收换能器工作时会产生自噪声，等效噪声压为自噪声在 1 Hz 频带宽度上的均方根电压值与接收器灵敏度的比值。

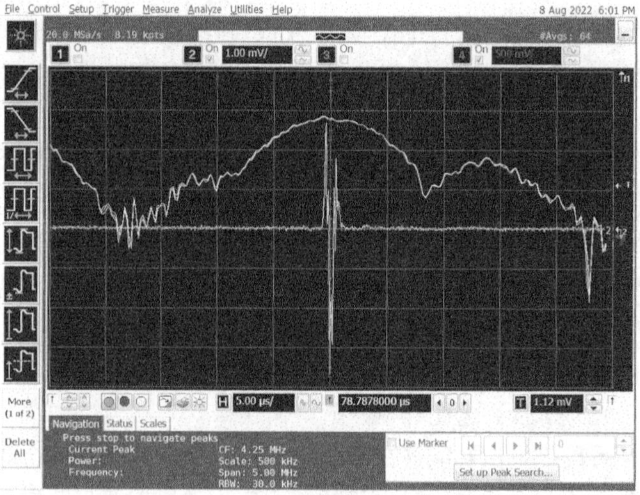

图 4.6　压电超声换能器回波信号

4.2.5　压电超声换能器的分类

压电超声换能器（探头）的应用范围很广泛，种类众多，主要有以下分类：

（1）根据超声换能器的工作频率可以分为低频探头（20～100 kHz，水声应用）、中频探头（100 kHz～15 MHz，医学超声应用）和高频探头（15 MHz 以上）。

（2）根据声波的传播介质可以分为液介换能器、气介换能器及固介换能器。

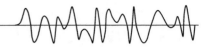

（3）根据换能器压电转换方式可分为发射型、接收型和发射/接收型。

（4）根据发射/接收的超声波模态可以分为纵波探头、横波探头、表面波探头、板波探头等。

（5）根据换能器的振动模式可分为：夹心/纵向振子换能器（例如超声清洗探头）、弯曲振动换能器（例如汽车倒车雷达用探头）、厚度振动换能器（常规超声检测探头）、其他振动模式换能器等。

（6）根据超声换能器工作方式可以分为单晶片探头、双晶片探头、阵列探头等。

（7）根据声波入射角度可以分为直探头、斜探头、可变角探头等。

（8）根据超声换能器的聚焦特性可以分为非聚焦探头、线聚焦探头、点聚焦探头、特殊探头。

图 4.7 给出了部分典型超声换能器的照片。

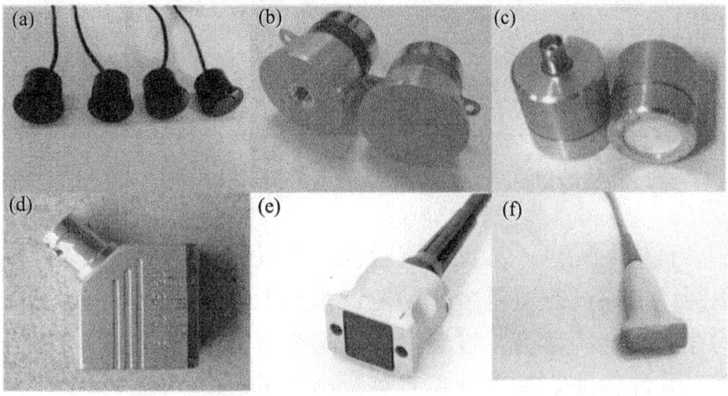

图 4.7　部分超声换能器照片：（a）倒车雷达超声换能器；（b）超声清洗机探头；（c）超声检测直探头；（d）超声检测斜探头；（e）相控阵探头；（f）线阵探头

4.3　超声检测的基本原理

超声波在材料中传播时，由于材料声学特性或结构的变化，引起反射、透射和散射的声波产生变化，基于这种变化对材料的宏观缺陷、力学性能等进行无损评价的技术称为超声检测技术。按其基本原理，超声检测技术常可分为三种，即透射法、共振法和脉冲反射法。脉冲反射法在超声检测中最为常用。为适应不同类型的试件，不同取向、位置和性质的缺陷及质量要求，可选用的波形有纵波、横波、瑞利波、兰姆波和爬波。按缺陷显示的方式可分为：A 型、B 型、C 型等；其中 A 型只显示缺陷的深度，B 型可显示工件内部缺陷的横断面形状，C 型可以显示工件内部缺陷的平面图形。

4.3.1　脉冲反射法

脉冲反射法基于超声脉冲波入射到两种具有不同声学特性的介质上产生声反射的原

理进行检测。图 4.8 为采用脉冲反射法检测样品缺陷的示意图，其中图 4.8（a）为小缺陷样品测试示意图，图 4.8（b）为大缺陷样品测试示意图。采用同一个超声换能器 T 既作为发射换能器又作为接收换能器。当样品中缺陷尺寸较小时，接收到的信号中有始波 T、缺陷波 F 和底波 B；而当样品中缺陷尺寸较大时，接收到的信号中只有始波 T、缺陷波 F。应用中，可以根据缺陷波 F 的位置确定缺陷的几何位置；缺陷波的幅度大小与缺陷的反射面积和方向角相关，并且由于缺陷波的影响，底波 B 的幅值也会下降。

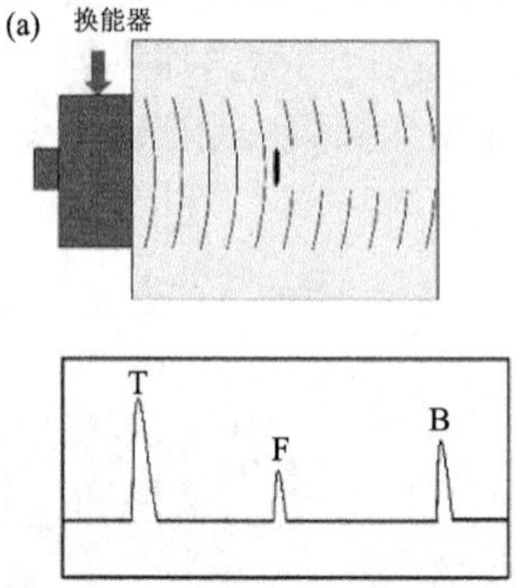

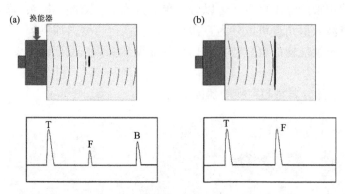

图 4.8　采用脉冲反射法检测样品缺陷的示意图：（a）小缺陷；（b）大缺陷

脉冲反射法具有如下优点：①灵敏度较高，可以发现较小的缺陷；②缺陷定位精度较高；③适用范围广，通过改变耦合、换能器和波形可以适应不同场景。但该方法也有如下局限性：①存在一定的盲区，过于浅表缺陷或薄样品不适用；②由于双程传播，高衰减样品不适用；③如果缺陷与声轴不垂直，由于折射可能漏检。

4.3.2　脉冲透射法

脉冲透射法采用发射和接收两只换能器，分别置于检测样品的两端，并要求发射和接收换能器共声轴，如图 4.9 所示。当样品中缺陷尺寸较小时，通过示波器可以观察到发射信号 T 和透射信号 B；当样品中有大缺陷时，通过示波器只可以观察到始波 T，没有透射信号存在。

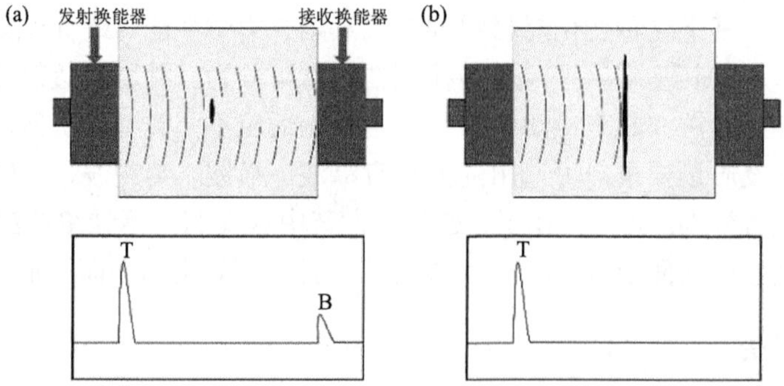

图 4.9　采用脉冲透射法检测样品缺陷的示意图：（a）小缺陷；（b）大缺陷

脉冲透射法具有如下优点：①不存在盲区，适用于薄样品检测；②与缺陷方向无关，只要缺陷存在就会对声传播产生影响；③由于是单程传播，适用于高衰减样品。

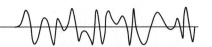

4.3.3 共振法

共振法依据样品的共振特性来判断样品的缺陷及样品厚度的变化。当频率可调的超声连续波在样品内传播时，如果样品的厚度为超声波波长的整数倍时，由于入射波与反射波同相，将引起共振。通过相邻的两个共振频率差，可以计算出样品的厚度。

当样品存在缺陷或样品厚度有变化，样品的共振频率将会有改变。共振法特别适用于样品厚度的测量。

4.3.4 A 型探伤

A 型探伤技术采用幅度调制（amplitude modulation）的成像方式。超声波在工件中传播，遇到缺陷或底面产生反射。根据缺陷波的位置可以确定缺陷的位置，根据缺陷波的幅度可以估算缺陷当量。A 型检测中常用的物理量只有 3 个，即弹性脉冲的传播时间（声时）、回波或透射波能量（当量）、声波通过某段距离后的衰减程度（相对量）。但该方法无法确定缺陷细节（大小、形状、表面粗糙度、内部填充物等），并且存在检测盲区，尤其不适用近表面的缺陷和薄壁工件。此外，A 型探伤技术对操作人员的素质和经验要求较高。

4.3.5 B 型探伤

B 型探伤技术采用辉度调制（brightness modulation）的成像方式，显示的图像为工件的二维超声波断层图。该技术采用辉度调制方式显示深度方向所有界面的反射回波，探头发射的超声声束在水平方向上以电子扫描方式逐次获得不同位置的深度方向所有界面的反射回波，因而最后可得到与超声声束扫描方向垂直平面的二维断层图像[图 4.10（a）]。另外也可以通过机械或电子方式改变探头的角度，使超声声束指向快速变化，每隔一定角度使不同深度所有界面的反射回波以灰度或颜色的形式显示，从而形成扇形断层图像[图 4.10（b）]。

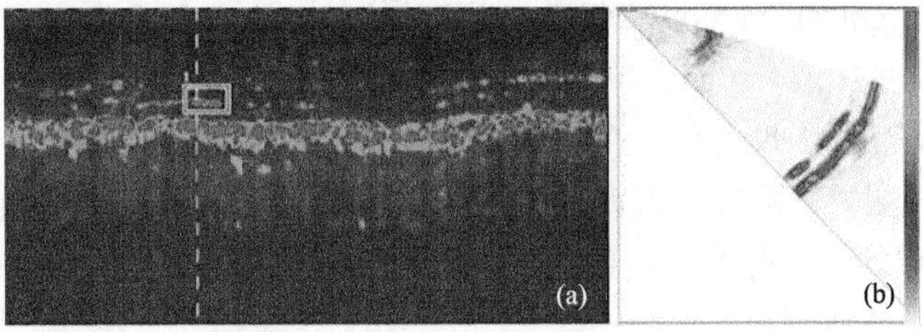

图 4.10　B 型探伤的两种扫查方式：（a）线扫；（b）扇扫

B 型探伤技术有助于了解缺陷在主截面上的位置、形貌等信息。线扫断层扫描适用于弧形或平面型工件，而扇形断层扫描适用于部件的检查。现代 B 型超声探伤仪一般都具有这两种扫描方式，通过使用不同的超声探头进行转换。

4.3.6 C 型探伤

相对于 B 型探伤技术获得工件的垂直断层图像，C 型探伤技术提取垂直于声束指定截面的回波信息形成二维图像，获得的是工件的水平断层图像。如图 4.11 为 C 型探伤的原理示意图，从换能器获得的回波信息中选取某一深度的信号幅度，并进行辉度调制；超声换能器分别在 X 和 Y 方向扫描，从而获得这一深度的二维图像。如果改变扫描声束聚焦的平面，就可以获得工件不同深度的 C 扫描断层图像。

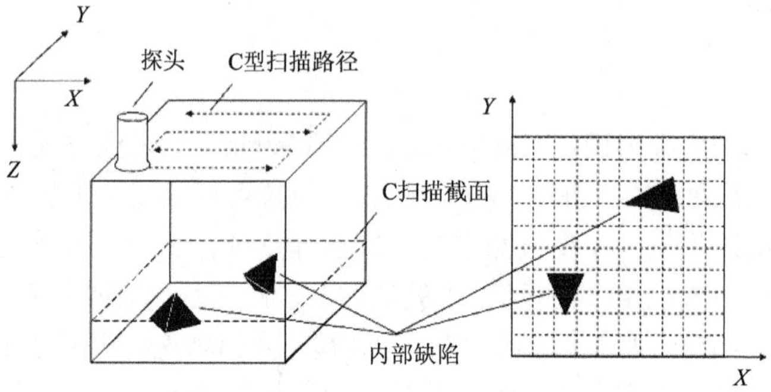

图 4.11　C 型探伤的原理示意图

4.4 超声检测技术

本节主要介绍一些典型的超声检测技术，如衍射时差法（TOFD）超声检测技术、相控阵技术、超声导波技术、声发射技术、新型非接触超声换能技术等，对它们的特点、适用性及发展方向进行讨论。

4.4.1 衍射时差法超声检测技术

20 世纪 70 年代，由于工业发展的需求不断增多，英国 Mauric Silk 博士提出了衍射时差法（time of flight diffraction, TOFD）超声检测技术。TOFD 是一种依靠从待检样品的内部结构（主要是指缺陷）的“端角” 和“端点”处得到的衍射能量来检测缺陷的方法。超声波在传播过程中投射到一个异质界面（例如裂纹），由于超声波振动作用在裂纹尖端上，使裂纹尖端成为新的子波源而产生衍射波，这种衍射波是球面波，向四周传播，用适当的方式接收到该衍射波时，就可按照超声波的传播时间与几何声学的原理计算得到该裂纹尖端的埋藏深度。

如图 4.12 所示，TOFD 方法通常使用一对晶片尺寸、中心频率和折射角等参数相同的换能器（一个用于发射，一个用于接收），相向对置于焊缝两侧，同时垂直或平行于焊缝移动扫查，利用衍射时差等超声波信息进行缺陷定位和定量评价。当超声波扫查至裂纹端部时，按照惠更斯原理，此端部为新声源，向四周发射衍射波，使用接收探头接收此衍射波，测量缺陷端部产生的衍射波信号与侧向波（直通波）的时间差，能以较高的准确性测量缺陷高度。两个探头之间的距离以及折射角度的选择取决于被检测的板厚。

TOFD 技术中产生 4 个信号，直通波 A 为工件表面传播的侧向波，底面波 D 为底面的反射波，上端波 B 为缺陷上端的衍射波，下端波 C 为缺陷下端的衍射波。工件直通波 A 与下端波 C 相位相同，上端波 B 与底面波 D 的相位相同，但 AC 与 BD 的相位相反。如果工件内部无缺陷，则 TOFD 检测中只有直通波 A 和底面波 D。如果工件内部有缺陷，则在直通波 A 和底面波 D 之间会出现上端波 B 和下端波 C。图 4.13 为 TOFD 超声波探伤仪给出的典型图像。

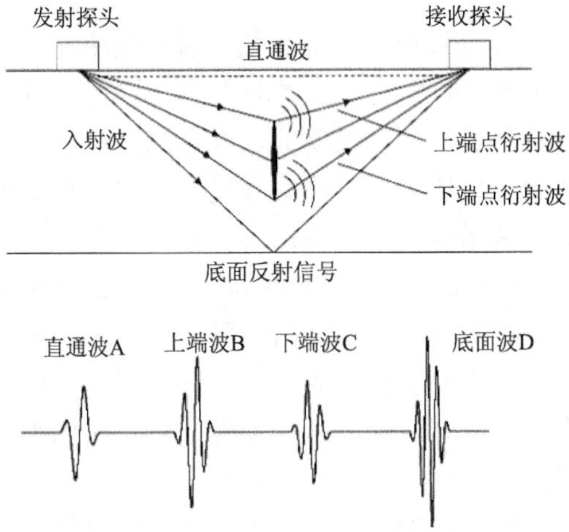

图 4.12　TOFD 方法原理图

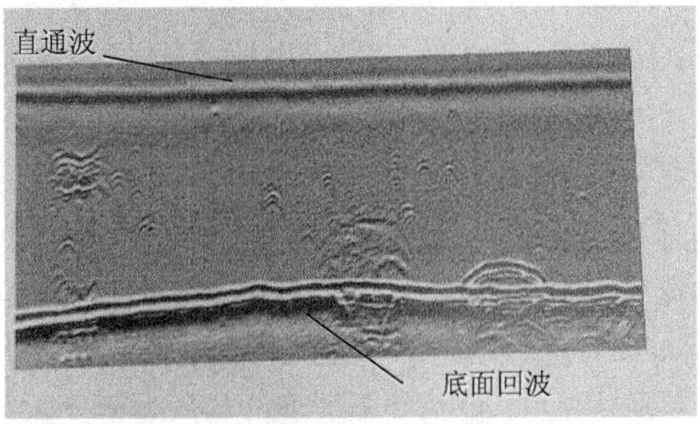

图 4.13　TOFD 超声波探伤仪给出的典型图像

不同于脉冲反射法根据反射信号及其幅度来检测和评定缺陷，TOFD 技术根据脉冲传播时间来定量，能够不受声束角度、检测方向、缺陷表面粗糙度、工件表面状态及探头压力等因素的影响，这对于准确判定缺陷非常有效。此外，可以将 TOFD 和脉冲反射法相结合，利用数字化多通道系统实现 TOFD 和脉冲回波同时进行检测和分析。

但是，TOFD 方法也有下列局限性：①存在一定的盲区，如近表面、底面等，需要采用常规的脉冲回波法补充信息；②材料的各向异性会影响缺陷高度的精确计算；③一般适用于超声波衰减较小的材料，并且对材料表面粗糙度有较高要求；④需要使用专用参考试块来校正系统灵敏度，以获得足够的体积覆盖范围，并进行增益和信噪比的调整。

4.4.2　声发射技术

玻璃被砸碎、树丫被折断时会发出声音，这些都是人耳朵可以听到的。如果声音比较微弱或者不在可听声范围，人耳不能识别，这些声音就会被忽略，例如铁轨腐蚀时发出的声音等。这些信号需要使用专业的仪器才能采集和进一步分析。

声发射（acoustic emission, AE）是指材料内部局部区域在外界（应力或温度）的影响下，伴随能量快速释放而发射瞬态弹性波的现象。声发射技术（acoustic emission testing, AET）是利用接收和分析材料的声发射信号来评定材料性能或结构完整性的无损检测方法。1950 年，德国的 Kaiser 对金属中的声发射现象进行了系统的研究。1964 年，美国科研人员首先将声发射检测技术应用于玻璃钢固体发动机壳体的质量检测。20 世纪 70 年代起，AET 在日本和欧洲等相继得到发展，但由于技术和经验的限制，仅仅应用在有限的领域中。20 世纪 80 年代，AET 在理论和实验研究、工业应用等方面进展迅速。20 世纪 80 年代末和 20 世纪 90 年代初，随着声发射基础理论研究的深入开展以及计算机技术、集成电路、数字信号处理技术及模式识别技术的引入，声发射技术得到了快速的发展。

各种材料的声发射频谱一般很宽，从次声频到可听声频，甚至数兆赫兹超声频率。声信号幅度范围变化很大，波形复杂，这与材料本身的性能以及受应力情况相关。20 世纪 50 年代初，德国人 Kaiser 对铜、锌等多种金属进行系统性研究，并观察到材料形变声发射的不可逆效应，即当应力不超过以前所受最大应力时，没有声发射产生；但如果应力超过原来承受过的最大应力，声发射活动显著增强。材料的这种塑性形变产生声发射不可逆的现象称为“Kaiser 效应”，这是声发射检测技术的物理基础。利用 Kaiser 效应可以准确地测定声发射的应力等级，鉴定物体结构受力状态。与此同时，Kaiser 还提出连续型和突发型声发射信号的概念，这也是现代声发射技术的开端。突发型声发射信号由区别于背景噪声的脉冲组成，且在时间上可以分开。连续型声发射信号也是由大量小的突发型信号组成的，只不过太密集而不能分辨。

声发射检测的原理如图 4.14 所示，利用耦合在材料表面上的压电陶瓷探头将材料内声发射源产生的弹性波转变为电信号，然后用电子设备将电信号进行放大和处理，从中解析出信号的主要特征，并予以显示和记录，从而获得材料内声发射源的特性参数。通过分析检验过程中声发射仪器所得的各种参数，即可知道材料内部的缺陷情况。如果用多通道声发射检测系统，还可以确定声发射源即缺陷的具体部位。固体材料中内应力的变化会产生声发射信号，而在材料加工、处理和使用过程中有很多因素能引起内应力的变化，如位错运动、孪生、裂纹萌生与扩展、断裂、无扩散型相变、磁畴壁运动、热胀冷缩、外加负荷的变化等。人们根据观察到的声发射信号进行分析与推断以了解材料产生声发射的机制。

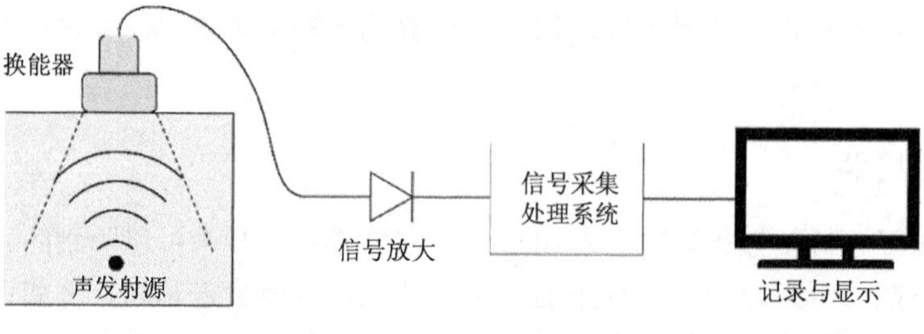

图 4.14　声发射检测原理示意图

20 世纪 70 年代初，Dunegan 等研制成功声发射仪器，将工作频率提高到 100 kHz～1 MHz 的范围，这是声发射实验技术的重大进展，为声发射技术走向生产现场检测奠定了基础。现代声发射检测仪可分为单通道和多通道两种。单通道声发射仪主要用于实验室材料试验；多通道声发射仪主要用于大型构件的现场试验。利用多个检测通道可以确定声发射源位置，并根据各个声源的声发射信号强度判断声源的活动性，实现对大型构件安全性的实时评价。

利用声发射可以鉴定不同范性变形的类型，研究断裂过程并区分断裂方式，检测出小于 0.01 mm 长的裂纹，研究应力腐蚀断裂和氢脆，检测马氏体相变，评价表面化学热处理渗层的脆性，以及监视焊后裂纹产生和扩展等。声发射技术已经广泛应用于石油化工行业、电力工业、材料检测、民用工程、航空航天、金属加工、交通运输等众多领域，例如：各种压力容器检测和结构完整性评价、各种阀门和埋地管道的泄漏检测、海洋平台的结构完整性监测、变压器局部放电的检测、汽轮机叶片检测、 汽轮机轴承运行状况监测、滚动轴承和滑动轴承的故障诊断、复合材料层板不同阶段的断裂特性、楼房和桥梁的检测、水泥结构裂纹开裂和扩展的连续监视、飞机机翼疲劳试验、金属加工过程的质量控制、焊接过程监测、桥梁和隧道的结构完整性检测等。

声发射检测的主要目的是：①确定声发射源的部位；②分析声发射源的性质；③确定声发射发生的时间或载荷；④评定声发射源的严重性。对超标声发射源，通常要用其他无损检测方法进行局部复检，以精确确定缺陷的性质与大小。

声发射技术是根据结构内部发出的应力波来判断内部损伤程度的一种动态无损检测方法，它可以在构件或材料的内部结构、缺陷或潜在缺陷处于运动变化的过程中进行检测。与常规无损检测技术相比，声发射检测方法的优点主要表现为：①声发射是一种动态检验方法，声发射探测到的能量来自被测试物体本身，而常规超声探伤技术一般由无损检测仪器提供；②声发射检测方法对线性缺陷较为敏感，可以实时检测到这些缺陷在外加结构应力下的活动，稳定的缺陷不产生声发射信号；③可获得关于缺陷的动态信息，并据此评价缺陷的实际危害程度，以及结构的完整性和预期使用寿命；④可提供缺陷随外部变量（载荷、时间、温度等）而变化的实时或连续信息，因而适用于工业过程在线监控及早期或临近破坏的预报；⑤适用于难于或不能接近环境（如高低温、核辐射、易燃、易爆及剧毒等）下的检测；⑥适用于在役压力容器的定期检验，不需要停产；⑦对于压力容器的耐压试验，可以预防由未知不连续缺陷引起系统的灾难性失效和限定系统的最高工作压力；⑧由于对构件的几何形状不敏感，适用于在其他检测方法中受限制的形状复杂的工件。

声发射检测中信号处理技术至关重要。根据处理信号数据类型可把声发射信号处理技术分为两类：①直接以声发射信号波形为处理对象，根据信号的时域波形及其频谱等来获取声发射信号所含信息；②声发射信号特征参量分析法，利用信号处理技术，分析声发射信号特征参量，如声发射信号的幅度、 能量、 计数、事件、上升时间、持续时间和门槛等。随着神经网络分析技术的迅速发展，人工神经网络声发射信号处理已成为声发射检测研究的热点。利用人工神经网络方法对声发射信号进行有效性识别，可以克服目前声发射信号处理中存在的困难，例如声发射源模式不可识别、信号处理过程效率较低等。

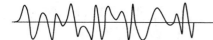

4.4.3 超声相控阵技术

超声相控阵检测技术是近年来发展起来和广泛应用的一项新兴无损检测技术，其基本原理是利用按指定顺序排列的线阵列或面阵列按照一定时序来激发超声脉冲信号，使超声波在声场中某一点聚焦，增强对声场中微小缺陷检测的灵敏度。同时，可以利用对阵列的不同激励时序在声场中形成不同空间位置的聚焦，从而实现较大范围的声束扫查。

超声相控阵检测的基本概念源于相控阵雷达。1959 年，Tom Brown 等注册了超声波环形动态聚焦探头的专利技术，后来此技术被称为超声相控阵技术。由于系统复杂且制作成本高，超声相控阵技术主要局限于实验室研究，在工业无损检测方面的应用受到限制。后来，由于相控阵技术中灵活的声束偏转及聚焦性能引起了人们的重视，且计算机技术及大规模集成电路高速发展，相控阵技术得以迅速发展。20 世纪 80 年代起，超声相控阵技术开始逐步应用于医学领域。90 年代以后，随着压电复合材料加工技术、计算机技术、软件技术及信号控制、处理技术的不断发展及综合应用，超声相控阵技术作为一项新的无损检测技术开始逐步应用于石油和天然气长输管线焊缝检测、海洋平台结构环焊缝检测及核电站检测等领域。近年来，随着相控阵全聚焦技术的发展，相控阵作为一种高速精确的探伤方法，已在工业检测得到广泛应用。

阵列探头是将多个压电晶片按照规定方法排列起来的探头，主要有两种类型，即线形阵列探头（图 4.15）及圆形阵列探头（图 4.16）。线形阵列又分为一维线形阵列和二维矩形阵列；圆形阵列分为一维环形阵列和二维扇形阵列。应用相控阵可以实现线形扫查、扇形扫查及动态聚焦等。

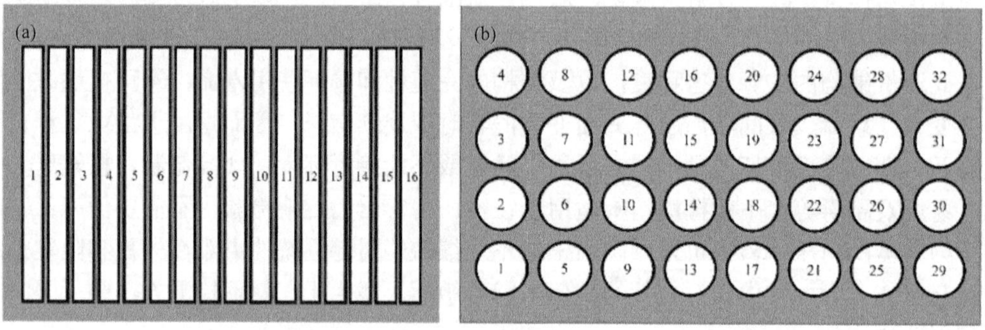

图 4.15　线形阵列示意图：（a）一维线形；（b）二维矩形

超声相控阵原理基于惠更斯原理，所用探头由多个相互独立的压电晶片组成。工作时，按照一定的规则和时间顺序激发各个压电晶片，使阵列中各个压电晶片发射的超声波叠加在一起，形成一个新的波阵面。相控阵技术可以在不移动探头的情况下实现对波束的控制，这种控制主要分为两种类型：①声束偏转[图 4.17（a）]；②声束聚焦[图 4.17（b）]。

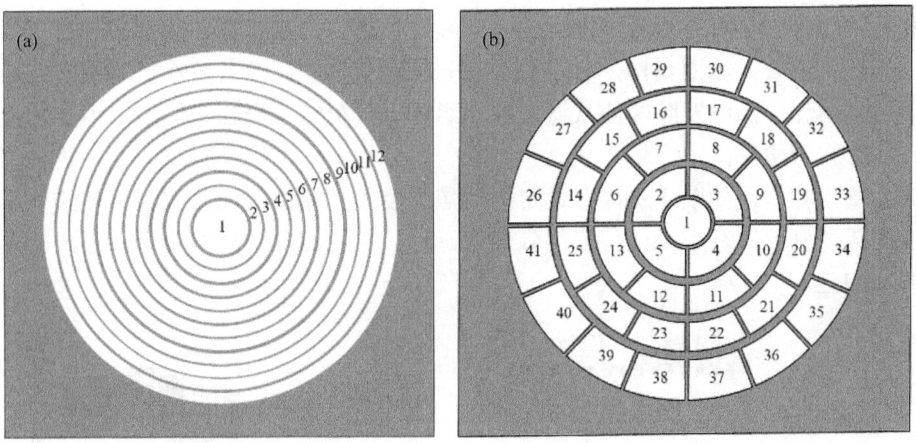

图 4.16　圆形阵列示意图：（a）一维环形；（b）二维扇形

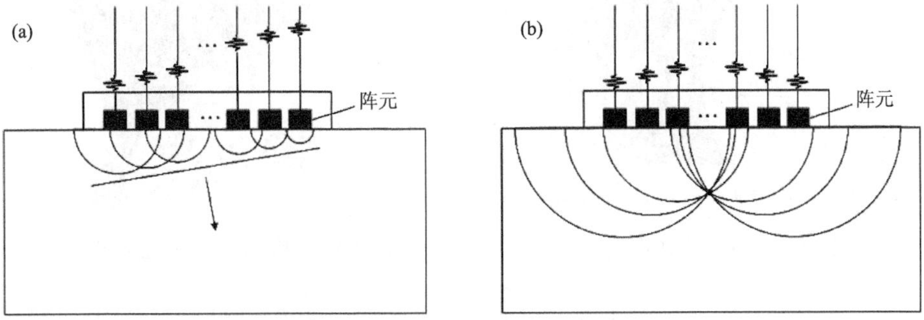

图 4.17　相控阵控制超声示意图：（a）声束偏转；（b）声束聚焦

图 4.18 为相控阵接收信号的示意图。相控阵合成的超声声束遇到目标后产生回波信号，而回波信号到达各阵元的时间存在差异，按照回波到达各阵元的时间差对阵元信号进行延时补偿并相加合成，就能将特定方向回波信号叠加增强，而其他方向的回波信号会因此减弱甚至抵消。

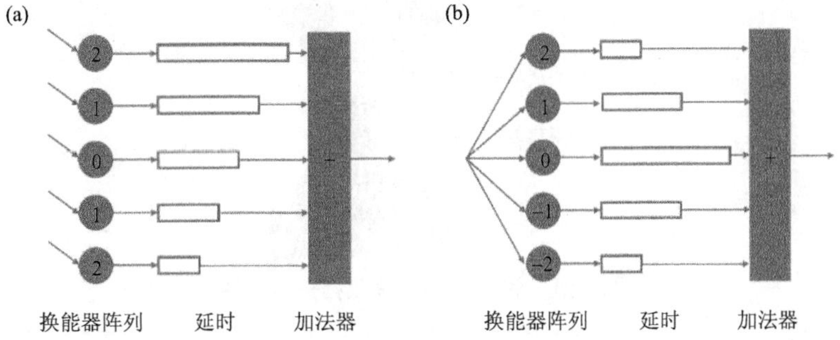

图 4.18　相控阵接收超声示意图：（a）声束偏转；（b）声束聚焦

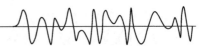

相控阵工作时主要有三种扫查方式，即线性扫查、扇形扫查和动态聚焦扫查。

（1）线性扫查：如图 4.19，先将探头阵元分为数量相同的若干小组并设定好聚焦深度，通过延迟器后的触发脉冲依次激发各小组阵元，检测声场在空间中以恒定角度对探头方向进行扫查检测。

（2）扇形扫查：如图 4.20，在设定的聚焦深度上，相控阵探头按照聚焦法则及设定的角度间隔分别计算每个偏转角度得到聚焦延迟，并以此分别激发阵元，形成一定范围内的扇形扫查。

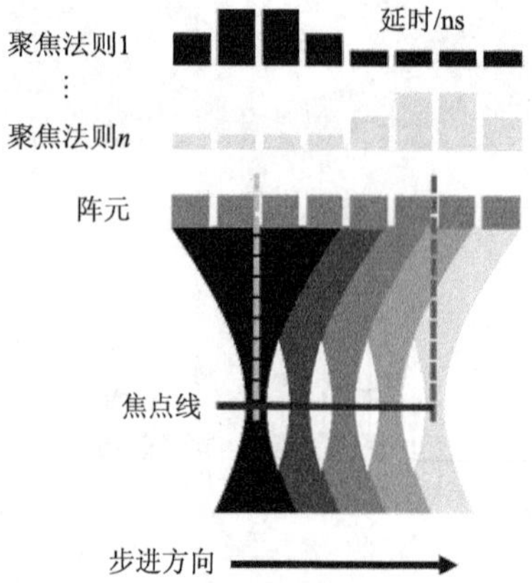

图 4.19　相控阵线形扫查示意图

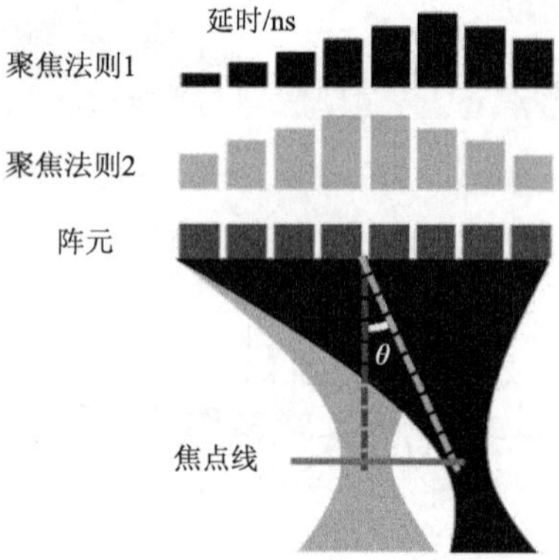

图 4.20　相控阵扇形扫查示意图

（3）动态聚焦扫查：如图 4.21，超声声束沿阵元中轴线，按照聚焦法则，对不同深度的焦点进行扫描。分为发射动态深度聚焦和接收动态深度聚焦。

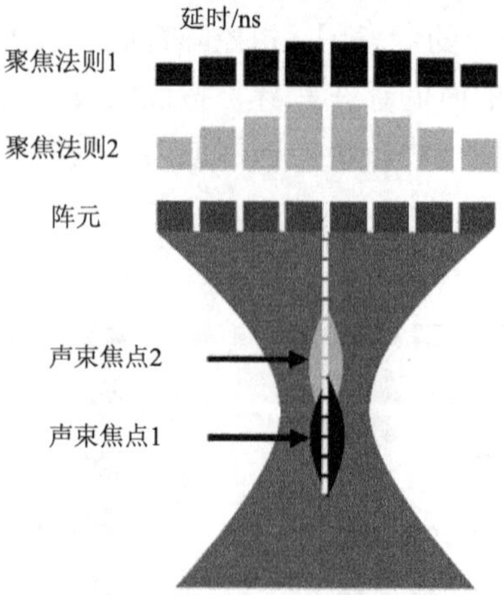

图 4.21　相控阵动态聚焦扫查示意图

超声相控阵技术的优势体现在：①采用电子方法控制声束，可以在不移动或少移动探头情况下进行快速检测，提高了检测速度，检测灵活性更强，并且可以实现对复杂结构件和盲区位置检测；②通过优化控制聚焦深度、尺寸及声束方向，提高检测分辨率及信噪比，从而提高缺陷检出率。

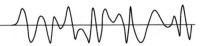

4.4.4　超声导波技术

导波是由于声波在介质中的不连续交界面间产生多次往复反射，并进一步产生复杂的干涉和几何弥散而形成的。主要分为圆柱体中的导波以及板中的 SH 波、SV 波、Lamb 波和漏 Lamb 波等。超声波导波技术，又称为长距离超声遥探法，是 20 世纪 90 年代发展起来的超声无损检测技术。相对于传统的超声检测技术，超声导波具有传播距离远、速度快的特点，在大型构件（如输油管道等）和复合材料板壳的无损检测中有较好应用。

1889 年，Lamb 对弹性板结构中波传播的研究对超声导波技术的发展具有里程碑的意义。超声导波的频散特性是分析超声导波在波导中传播的理论基础，早期研究主要集中在层状结构和中空圆柱结构。层状结构中导波传播的研究可分为各向同性及各向异性层状结构两个方面。导波在中空圆柱结构中传播的研究始于 Ghosh 对中空圆柱结构中纵向模态导波频散方程的推导，后来 Gazis 建立了包含径向、周向和轴向向量的中空圆柱结构的导波频散方程，奠定了导波在中空圆柱结构中传播的理论基础。1994 年 Rose 等建立管道导波检测的基本原则。基于对导波理论的深入理解，发展了导波模式选取与激励原则，在此基础上设计建立了多种导波检测系统对各类波导结构的缺陷检测和定位。近二十多年，各种商业导波检测系统逐步问世，极大地促进了超声导波技术在特种设备、石油化工、航空航天等行业中的发展与应用。

导波多模态和频散特性是导波检测技术的特点，并且导波的传播特性与材料结构、缺陷类型以及材料力学特性密切相关。以空心圆管为例，沿其轴向传播的超声导波有三种模态，即纵向模态 $L(0,\mathrm{m})$，扭转模态 $T(0,m)$，及弯曲模态 $F(n,m)$，其中，n=1,2,3,…，m=1,2,3,…，分别表示周向阶次和导波模数。不同模态的导波有不同的振动模式和传播速度。导波的频散和多模态特性可以用频散曲线表示，频散曲线可通过矩阵法、有限元法、半解析有限元法及级数展开法等获得。图 4.22 为一根钢管（直径 20 mm、壁厚 3 mm）

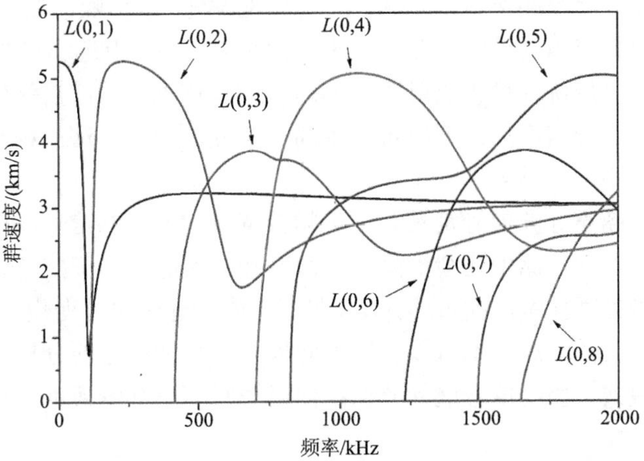

图 4.22　空心圆管（直径 20 mm、壁厚 3 mm）中纵向模态的群速度频散曲线

的纵向模态群速度频散曲线。图中每条曲线代表一种模态，可以看出同一种模态的导波在不同频率时有不同的波速。因此，不同模态、不同频率的导波脉冲在传播过程中会逐渐发散，这将对缺陷回波定位产生干扰。

超声导波技术的检测原理如图 4.23 所示。激励超声换能器发射超声信号（一般为经汉宁窗调制的 5～10 周期正弦信号），该超声信号在传播过程中遇到缺陷（例如由于腐蚀而导致的金属管道内外壁缺陷）时，在缺陷处会有声波反射。通过对该反射信号分析如模态等，可以判断缺陷的位置及大小。波结构分析是导波检测技术的基础。导波在不同激励频率下具有不同的波结构，因此选择合适的模态和频率对确定缺陷最大灵敏度至关重要。

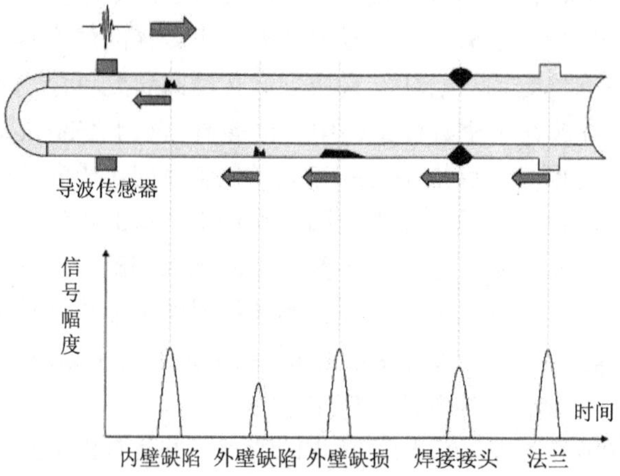

图 4.23　超声导波检测示意图

常用的超声导波激励和接收方式有三种，即压电式、电磁式和脉冲激光式。压电式传感器利用压电材料的压电效应来激励及接收超声波，其能量转换效率高，灵敏度高，但受耦合条件影响大。电磁式传感是一种非接触的检测方法，通过洛伦兹力或磁致伸缩效应在试件中产生和接收超声波，可用于在线快速检测，但信噪比低，能量转换效率低，多用于导电及铁磁性材料的检测。激光超声传感也是一种非接触式检测方法，常用于复杂结构件检测，其利用脉冲激光照射固体表面，通过烧蚀作用或热弹效应在试件中激励超声波，优点是时空分辨率高，但设备成本高、信噪比较低。这三种激励和接收方法各有优劣，常应用于不同的场合。

实际检测中的超声导波信号是具有一定频带宽度的多模态信号，在传播过程中会发生频散现象。并且，在检测中还会受到信号散射和环境噪声的干扰。因此，实际检测中必须采用导波信号处理技术，例如：小波变换、二维快速傅里叶变换、短时傅里叶变换。使用小波变换和正确的滤波技术可以实现不同模式的导波信号的分离；利用二维傅里叶变换可以把多种模式重叠的信号进行分离；使用短时傅里叶变换可以对回波信号进行时频分析。

超声导波检测技术在无损检测领域具有突破性意义，已经越来越多地应用于在线金属管道（如对低碳钢、奥氏体不锈钢、纵焊管）、水下管道以及带有保护层的管道（如环氧树脂涂层、保温层等）的无损检测。除此之外，超声波导波技术还可用于对钢索、电缆、板型试件及棒状材料的检测。该技术的优点主要有：①可实现构件的长距离检测；②可对内部和外部缺陷同时检测；③能够检测一些难以接近的区域；④多模态和多频率导波在缺陷检测、定位及成像等方面具有潜在的应用前景；⑤检测速度快且成本低。

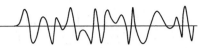

超声导波技术也有一定的局限性，主要体现在：①由于频散现象，随着传播距离的增加，导波波形复杂性增加；②由于导波的多模态，在不连续边界时会存在模态转换；③受外界环境及边界条件的影响较大；④最佳工作频率难确定及多重反射所带来的影响。

4.4.5　非接触式超声检测技术

传统的接触式超声无损检测技术在检测应用过程中必须使用某种耦合剂而导致其应用范围受限，无法满足某些特定检测要求（如针对蜂窝材料、食品药品及高档奢侈品）。针对这一问题，需要寻找新型的超声无损检测技术来代替传统的接触式超声无损检测。

1. 电磁超声无损检测技术

电磁超声检测技术是通过电磁超声换能器（electromagnetic acoustic transducer, EMAT）激发和接收超声波的非接触无损检测方法。EMAT 是实现电磁超声检测的核心部件，主要由高频线圈、外加磁场、试件本身三部分组成。其中，外加磁场可以采用永磁铁或电磁铁。永磁铁体积较小，而电磁铁去磁速度较快，包括直流电磁铁、交流电磁铁或脉冲电磁铁等。线圈加载高频交流电，可以在试件中产生涡电流，线圈的排布方式有蛇形、回形及吕形等。试件必须是电导体或磁导体；非铁磁性导电材料（铜、铝等）中，电磁超声主要由洛伦兹力作用产生；铁磁性材料（铁、钢等）中的电磁超声则由洛伦兹力和磁致伸缩原理共同作用产生。

当试件与线圈放置于外加磁场中，高频电流流过电感线圈时，线圈将产生动态感应磁场。感应磁场会进一步在试件中激发涡流电场，涡流密度的大小取决于线圈中电流产生的磁场变化，方向与线圈内高频电流方向相反，涡流频率同线圈电流变化频率一致。涡流在外磁场作用下会产生一个与涡流频率相同的洛伦兹力，试件中微粒在洛伦兹力作用下产生往复振动而产生超声波，并在试件中传播。以上即为 EMAT 的超声发射。同样，脉冲电流会向外辐射一个脉冲磁场，脉冲磁场和外加磁场的复合作用会产生磁致伸缩效应，使试件产生与交变磁场频率相同的机械振动，激发电磁超声。外加磁场的大小和激励电流的频率决定了洛伦兹力和磁致伸缩力两种效应的主次。对于 EMAT 的超声接收，反射声波会使试件内部微粒发生振动，从而引起磁场的扰动，进而在线圈中感生出电压信号，实现检测信号的接收。

图 4.24 为金属中激发超声纵波和横波的示意图。在图 4.24（a）中，金属内的磁力线平行于金属表面。当线圈内通过高频电流时，将在金属表面感应出涡流，且涡流平面与磁力线平行。在磁场作用下，涡流上将受到垂直金属表面的反复作用力，质点在作用力方向上产生超声纵波。在图 4.24（b）中，磁力线垂直于金属表面，当涡流线圈通过高频电流时，在金属表面感应出涡流。在外磁场作用下，涡流上将受到平行金属表面的反

复作用力，质点在交变力的作用下产生传播方向与作用力方向相垂直的超声横波。

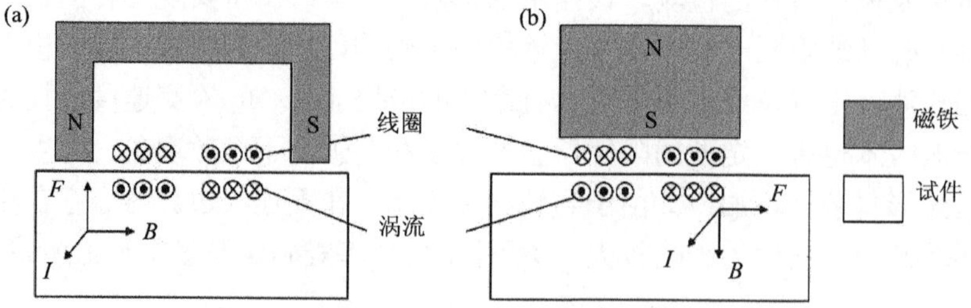

图 4.24　电磁超声激发示意图：（a）纵波；（b）横波

伴随着集成电路技术的不断发展，利用电磁耦合方法激励和接收超声波的电磁超声无损检测技术逐步引起广大学者的关注。相比于传统接触式超声无损检测技术，电磁超声无损检测技术的主要优点有：①能在无耦合剂或者非接触的状态下操作；②改变电信号的频率可以改变声波的辐射角；③适合对移动的物体、远处或者危险区域的物体、处于高温或高真空状态下的物体、涂过油的表面或者粗糙表面进行检测操作；④利用电磁超声换能器能方便地激励水平偏振剪切波或者其他特殊波型，这在某些应用中为检测提供了有利条件；⑤传播距离远，检测速度快，所用通道与探头数量少。

电磁超声无损检测技术的缺点也很突出：电磁场和声场之间能量转换的效率较低，并且电磁超声的实现需要经过电磁场到声场再到电磁场的转换，使得整体转换效率非常低。为了达到检测目的，通常需要高功率的信号源，同时要求信号接收端具有高的灵敏度及良好的抗干扰能力；并且在实际应用中，检测效果还受到检测距离的影响。

2. 空气耦合超声无损检测技术

空气耦合超声检测是另一种完全无接触、无侵入的无损检测技术。

如图 4.25（b），空气耦合超声无损检测技术是一种以空气为传输媒质的新型超声无损检测技术。空气耦合超声无损检测技术完美地解决了传统超声无损检测技术存在的许多限制因素。由于没有耦合材料的存在，可以从根本上避免耦合材料对待测物体带来的二次污染问题，该方法在检测过程中具有完全无接触、无侵入和无损害的优势。这使得空气耦合超声无损检测技术非常适合在线快速检测。虽然目前主流的超声无损检测应用

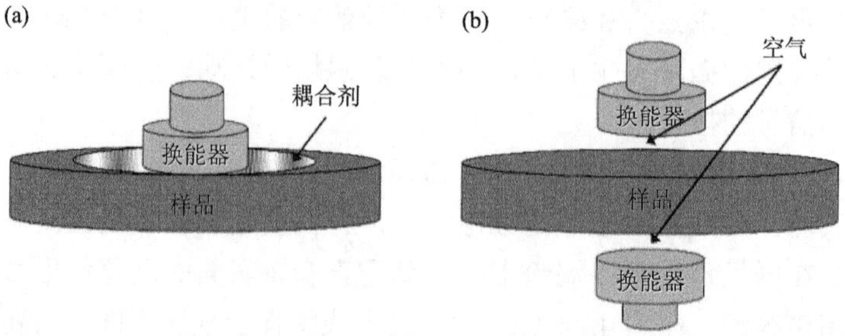

图 4.25　接触式与空气耦合超声无损检测示意图：（a）接触式；（b）空气耦合

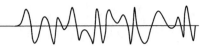

多采用使用耦合剂的方式进行检测，但是空气耦合超声无损检测技术的优势已经逐步显现出来。目前，空气耦合超声无损检测技术已经应用于复合材料检测、材料特性评价、食品和药品检测等领域，具有很好的应用前景。

在工程实践中，空气耦合超声无损检测技术主要采用反射法、透射法以及声波模式转换法。其中：反射法主要用于检测材料表面缺陷，例如对金属材料表面裂纹缺陷检测、有机玻璃龟裂纹检测、指纹检测及硬币表面图案成像等；透射法主要应用于材料内部缺陷检测，例如蜂窝复合材料、木头或者金属材料等内部缺陷检测；声波模式转换法主要应用于材料浅表缺陷检测及黏接界面检测。

相比于传统的超声无损检测技术，空气耦合超声无损检测技术有着极大的技术优势，但该技术的应用范围也受以下两个重要因素的影响：

（1）超声波在空气中的衰减。超声波在空气中传播时的衰减远大于在其他材料中传播时的衰减。例如在标准大气压、相对湿度 20%、温度 20℃条件下，工作频率为 1 MHz 的超声波在空气中的衰减系数约为 165 dB/m，远大于同等条件下其在水中的衰减系数（0.22 dB/m）。这导致经过空气传播后到达接收超声换能器或者待测试件的超声波信号强度降低，极易受到环境噪声等因素的影响，信噪比降低。

（2）气固界面巨大声阻抗差异。压电式超声换能器通常由压电陶瓷制作，压电陶瓷的声阻抗与空气的声阻抗相差很大。通常在压电陶瓷和空气界面处，由于声阻抗不连续而导致的超声波声压衰减高达 90 dB 以上。声阻抗的失配会导致空气耦合超声换能器的灵敏度及信噪比等指标下降，使得空气耦合超声无损检测系统的某些指标不及传统的接触式超声无损检测系统。

常规压电换能器很难完成空气耦合超声检测，其解决方案主要有以下几种：

（1）随着 MEMS 技术的不断发展，可以使用 MEMS 技术制作空气耦合超声换能器，例如压电式微加工超声换能器（piezoelectric micromachined ultrasonic transducer，PMUT）和电容式微加工超声换能器（capacitive micromachined ultrasonic transducer，CMUT）。相比于压电式空气耦合超声换能器，该类空气耦合超声换能器易于实现与空气的声阻抗匹配，并且易于和集成电路集成在一起，减少信号干扰。

（2）选用合适的压电材料，缩小压电材料声阻抗与空气声阻抗之间的差异，如将压电陶瓷加工制备成压电复合材料，选用低声阻抗的驻极体材料或者聚偏氟乙烯（PVDF）等。

（3）合理的声学匹配方案，包括制备低声阻抗匹配材料及选用多层匹配技术。借此实现声阻抗在压电材料与空气之间的逐渐过渡，提高空气耦合超声换能器的灵敏度。

4.5　压电 MEMS 超声换能器

MEMS 超声换能器（MUT）是采用微电子和微机械加工技术制作的新型超声换能器。与传统超声换能器相比，MUT 具有体积小、重量轻、成本低及集成度高等特点，已成为当前超声换能器领域研究的重点方向之一。MUT 主要分为压电式微加工超声换能器

（PMUT）和电容式微加工超声换能器（CMUT）。

4.5.1 压电式微加工超声换能器（PMUT）

PMUT 基于压电材料的逆压电效应和压电效应来实现超声信号的发射和接收，通常包括压电薄膜、上下电极和振动膜。PMUT 除具有制备工艺简单、高频率、大带宽、低功耗、小体积、易与 COMS 兼容等系列优势外，还具有较好的稳定性，其受环境因素如光、温度、湿度等影响较小。目前 PMUT 广泛应用于指纹识别传感器、飞行时间传感器及血压传感器等生物识别技术领域。

图 4.26 为 PMUT 的基本结构，包括上下电极、压电层、弹性层和基底。PMUT 结构中的压电层工作在 d31 模态。压电层的伸张和收缩带动弹性层的形变，从而产生超声波。压电材料和结构是 PMUT 性能的重要影响因素。早期的 PMUT 曾用聚偏氟乙烯（PVDF）作为换能材料。由于锆钛酸铅（PZT）具有大的介电常数和压电常数，目前的 PMUT 大多采用 PZT 作为换能材料。但多数 PZT 材料含有不利于环保的重金属铅，而且制备的器件有效机电耦合系数低，这些因素影响了 PZT 材料在 PMUT 上的应用。压电材料氧化锌（ZnO）因为与硅衬底晶格区配性好，具有绿色环保等优势，已经成为 PMUT 压电材料研发的热点方向。其他换能材料还有氮化铝（AlN）及 PMNPT 弛豫铁电单晶等，虽然 AlN 的压电系数较 PZT 或 ZnO 小，但它的某些材料参数（例如高弹性模量、低密度和低介电常数）和 CMOS 兼容并且不需要极化。沉积压电膜是制作 PMUT 的关键技术，通常都采用溶胶-凝胶技术。膜片形状有方形、矩形、圆形、圆柱形等；边界条件有近似固定、近似简支和近似自由等；振动模态有双（或多层）叠片弯曲振动模态、弯张模态、厚度振动模态等；工作频率范围可以从几十 kHz 直到 GHz，从研制单个换能器到大型高密度的阵列。

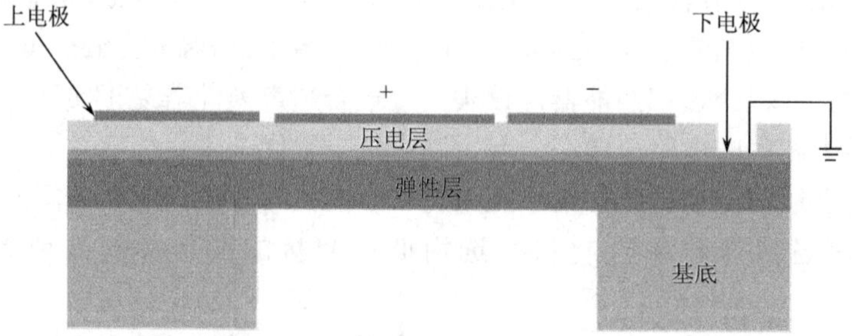

图 4.26 PMUT 的基本结构示意图

PMUT 的基本性能指标包括：

（1）谐振频率，多数 PMUT 的工作频率还是设置在谐振频率上，这样设计的优点是输出能力强。

（2）发射声压，由于超声检测大多是要检测回波的，回波强度越大信号处理越容易。

（3）接收灵敏度，超声波在遇到声阻抗有差异的界面时会有一部分反射回来，检测这部分回波可以实现距离检测、超声成像等功能，因此接收灵敏度也是越高越好。

（4）其他指标，例如总谐波失真、信噪比、功耗、指向性等。

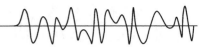

PMUT 超声波传感器的应用可以分为两大类：

（1）检测回波时间，检测超声波从发射到接收所间隔的时间，从而判断距离，典型应用有汽车倒车雷达、扫地机器人等。

（2）检测回波的强度，这与反射面距离及材料声学特性相关，因而可以对发射区域进行扫描形成二维或三维成像，例如超声成像、无损检测等。

PMUT 的缺点包括：①为了获得高的成像分辨率，需要提高 PMUT 的工作频率，这会导致 PMUT 阵元间距、宽度减小。对于压电材料，小尺寸加工会受到工艺条件的限制，并且小尺寸阵列也会导致发射效率低，接收灵敏度变差，器件的动态范围受限。②与待测物体之间声阻抗差异大的问题仍存在。

4.5.2 电容式微加工超声换能器（CMUT）

CMUT 是一种静电式换能器，产生于 20 世纪 90 年代，利用静电吸引力发出声波。MEMS 技术的快速发展促使了 CMUT 的产生和快速发展。与传统压电换能器相比，利用 MEMS 技术制作的 CMUT 超声换能器是 MEMS 超声换能器（MUT）的主要研究方向之一。

图 4.27 为一个典型的 CMUT 器件结构，其结构为一个平行板电容器，包括：上极板、下极板、绝缘层和空腔。上极板为可动膜片，通过在氮化硅或硅上淀积铝膜制作完成；下极板一般在高掺杂硅衬底上淀积铝膜制作，固定不可动；上极板与下极板之间形成欧姆接触。CMUT 可用于超声波发射或接收。在超声波发射模式下，先施加一个直流偏置电压，再施加交流电压叠加到直流电压上，并且直流电压大于交流电压。交流电压使上极板和下极板产生变化的静电吸引力，推动上电极膜片振动而发出声波。在超声波接收模式下，先施加一个直流偏置电压，此时，上极板膜片向下弯曲并保持静止不动，入射超声波到达上极板膜片，引起膜片振动，空腔间隙发生变化，从而电容发生变化，基于电荷的流入和流出情况检测声波。

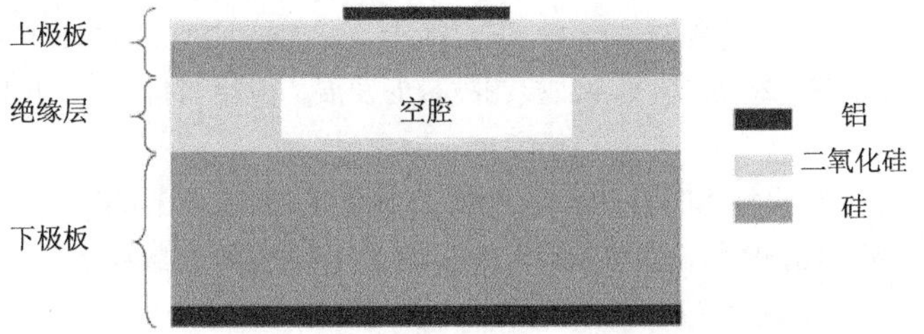

图 4.27　CMUT 换能器结构示意图

早期 CMUT 制作采用牺牲层工艺技术。首先在硅衬底上淀积一层氮化硅作为绝缘层和腐蚀停止层，然后淀积一层非晶硅或多晶硅并图形化，这层非晶硅层或多晶硅层作为牺牲层；其次，淀积第二层氮化硅形成振动薄膜，再一次图形化，在氮化硅薄膜的边缘开出刻蚀空窗口，并用氢氧化钾溶液通过窗口腐蚀非晶硅或多晶硅，达到去除牺牲层和释放薄膜的目的；最后再次淀积氮化硅，真空密封刻蚀空窗口，并形成金属电极。

随着 MEMS 技术的发展，硅晶圆键合工艺技术解决了牺牲层工艺技术中存在的淀积不均匀、腐蚀不均匀、空腔间隙不均匀等问题。该工艺首先选用带有氧化层的硅衬底材料，通过图形化氧化层形成空腔图形；其次，带图形的氧化片与绝缘衬底上的硅片键合；再次，去除衬底层和氧化硅绝缘层，均匀的器件层作为 CMUT 的振动薄膜；最后，制作上下电极。

CMUT 经过近三十年的研究和应用，设计和制作水平进展迅速。CMUT 单元的尺寸从几 μm 到几 mm，工作频率从 kHz 到 100 MHz，从小功率到高强功率，在应用的介质包括空气、液体及固体。与传统换能器相比，CMUT 具有如下优势：①结构相对简单，确定制造工艺后可批量生产，制造成本低；②具有较高的带宽，更适合制作成像探头；③声阻抗系数与所在环境匹配，制作时无需匹配层；④在结构设计时可将外接驱动电路、前置放大电路及信号处理电路整合至单个硅片上，既减小了外界干扰信号，又可以把器件缩小。

但 CMUT 也有缺点，例如：①需要较高的驱动电压与偏置电压，并且 CMUT 受到的静电力与直流偏置电压的平方成正比，亦即其响应具有一定的非线性；②虽然此类器件具有较好的工作带宽，但是其发射灵敏度较低，应用范围因而受限。

参考文献

常俊杰, 卢超, 小仓幸夫. 2013. 非接触空气耦合超声检测原理及应用研究[J]. 无损探伤, 37: 6-11.

陈昌华. 2021. 钢锭和锻件超声波探伤缺陷彩色图谱[M]. 合肥: 合肥工业大学出版社.

陈鹏, 韩德来, 蔡强富, et al. 2012. 电磁超声检测技术的研究进展[J]. 无损检测, 31: 18-25.

陈永, 刘仲毅. 2015. 实用无损检测手册[M]. 北京: 机械工业出版社.

耿荣生. 1998. 声发射技术发展现状[J]. 无损检测, 20(6): 151-158.

何常德, 张国军, 王红亮, 等. 2016. 电容式微机械超声换能器技术概述[J]. 中国医学物理学杂志, 32(12): 1249-1252.

何存富, 郑明方, 吕炎, 等. 2016. 超声导波检测技术的发展、应用与挑战[J]. 仪器仪表学报, 37(8): 1713-1735.

刘镇清, 刘骁. 2000. 超声无损检测的若干新进展[J]. 无损检测, 22(9): 403-406.

卢超, 钟德煌. 2021. 超声相控阵检测技术及应用[M]. 北京: 机械工业出版社.

栾桂冬. 2012. 压电 MEMS 超声换能器研究进展[J]. 应用声学, 31: 161-170.

栾桂冬. 2021. 电容 MEMS 超声换能器研究进展[J]. 应用声学, 31(4): 241-248.

任威平. 2019. 电磁超声在钢板中的换能机理研究及应用[D]. 北京: 北京科技大学.

沈功田. 2015. 声发射检测技术及应用[M]. 北京: 科学出版社.

同济大学声学研究室. 1977. 超声工业测量技术[M]. 上海: 上海人民出版社.

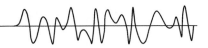

王红亮. 2015. CMUT 及其阵列工作机理与应用基础研究[D]. 天津: 天津大学.
杨明纬. 2005. 声发射检测[M]. 北京: 机械工业出版社.
袁振明, 马羽宽, 何泽云. 1985. 声发射技术及其应用[M]. 北京: 机械工业出版社.
张晓春, 刘春生, 李海宝. 2002. 电磁超声无损检测技术及其应用[J]. 煤矿机械, 2: 69-70.
周正干, 冯海伟. 2006. 超声导波检测技术的研究进展[J]. 无损检测, 28: 57-63.
周正干, 魏东. 2008. 空气耦合式超声波无损检测技术的发展[J]. 机械工程学报, 44: 10-14.
朱红秀, 吴淼, 刘卓然. 2005. 电磁超声传感机理的理论研究[J]. 无损检测, 27: 231-234.
朱哲民, 李剑, 邓薇. 1996. 有液层负载时薄板中类 Lamb 波的传播[J]. 声学学报, 21(2): 174-181.
Gazis D C. 1959. Three dimensional investigation of the propagation of waves in hollow circular cylinders. I. analytical foundation[J]. The Journal of the Acoustical Society of America, 31: 568-573.
Gazis D C. 1959. Three dimensional investigation of the propagation of waves in hollow circular cylinders. II. Numerical results[J]. The Journal of the Acoustical Society of America, 31: 573-578.
Ghosh J. 1923. Longitudinal vibrations of a hollow cylinder[J]. Bulletin of the Calcutta Mathematical Society, 14: 31-40.
Griffin B A, Williams M D, Coffman C, et al. 2011. Aluminum nitride ultrasonic air-coupled actuator[J]. Journal of Microelectromechanical Systems, 20(2): 476-486.
Haller M I, Khuri-Yakub B T. 1996. A surface micromachined electrostatic ultrasonic air transducer[C]. IEEE Transactions on Ultrasonics, Ferroelectrics, and Frequency Control, 43(1): 1-6.
Huang Y, Haeggstrom E, Bayram B, et al. 2003. Collapsed regime operation of capacitive micromachined ultrasonic transducers based on wafer-bonding technique[C]. IEEE Symposium on Ultrasonics, Honolulu, HI, 1161.
Peng J, Chao C, Dai J, et al. 2008. Lead magnesium niobate-lead titanate single crystal thick films on silicon substrate for high-frequency micromachined ultrasonic transducers[J]. Journal of the Acoustic Society of America, 123: 3784.
Rose J L, Ditri J J, Pilarski A, et al. 1994. A guided wave inspection technique for nuclear steam generator tubing[J]. NDT & E International, 27(6): 307-310.

第 5 章

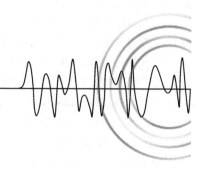

妙声仁术——医学超声

5.1 引　　言

作为研究超声在医学和生物工程中应用的一门新兴学科，医学超声（medical ultrasound）主要包括超声诊断（ultrasound diagnosis）、超声治疗（ultrasound therapy）和生物医学超声工程（biomedical ultrasound engineering）等研究方向，充分结合了声学、电子学、计算机、先进材料以及生物医学等多学科的前沿技术，具有理、工、医多学科交叉融合的特点。

医学超声是声学的一个重要分支，主要研究超声波作用于包括人体在内的生物组织的物理及生物化学等基础规律，并在临床中加以应用，最终达到诊断和治疗的目的。凡高于可听声频率（> 20 kHz）的声学技术在医学领域中的应用都属于医学超声的研究范畴。不同频率范围的超声波在生物医学领域的典型应用如图 5.1 所示。

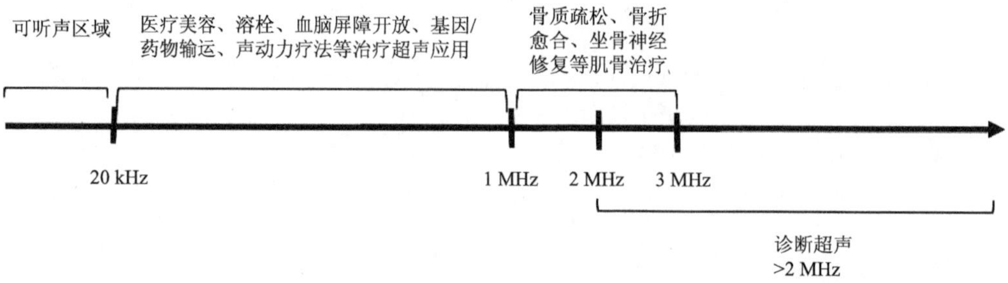

图 5.1　不同频率范围的超声波在生物医学领域的典型应用

超声技术发展始于 19 世纪末。1880 年，居里兄弟（Jacques Cuie 和 Pierre Curie）发现了压电效应和逆压电效应，从物理上成功解决了基于电子技术产生超声波的新方法，促进了超声技术的迅速发展。1915～1917 年，法国科学家保罗·朗之万（Paul Langevin）基于石英晶体发明了超声换能器，由此发明了世界上第一台主动声呐，并将其用于水下探测和定位。朗之万等在超声水下探测实验研究中发现强超声辐照可以引发水生动物体内升温和组织细胞损伤，最终产生致死效应。1922 年，德国研究者申请首项超声治疗相关的发明专利，从而使治疗超声技术在医学超声应用中首先获得发展。从 20 世纪 30 年代开始，人们开始尝试采用超声图像（ultrasound image）显示脑室结构或诊断脑部肿瘤，但受限于颅骨的强衰减，脑部成像效果不佳。20 世纪 40 年代，Ludwig 和 Stuthers 开始使用脉冲超声波探测胆囊结石。1942 年，Dussik 和 Fircstone 将工业超声探伤原理用于颅脑超声影像诊断，虽然获得的颅脑图像成果较差，但该工作仍被视为诊断超声临床应用的里程碑式的工作。1945 年，Fircstone 制成了首款 A 型脉冲超声检测仪，开创了超声影像诊断的历史。40 年代末，超声治疗在欧美也日渐兴起。1949 年，第一次国际超声医学会议召开，标志了医学超声研究的关键发展。同年，Wild 首次使用超声评估肠组织厚度，并与 Reid 联合修订了医疗超声成像设备标准，生产了第一台用于乳房超声诊查的手持 B 型扫描仪。1950 年，Donald 将 B 型扫描仪用于产科超声。1955 年 Jaffe 发现易于制造且性能良好的锆钛酸铅压电材料（PZT），将其用于超声换能器研发，极大促进了工业和医学超声应用技术的快速发展。1958 年，Hertz 等首创了超声心动图描记法（即 M 型超声心动图），将脉冲回声法用于心脏疾病诊断。50 年代末期，连续波和脉冲波多普勒（Doppler）技术相继出现，为多普勒及 B 型二维成像奠定了基础。50 年代末，在第二届国际超声医学学术会议上有大量治疗超声相关论文发表，20～1000 kHz 频段范围内超声治疗仪器被用于治疗眼科等多种疾病，标志着超声治疗进入了成熟的实用阶段。1963 年，Scldner 设计发明了首台二维超声扫描仪。1967 年，实时 B 型超声成像仪问世。60～70 年代是 B 型超声成像设备迅猛发展时期，关于阵列式换能器、电子聚焦和超声全息等技术被广泛研究，机械直线扫描、机械扇形扫描、电子直线扫描及电子扇形扫描等仪器设备相继出现，超声 CT 成像的研究工作也开始进行。尤其是随着数字扫描变换器与处理器（DSC 与 DSP）的出现，B 超显示技术开始由数字影像处理主导，自动化程度更高、影像质量更好。进入 80 年代，在美国，临床应用的超声成像仪数量超过了 X 射线诊断仪器，结束了 X 射线在影像诊断领域近百年的统治历史。随着微型计算机研究与应用的飞速发展，超声智能化的步伐加快。利用微机与超声诊断仪器相结合，可以简化临床操作，实现信号处理、变换、计算和判断等过程的自动进行。彩色血流成像仪和同时具备脉冲超声多普勒血流成像及 B 超诊断成像的双功能超声诊断仪相继诞生，多功能超声成像仪器与多种专用显像仪器竞相发展，超声探头结构及声束时空处理技术发展迅速，超声诊断设备更新换代日趋频繁。同时，在治疗超声领域，出现了适用于体外碎石和外科手术的治疗设备，是结石症治疗史上的重大突破。90 年代，医学超声影像设备向两极发展，一方面是价格低廉的便携式超声诊断仪大量进入市场，另一方面是向综合化、自动化、定量化和多功能等方向发展，增强造影超声、介入超声、全数字化电脑超声成像、三维成像及超声组织定性不断取得进展，整个超声诊断技术和设备研发领域呈现出蓬勃发展的景象。而高强度聚焦超声无创治疗技术的出现也使得超声治疗在现代医疗技术中占据了重要位置，并被称为21世纪肿瘤治疗的最新技术。进入21世纪后，结合生物医学材料科学和人工智能技术的飞速发展，人工智能辅助超声诊断和多模态超声诊断治疗技术更是进入了飞速发展阶段，展现了巨大的应用前景。

本章将主要针对超声波在生物组织中传播的物理特性、医学超声换能器、超声诊断和治疗技术的发展进行介绍。

5.2 超声波在生物组织中的传播特性

人体是由不同特性的组织和器官构成的复杂多层结构。这些结构的声学参数也各不相同，因此，在不同结构的界面上，声波的能量传播将出现重新分布现象。通常情况下，入射声波在垂直经过界面时，将被分成两部分，一部分穿过界面继续在组织中向前传播，而另一部分则将被界面阻挡反向传播回去，分别成为透射声波和反射声波。当入射声波与界面不垂直时，则会发生折射现象（图5.2）。

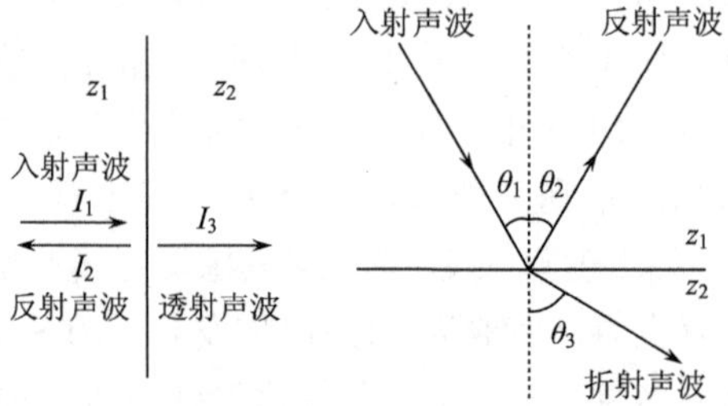

图5.2　不同结构界面上发生的声波反射与折射现象

5.2.1 生物组织中的超声特性参数

在讨论声波传播问题时，声阻抗 $Z=\rho c$ 是一个极其重要的物理量，其中 ρ 表示生物组织密度，c 表示组织中的声速。声阻抗是表征介质阻碍声能量传播的能力的物理量，在声波传播过程中，如果传播介质的声阻抗 Z 均匀不变，那么声波在其中的传播方向将不会改变；Z 不均匀，在变化处呈现出声学界面，发生反射、折射、散射。现行大部分超声诊断仪（A型、B型、M型及多普勒型等），都是建立在来自人体内不同结构组织的超声回波分析基础上的，其物理基础便是人体组织的声阻抗不均匀。更为重要的是，组织病变常常伴随组织声阻抗值的变化，由此可以引起超声回波在幅度、方向等特性上的相应变化，而观测者们则可以根据回波变化的分析结果来提取人体组织病变的信息。

同时，超声波在介质中传播时会产生能量衰减现象，导致其声强随传播距离的增加而减弱。声能量衰减主要是以下三种因素造成的：

（1）扩散衰减：由声波本身的发散、反射、折射等原因造成的强度衰减。

（2）散射衰减：当组织介质粒子的尺度与超声波长可比拟时，粒子在超声波作用下，会以自身为中心向四周反射超声信号，产生散射现象，由此造成散射衰减。

（3）吸收衰减：在声传播过程中，生物组织可以吸收声场能量并将其向其他形式的能量场转化（如热能等），由此造成吸收衰减。

组织声衰减会削弱超声回波信号，使远处的组织成像效果变差。声强随传播距离变化的公式可记为：$I = I_0 e^{-\alpha d}$，其中 I_0 表示声强初始值（单位为 W/m^2），d 表示传播距离（单位为 m），α为声衰减系数（单位为 dB/cm）。需要指出的是，组织的声衰减系数会受到超声频率的影响，而不是一个常数，通常情况下，超声频率越高其声衰减系数越大。人体正常组织的密度、声速、声阻抗和声衰减系数如表 5.1 所示。

表 5.1　典型组织的声学特征参数平均值

介质名称	密度/（g/cm^3）	声速/（m/s）	声阻抗/（10^6 $N\cdot s/m^3$）	声衰减系数@1 MHz/（dB/cm）
空气	0.00118	344.8	0.0004	1.2
水	1.00	1480	1.48	0.002
血液	1.03	1570	1.61	0.2
大脑	1.03	1540	1.58	0.9
肌肉	1.07	1590	1.70	1.5～3.5
软组织	1.06	1540	1.63	0.6
脂肪	0.95	1450	1.38	0.6
肝脏	1.06	1550	1.65	0.9
颅骨	1.95	4000	7.80	13

5.2.2　生物组织中的声散射效应

医学超声领域需要面对的一个关键问题是生物组织的不均匀性。所有的生物组织都可能存在气、液、固等多相结构组合和相互作用，即使是同一器官中的组织结构也存在不同的层次分布和不同的物理特性（如不同尺寸、密度、弹性、黏度及热膨胀系数等），导致声传播路径上的媒质分布都是非均一、不连续且各向异性的。此时，根据散射体的大小与入射声波波长之间的对比关系，广义的声散射现象可分为三种类型：

（1）当散射体的尺寸远大于波长时，即反射界面相对于超声波波长可近似认为是无限大时，将发生图 5.2 所示的常规的反射、透射和折射现象。

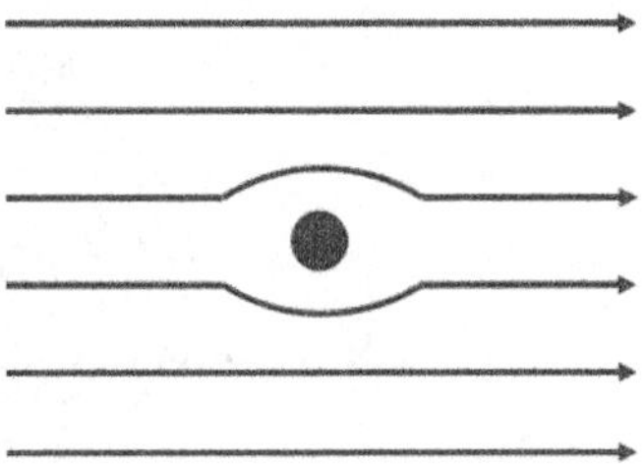

图 5.3　声波的绕射现象

（2）当声波在这些不均匀介质中传播且遇到尺度接近或小于声波波长的障碍物时，其反射波或透射波就无法保持平面波状态。当障碍物的直径等于或者小于二分之一波长时，入射声波的传播方向将发生改变，需绕过障碍物颗粒才能继续前进，这种现象被称为声绕射或衍射（diffraction）（图 5.3）。例如，在结石类疾病的超声影像诊断中，入射声波就将在结石边缘发生绕射，医生可根据障碍物后方的声影形成情况来判别结石的存在及其大小。

需要指出的是，入射声波的频率越高，则波长越短，能发现的障碍物尺度也越小，意味着超声成像的分辨率越高。但高频声波的声衰减系数大，导致其组织穿透能力的降低，所以临床上高频探头多用于浅表器官的影像诊查。

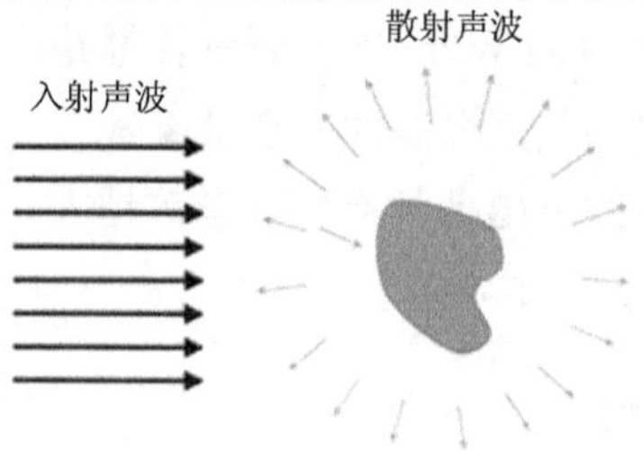

图 5.4　非均匀介质中的声散射现象

（3）当散射体的尺寸远小于波长时，在入射声驱动下的障碍物会由此成为次级声源，将入射声能量转化为散射声能量向四周辐射。这一现象与普通的界面反射或折射现象大不相同，被称为声散射（acoustic scattering）现象，而由障碍物向四周散播的声波被称为散射声波，此时散射信号的回波幅度大小与超声波入射角度无明显相关性（图 5.4）。在医学超声成像中，较为典型的应用即为红细胞或脏器中微小颗粒对入射声波的散射效应，基于此可分别形成超声多普勒血流成像或 B 超脏器结构性质显像。

5.2.3　声波的多普勒效应

在以上讨论中，振动波源、传播介质和振动接收装置之间始终是保持相对静止的，因此接收波的频率与入射波的频率也保持一致。1842 年，奥地利科学家 Doppler 首次提出了多普勒效应的概念，用于阐明振动波源与观测单元之间存在相对运动时，实际观测信号的振动频率因相对运动而发生改变的物理现象。由多普勒效应导致的实际观测信号频率的变化（即其相对于入射波频率的增减变化）被称为多普勒频移。在通常状态下，振动波源与观测装置之间的频率关系为

$$f' = \left(\frac{v \pm v_0}{v \mp v_s}\right) f$$

其中，f 和 f' 分别表示波源振动频率和接收到的声波频率；v、v_0 和 v_s 分别表示入射波在介质中的波速、观测者移动速度和波源移动速度。当波源相对于观测者远离时，实际观测信号的波长增加，频率减小；当波源相对于观测者靠近时，实际观测信号的波长缩短，频率增加（图 5.5）。

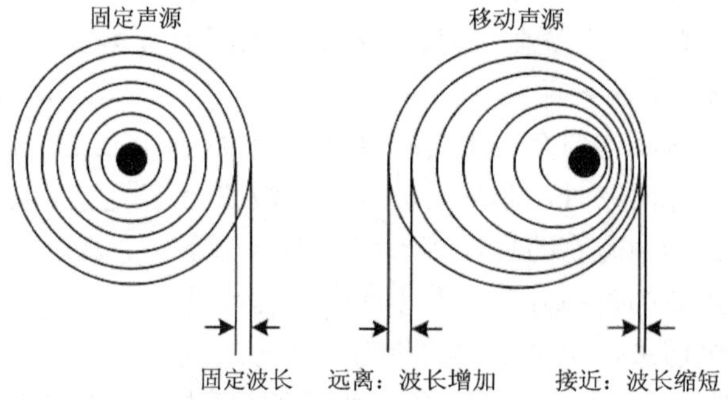

图 5.5　声波的多普勒效应

多普勒效应在医学超声中主要被用于多普勒血流成像，以观测血流变化情况。由于血液是流动介质，因此会与超声波声源之间形成多普勒效应。通常情况下，当血液向着声源运动时，其反射波长将被压缩，导致反射信号的频率增加；反之，当血液远离声源时，反射信号的波长变长，频率减小。通过反射信号波长的增加变化趋势可判断血流方向，而根据其变化量大小的分析即可判断血液流速。

5.2.4　生物组织中的超声空化效应

超声波在治疗领域的应用主要得益于声场与生物组织之间相互作用产生的生物效应。在超声治疗过程中，通常会采用恰当的方式将超声波聚焦于生物组织中，通过热或非热物理机制与生物组织相互作用引发相关生物效应，并最终产生治疗效果。

与超声治疗相关的最关键的非热物理机制包含声辐射力、声微流和声空化（图 5.6）等。声空化是最典型，也是研究最广泛的非热机制之一，体外和体内的多种生物学效应都可以归因于与声空化相关的活动。由于液体媒质中通常含有很多肉眼不可见的微小气核或空穴，当超声波在含液体的媒质中传播时，若声压超过一定阈值，在声波的负声压相，这些气核会发生膨胀生成空化泡，其大小与超声本征频率相关；这些空化泡在超声波作用下将随之发生振荡、生长、收缩、崩溃等一系列动力学过程，这就是所谓的超声空化。理论与实验研究已证实，在超声场作用下，随着驱动振幅的逐渐增加，空化泡会产生诸如以下的动力学行为：线性振荡（linear oscillation）、非线性振荡（nonlinear oscillation）、稳态空化（stable cavitation）、瞬态空化（inertia cavitation）、分裂（fragmentation）、融合（coalescence）、喷射（jetting）等。尤其在空化微泡的非线性瞬态

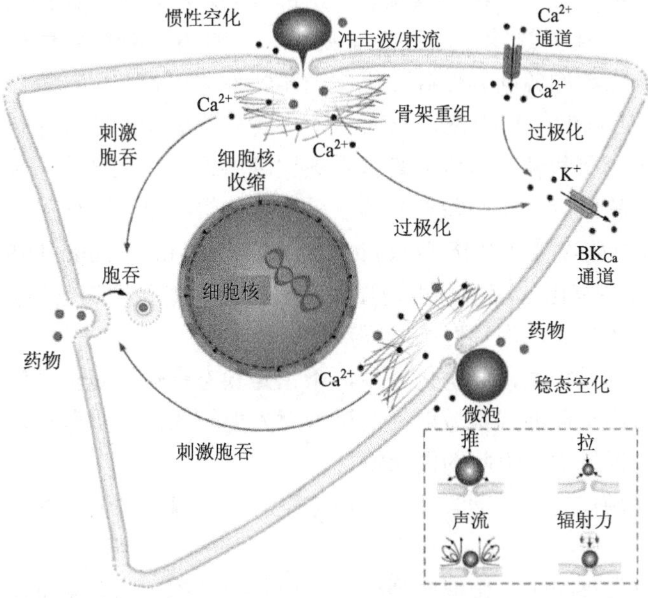

图 5.6　空化微泡与细胞相互作用过程中引发生物物理效应示意图

空化过程中，声场能量可以被高度集中（聚焦），伴随空化泡崩溃瞬间，在极小空间内将其高度集中的能量释放出来，形成异乎寻常的高温（>5000 K）、高压（$>5\times10^7$ Pa）、强冲击波、射流等极端物理条件。

20 世纪 80 年代以来，随着超声成像技术发展的需求，超声造影剂（ultrasound contrast agents）得到越来越广泛的应用。目前临床使用的超声造影剂是微米量级（1～10 μm）的包裹着外膜的微小气泡（encapsulated microbubbles）。研究显示，当超声造影剂微泡被作为空化气核加入声场后，可以显著降低超声空化阈值，并大幅度增高超声空化强度。在稳态空化阶段，在细胞附近反复膨胀收缩的微泡会对细胞膜产生不断的推拉、辐射力及声微流作用，进而破坏细胞膜的完整性。在瞬态空化阶段，微泡在非对称剧烈坍塌过程中将产生强烈的冲击波和液体射流，由此引发高温和高压等极端物理条件还会导致活性氧和自由基的产生，增强细胞膜通透性，调节离子通道，激活钙、钾等离子透膜交换及胞吞等大分子物质吸收机制，由此引发特殊的声化学反应和生物效应。同时，气泡壁在快速塌陷期间可能会获得超音速，并在气泡周围的液体介质中产生球形发散的冲击波和高速微射流。由此产生的生物效应包括：细胞膜穿孔（声孔效应）、细胞骨架和细胞核形变、组织通透性增加、软骨细胞增殖、肺中红细胞外渗、毛细血管破裂、心肌细胞收缩、刺激神经突触响应等。

5.2.5 生物组织中的超声热效应

超声波在组织中传播时，将经过多层组织介质（例如皮肤、皮下脂肪和肌肉等），并引起组织及其中的结构振动，由此造成入射声波能量的衰减，主要的声能量衰减原因有：①黏滞吸收：声压波动会产生组织微观层面上的剪切运动，由于黏滞吸收效应，入射声波的部分机械能可转化为热能，这种黏滞吸收产生的热效应是超声热疗的主要机制；②散射衰减：生物组织的各向异性导致组织声学特性非均匀，入射声波会散射至各个方向，引起声波入射方向的能量损失。Duck 等对多种生物组织的衰减系数进行了详细的实验研究。他们发现脂肪和乳房组织的衰减系数比脑部组织和大部分腹部器官的衰减系数大很多，且大部分软组织（脂肪除外）的衰减系数与组织温度变化呈正相关关系。

除此之外，在高强度聚焦超声（high intensity focused ultrasound, HIFU）治疗研究中，Holt 和 Roy 等发现声空化效应本身也是显著的热源，其主要机制包括微泡的多重散射、微泡边界层的黏滞吸收和微泡辐射高频噪声的吸收：

（1）若声压幅度足够大，声空化发生，不论是稳态空化还是惯性空化，总会在焦域内出现许多微泡，由于微泡的强散射性及微泡对入射声场的多重散射，声能量被困在空化区域，空化区域组织黏滞吸收的能量增加。

（2）微泡在声场作用下振动时，由于微泡壁与周围媒质之间的黏滞，部分机械能转化为热能。

（3）当惯性空化存在时，微泡剧烈破碎，使其吸收的声场能量重新分布，原来吸收的基频能量部分转化为宽频噪声能量辐射出去。高频声波更易于被组织吸收，因而惯性空化使得微泡周围区域吸收的声能量增加，HIFU 热效应相应提高。研究实验表明，当声焦点区域微泡存在时，HIFU 的热效应显著增强，可达无微泡情况下的 6 倍之多。

超声的热效应可以持续提高生物组织的温度。这种温度升高的幅度和持续时间被量化为传递到组织的“热剂量”。在不同的参数设定下，超声波能量可引发低水平热量上升超过几分钟或几小时（局部热疗）；或者相反，可在短时间内（几秒钟）导致局部温度快速上升至较高水平，通过蛋白质变性（热消融）破坏组织。图 5.7 显示不同水平的热剂量可能诱发的生物学效应。

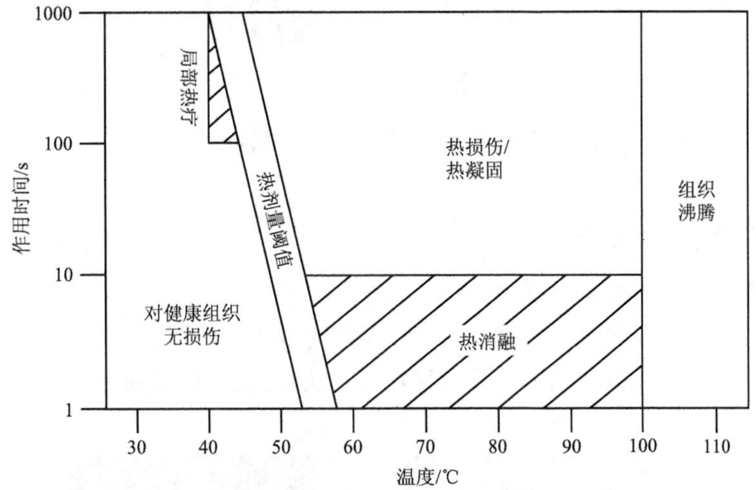

图 5.7　超声波热效应及其可能诱发的生物学效应

5.3　医学超声换能器

医学诊断上常用的超声波频率一般为 0.5～15 MHz，多是由压电材料制成的超声探头产生的。无机压电材料分为压电晶体和压电陶瓷。常见的压电单晶材料有水晶（石英晶体）、镓酸锂、锗酸锂、锗酸钛、铌酸锂、钽酸锂等。压电陶瓷则泛指压电多晶体，是指用必要成分的原料进行混合、成型、高温烧结，由粉粒之间的固相反应和烧结过程而获得的微细晶粒无规则集合而成的多晶体。常见的压电陶瓷有钛酸钡（BT）、锆钛酸铅（PZT）、改性锆钛酸铅、偏铌酸铅、铌酸铅钡锂（PBLN）、改性钛酸铅（PT）等。

当前医用超声探头常以压电陶瓷为换能材料。利用其正压电效应和逆压电效应，可以做成超声波发射和人体组织反射波接收的器件，成为超声诊断仪器的重要部件，即所谓的医用超声换能器。最常见的医用超声换能器结构如图 5.8 所示。压电陶瓷是超声换能器的核心部件。在超声发射阶段，压电陶瓷可将电能转化为声能；反之，在信号接收阶段，压电陶瓷又可将声能转换成电能。在压电陶瓷前端有匹配层及声透镜，匹配层有助于减少由于皮肤与探头之间声阻抗的差别所造成的多重反射现象，而声透镜可被用于实现声束沿横轴和纵轴方向的聚焦，最终将超声波发射到患者体内并对超声波波束的形态进行控制。在压电陶瓷后端有背衬材料，对压电陶瓷起到机械固定作用，并且可以有效吸收背向声波，防止背向声波反射到压电陶瓷上干扰正常成像。整个超声换能器经过多芯同轴电缆与超声成像主机相连。

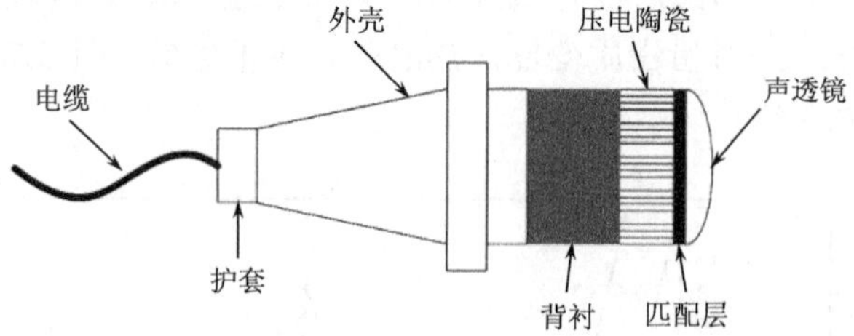

图 5.8　常见的医用超声换能器结构示意图

5.3.1　医用超声换能器分类

医学超声换能器有多种分类方法。

（1）按阵元数量分：包括单阵元探头、多阵元探头等（图 5.9）。相同形状、工作频率的超声探头，其阵元数量越多，具有越好的声波收发能力和扫描线空间分辨力。

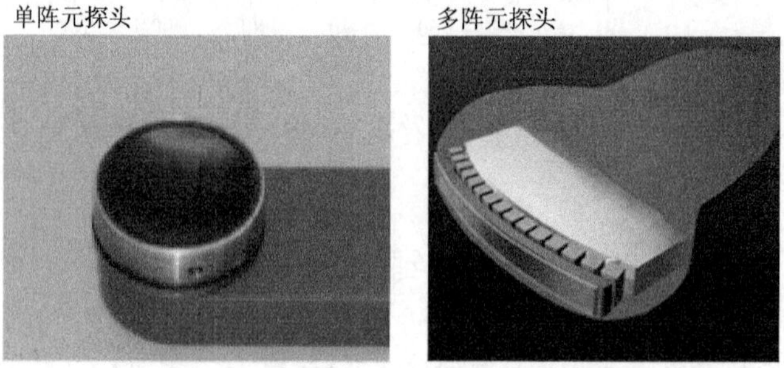

图 5.9　不同阵元数量的医用换能器探头

（2）按探头形状分：包括弧形探头（又称凸阵探头）、线形探头、微凸探头、相控阵探头（图 5.10）。诊断深部脏器要求远端视野比较大，一般选择弧形探头；诊断浅表脏器要求近端视野比较大，一般选择线形探头；对于一些特殊位置的脏器，如心脏、颅脑，因其位于骨骼后方，骨骼会阻挡超声波的传播，仅有一个相对狭窄的区域可供声波传播，因而心脏诊断一般选择微凸探头或相控阵探头等。

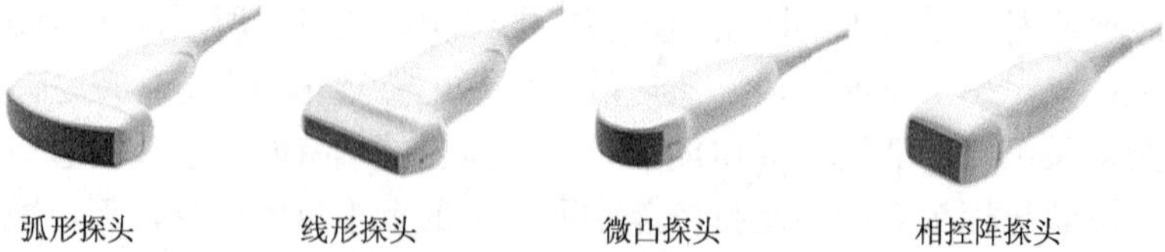

图 5.10　不同形状的医用换能器探头

（3）按阵列排布方式分：包括 1 维阵列、1.5 维阵列、2 维阵列等、凹/凸阵列、环形阵列或自聚焦阵列等（图 5.11）。

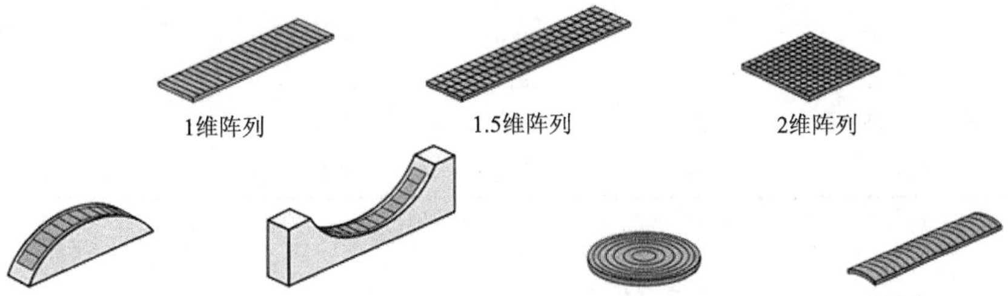

图 5.11　不同阵列排布方式的医用换能器探头

（4）按声束控制方式分：包括线扫探头、弧形扇扫探头、相控扇扫探头和相控面阵扫描探头等（图 5.12）。

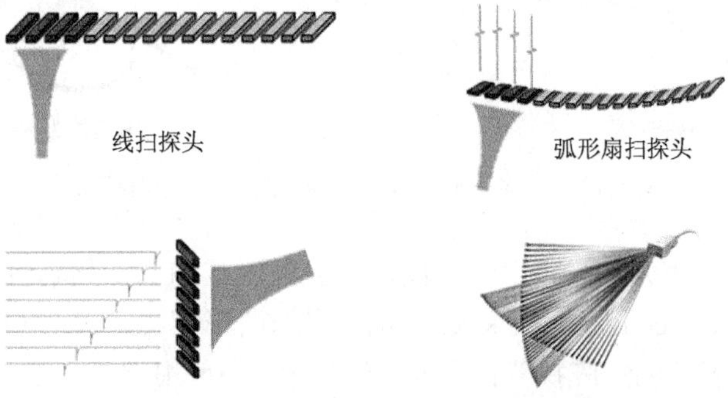

图 5.12　不同声束控制方式的医用换能器探头

5.3.2　临床常用的医用超声换能器

超声探头的性能参数很多，主要的参数有形状（包括几何尺寸）、工作频率、阵元数量、阵元间距、阵元宽度、聚焦距离等。每个超声探头的性能参数各不相同，在选择超声探头的时候，应根据不同部位器官，综合考虑而定。临床常见部位的医学诊断探头选择标准可参考表 5.2 的基本原则，部分探头如图 5.13 所示。

表 5.2　常用医用超声探头的临床应用选择基本原则

用途	探头形状	探头频率	图像形状	探头面	近场视野	远场视野
腹部	凸形	低	扇形	凸面	小	大
心脏	相控阵	低	扇形	平面	小	大
小器官	线形	高	矩形	平面	大	小
血管	线形	高	矩形	平面	大	小

续表

用途	探头形状	探头频率	图像形状	探头面	近场视野	远场视野
产科	凸形	低	扇形	凸面	小	大
外科	线形	高	矩形	平面	大	小
儿科	凸形	低	扇形	凸面	小	大
经阴道	腔内凸形	高	扇形	凸面	小	大
经直肠	腔内线形	高	矩形	平面	大	小

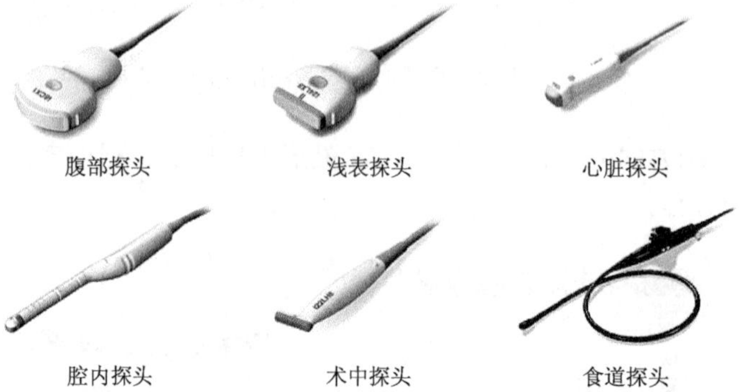

图 5.13　针对不同部位的临床常医用换能器探头

种类繁多的超声探头，在应用的时候，一般以形状和工作频率组合初步区分。针对探头形状，一般以 C（convex）或 R（radius）表示凸形探头，以 L（linear）表示线形探头，以 P（phased）表示相控阵探头；针对工作频率，一般根据探头的–6 dB 频带宽度（有效工作频率范围）的上限与下限频率标注，如 C5-2 探头的–6 dB 频带宽度为 2～5 MHz。由此，C5-2 代表一个工作频率范围为 2～5 MHz 的凸形探头，而 P4-2 则代表一个工作频率范围为 2～4 MHz 的相控阵探头。

5.4　超声影像诊断技术及设备

使用超声波产生医学视觉图像的方式称为医学超声检查或简称超声影像检查。在临床诊断中，医学超声探测被用于创建诸如肌肉、软组织、肌腱关节、内脏器官和血管系统等生物组织内部的结构影像，来测量某些生理结构特征（例如距离、尺度和流速）或产生信息丰富的可听声（如心跳和血流脉动等），基于此来探寻疾病来源、确定病灶位置或排除病理成因。与其他医学影像方式相比，超声成像具有多项优势，例如，可提供实时图像，便于携带，适用于急诊或住院病人的床边诊察，成本远低于其他影像诊察手段，且可避免电离辐射等。

5.4.1 超声诊断成像原理

超声波成像探测技术可以分为两大类，即基于回波扫描的超声探测技术和基于多普勒效应的超声探测技术。基于回波扫描的超声探测技术主要用于解剖学范畴的检测，以了解器官的组织形态学方面的状况和变化；而基于多普勒效应的超声探测技术主要用于了解组织器官的功能状况和血流动力学方面的生理病理状况，如观测血流状态、心脏的运动状况和血管是否栓塞检查等。

5.4.2 超声医学影像设备分类

超声医学影像设备根据其原理、任务和设备体系等，可以划分为很多类型。

（1）按获取信息的空间分类

①一维空间：如A型、M型、D型（多普勒成像）。

②二维空间：如线性扫查B型、凸阵扫查B型、相控扫查B型等。

③三维空间：即立体超声设备。

（2）按超声波形分类

①连续波超声：如连续波超声多普勒血流成像设备。

②脉冲波超声：如A型、M型、B型超声成像设备。

（3）按超声探测技术分类

①回波式探测技术：如A型、M型、B型超声成像设备。

②多普勒效应探测技术：如D型（多普勒成像）等。

③透射式超声探测技术：如超声显微镜及超声全息成像系统等。

（4）按医学超声设备体系分类

①A型超声诊断仪：将产生超声脉冲的换能器置于人体表面某一点上，声束射入体内，由组织界面返回信号幅值，将回波脉冲幅度（纵坐标）随探测深度（横坐标，以时间表征）变化的一维空间信息显示于屏幕上，称为A型超声成像。

②M型超声诊断仪：将A型探测法获取的一维回波信号，通过亮度调制法加载于CRT栅极（阴极）上，并沿时间轴展开，即可获得组织内部界面运动随时间演化的轨迹图。M型超声成像方法常用于心脏等运动器官的临床检查。

③B型超声诊断仪：B型超声探测法是一种最常用的二维超声扫查方式。该方法以显示器的横/纵坐标表征超声扫查的空间位置，通过回波信号的幅度来调制每个空间点位对应的显示亮度（以灰度值量化表征），从而在二维空间形成一幅亮度（辉度）调制的超声断面影像。

④D型超声多普勒诊断仪：该方法利用多普勒效应，主要目标是检测人体内运动组织的信息。多普勒检测法根据收发波形控制又分为连续波（CW）多普勒和脉冲波（PW）多普勒。连续波多普勒具有较高的速度分辨力，可以检测高速血流，但是因为只能采集声束传播路径上各点信号总和，导致其缺乏距离分辨能力。而脉冲波多普勒的发射与接收波均为间断脉冲式，具备深度（距离）选通能力，可以测定小范围内瞬时血流频谱，

定点判断异常血流情况，但因为受到奈奎斯特频率影响，其最大测量频率受限于脉冲重复频率，在高流速情况下频率测量易出现混叠现象，导致其无法对高速血流进行测定。

⑤C 型和 F 型超声成像仪：C 型探测法中探头移动及同步扫描路径呈“Z”字形，最终获得的声像图与声束传播方向垂直，相当于 X 射线的断层成像模式，而 F 型探测法则是 C 型探测法的一种曲面形式，可由多个切面像最终构成一幅曲面图像。

⑥超声全息诊断仪：该方法援引光全息成像的概念，在检测过程中利用两束声波的干涉和衍射来获取超声波振幅和相位的信息，最终根据测得的信号振幅和相位信息重构图像。

⑦超声 CT：超声 CT 是 X 射线 CT 检测理论的移植和发展，采用超声波束替代 X 射线，再根据测得的透射数据利用 X 射线 CT 理论完成影像重构，即为所谓的超声 CT 检测法。其优点是可以在避免放射损伤的情况下获得与其他超声成像检测法不同的诊断信息。

随着超声应用技术和临床医学研究的飞速发展，更多的新型医学超声检测手段也将不断涌现。本节将主要就 A 型、M 型、B 型和 D 型超声设备做一些简要的介绍。

5.4.3 A 型超声诊断仪工作原理

A 型超声诊断仪（A 超）是 1947 年发明的一维幅度调制式的检测仪器，我国于 1958 年正式生产应用。A 超的换能器探头在高频电脉冲的激励下向生物组织内发射超声波。当声波遇到不同组织界面时会产生反射回波。探头接收回波信号后可通过接收电路将其转换成电脉冲，通过检波、放大等电路处理，加载于示波器的垂直偏转板上形成时基锯齿波扫描电压。最终，示波器的显示波形的横坐标可通过超声波传播时间来表征测量深度；而以纵坐标显示反射回波的幅度与形状，以此来对分层组织结构特征进行判别(图 5.14)。A 超主要应用于医学各科的测距和液/实性包块检查，尤其对眼科和妇科疾病方面的病灶深度、大小、脏器厚薄以及病灶的物理性质等检查比较方便准确。但 A 超的回波图只能体现局部组织的一维波形信息，无法反映解剖形态，目前在临床上已经较少应用。

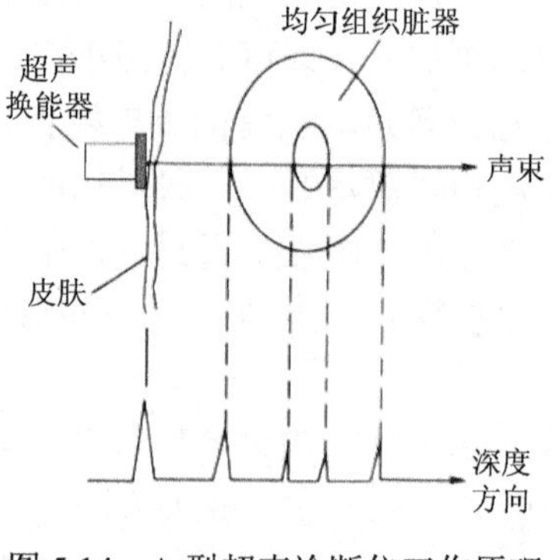

图 5.14　A 型超声诊断仪工作原理

5.4.4　M 型超声诊断仪工作原理

M 型超声波诊断仪（M 超）是继 A 超之后于 1954 年发明的辉度调制式仪器。与 A 超不同的是，M 超检测法中，发射波和回波信号被加载于示波器的栅极或阴极，根据信号的强弱来控制到达荧光屏的电子束的强弱，以此来调节荧光屏上显示光点的明暗程度(辉度调制)。此时，示波器的水平和垂直偏转板被加载了锯齿波电压，最终以荧光屏上光点在垂直方向的偏转距离表征探测深度，以其水平方向的移动表征时间变化，而光点的亮度（即辉度）则表征回波信号的幅度强弱（图 5.15)。M 超目前在临床上主要被用于心脏疾病，尤其用于心脏瓣膜活动情况的观察和诊断。当心脏收缩和舒张时，其各层组织的界面与固定放置于人体表面的探头之间的距离随时改变，导致显示屏光点随之移动，在水平扫描电压下，光点沿时间轴水平展开，由此可描绘多层组织结构的活动曲线图，因此也被称为超声心动图。它能反映心脏各部分结构的运动情况、动态变化、心室排血量并获得室间隔和动脉等结构的定量数据等，是临床心脏疾病诊断中较为准确实用的重要工具。

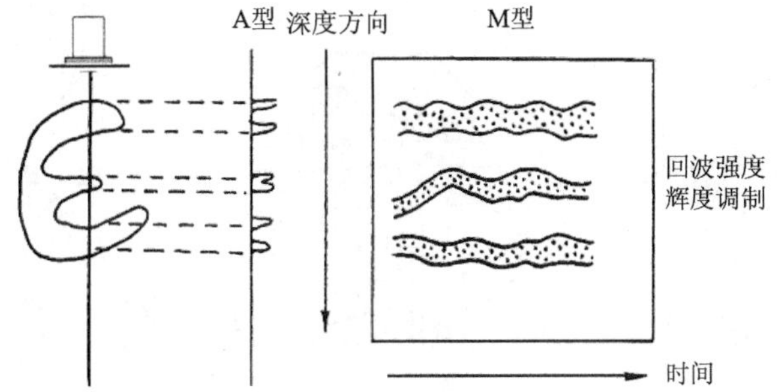

图 5.15　M 型超声诊断仪工作原理

5.4.5　B 型超声诊断仪工作原理

自从 1967 年出现至今，B 型超声诊断仪（B 超）已经成为临床影像检查中使用最广泛的重要诊断设备。与 M 超相同，B 超也是辉度调制式仪器。但 M 超的探头扫描方式是固定不变的，而 B 超的探头在应用过程中可以通过手动或机械方式连续移动，或者通过相位调控等电子扫描方式不断改变超声波束的发射方向，根据所获取的回波信号在声束扫描方向构成的平面上形成可显示生物组织内部结果的二维断层图像，即 B 型超声影像图。B 型超声二维断层图像的横轴（*X* 方向）宽度则可表征断层截面的扫查宽度，纵轴（*Y* 方向）通过沿声束传播方向的时间延展信息来表征其扫查深度。每条扫描声线传播途径中遇到各个界面所产生的一系列散射或反射回波信号的幅值强度则通过显示器上的光点辉度来呈现，每个阵元或者数个阵元的发射声束组合按照特定顺序对目标脏器做断层扫描后，其回波信号进过波束合成、调制、滤波、放大、平滑等多种图像处理后按特定次序沿横轴分布显示，最终形成二维声像图（图 5.16)。

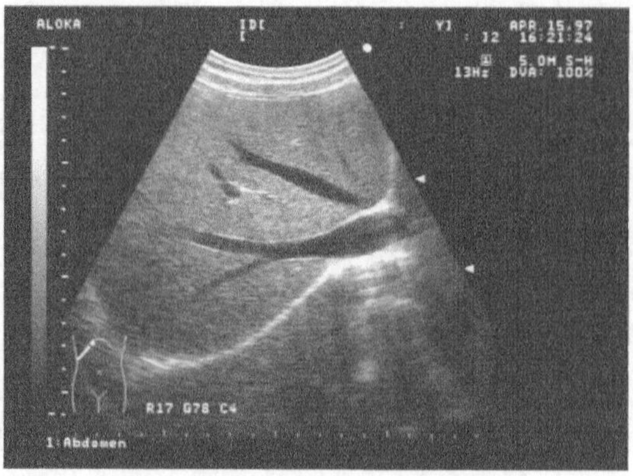

图 5.16　典型的肝脏 B 超图像

根据不同的扫描方式分类，B 型超声检测技术已经经历了四代发展，包括手动直线扫描、机械扫描、电子直线扫描和电子扇形扫描（图 5.17）。

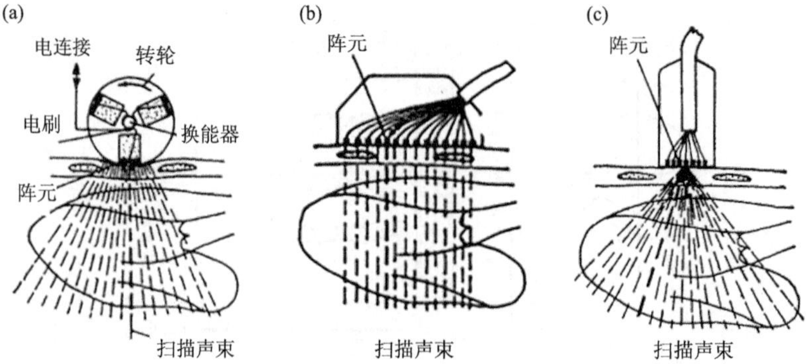

图 5.17　三种典型的 B 型超声扫描方式

（a）机械扫描；（b）电子直线扫描；（c）电子扇形扫描

（1）手动直线扫描：由医务人员掌握探头的移动方向，探头的直线移动导致显示器在 *X* 方向出现与之对应的光点，*Y* 方向为深度轴，回波信号幅度则由图像上每个光点的辉度（可通过灰度值量化）表征，最终形成的声像图则对应于探头移动直线方向上的二维截面图。但该方法仅能应用针对相对静止的脏器（如肝脏等）的检查，因此基于手动直线扫描方式的 B 超诊断仪已经基本退出临床应用。

（2）机械扫描：机械扫描方式是通过电机带动探头作直线移动、往复摆动或旋转，从而产生机械直线扫描、机械扇形扫描和机械圆形扫描等三种扫描形式的图像。机械直线扫描方式多适用于腹部疾病检查；机械扇形扫描方式可应用于心脏疾病和腹部疾病检查；而机械圆形扫描方式则通过将探头置于体内血管或腔道（如食胃肠等消化道、泌尿道及阴道等）内，通过探头的圆周旋转来获取某个腔道的断层扫描图像。圆形扫描方式也被称为腔内超声，这种检测方式可以有效避开胸腹壁、肺组织和肠道内气体等组织结构的干扰，近距离观察器官和组织，具有较高的应用价值，但是因受限于腔道尺度局限，对探头及相关机械控制部件的设计和制备工艺提出了更高要求。

（3）电子直线扫描：与机械扫描方式不同，B 超电子扫描仪的探头是由多个换能器单元阵列构成，每个阵列单元被简称为阵元，常规探头的各阵元的尺度及间距保持相等。通过电子开关按一定时序选通并激励各阵元（或阵元组合）发射及接收超声脉冲效应，其回波信号经过一系列处理后，被加载于显示器进行辉度调制。电子扫描仪的探头在扫描过程中是保持静止的，而超声波束的发射与接收则通过电子调控方式沿一定方向匀速移动，由移动基线和声束扫描方向构成的断面重构即可最终得二维声像图。在探头总宽度不变的情况下，最终图像的质量主要取决于阵元数量。阵元的数量越多，扫描线的间距越小，图像分辨率越高。

（4）电子扇形扫描（电子相控阵扇形扫描）：通过对探头各阵元依次加载特定延迟时间的脉冲激励信号，通过相位变化来驱动阵元发射，通过波束叠加形成扇形扫描声束，再根据相应的回波信号构成最终的扇形声像图。电子相控扇形扫描探头具有体积小、寿命长、无噪声、无振动等优势，但制备工艺相对复杂，价格相对较高。

5.4.6　D 型超声诊断仪（多普勒超声诊断仪）工作原理

当超声波以恒定速度通过介质时，在声阻抗不同的两种介质的界面上会发生反射和折射现象。此时，若反射界面保持静止，反射波的频率必然与入射波频率相等；但如果反射边界向声源靠近，反射声波的波长将被压缩（频率变高）；反之反射声波波长将被拉长（频率变低），此现象即为所谓的多普勒效应。在通常状态下，多普勒频偏正比于界面运动速度，因此，通过电子方法检测多普勒频偏的大小就可以计算出目标器官或血流的运动速度，而根据多普勒频偏的正负则可判断运动方向。所以根据多普勒平移测量原理建立的超声多普勒检测方法已被广泛用于人体运动结构的临床诊断中（图 5.18）。

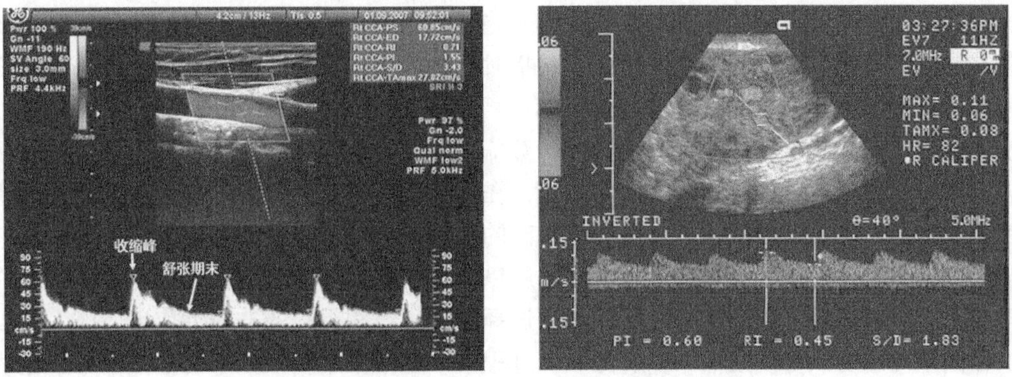

图 5.18　典型的彩色多普勒诊断仪图像（扫码查看彩图）

目前临床常用的频谱超声多普勒诊断仪分为连续波（CW）和脉冲波（PW）两种。连续波多普勒诊断仪构成的血管二维图像代表着血管在皮肤上的平面投影。脉冲超声多普勒血流诊断仪通过调节采样距离和采样体积，可以同时产生血管腔的横断面和纵断面图像，由此确定血管深度及特定范围内的血流信息。超声多普勒诊断仪具有两种显示方式：波形显示法可呈现正向、反向及正反向血流，同时以多普勒波形的横轴表示时间，纵轴幅度则可表征流速大小，频谱上的收缩峰标志着一个心动周期内达到收缩峰频移和峰值流速的位置，而舒张期末是表示将要进入下一个收缩期的舒张期最末点；动态声谱显示法则可以根据多普勒频偏大小进行声调调制，声调高表示高流速，反之则表示血流速度较慢。

目前临床应用较多的是彩色多普勒血流显像技术（color Doppler flow imaging, CDFI）。CDFI 采用自相关算法和伪彩编码技术来对血流进行可视化表征。自相关技术通过检测两个信号之间相位差来确定血流的方向和速度。而伪彩编码则基于红、蓝、绿三基色对测得的多普勒信号以进行人为编码，以显示血流的方向、速度及湍流程度。通常情况下，朝向探头运动的血流以红色表示，背离探头运动的血流以蓝色表示，绿色则表示分散血流。同时，色彩的辉度（亮度）可以表征流速大小，流速较快的血流的颜色更明亮，反之则颜色较暗，通常仪器的色彩亮度可分为 8 个等级。对于分散且紊乱的血流状态，黄色（红+绿）表示正向血流紊乱，青色（蓝+绿）则表示反向血流紊乱。

5.4.7 其他类型的超声成像设备简介

1. *超声谐波成像*

超声谐波成像（ultrasound harmonic imaging）方法是利用声波在生物组织中的非线性传播原理，基于接收到的超声反射信号的谐波成分来构成超声图像，以此来提高超声图像的质量。超声谐波成像按照成像对象分类，通常可以分为两种形式，即所谓的组织谐波成像和造影剂谐波成像。

（1）组织谐波成像：理想状态下，在传统的超声组织成像中，换能器探头发射和接收的声波信号的频率基本相同。然而，实际临床应用中，由于传播介质的黏弹特性以及各向异性等特点，当声波在生物组织中传播时会产生非线性效应，因此导致探头接收到的回波信号包含非线性谐波成分。换言之，由于超声波在生物组织中的非线性传播特性，换能器探头最终接收的回波信号可能包含数倍于发射的超声的频率即谐波分量。随着谐波次数的增加，其对应的超声波波长越短，在此基础上构建的组织结构图像的分辨率就越高。但是，需要指出的是，由于频率越高的声波在组织中衰减系数越大，将因此显著减少高频声波在生物组织中的穿透深度。所以，在实际临床应用中，为了获得足够强的谐波幅度，保证超声图像的信噪比，通常选择基于声波和组织的非线性作用而产生的二次谐波来构建组织谐波成像。在实际成像过程中，通常采用较低频率的基频信号来驱动换能器探头发射扫描声束，而接收二倍于发射基频频率的二次谐波以完成声像图的构建。采用以上方法，由于超声探头发射的频率较低，可以有效保证探测声波在组织中的穿透深度；同时，由于用于成像的接收信号的二次谐波频率较高，波长较短，相应的声波衍射极限就越小，其成像分辨率就越高。综上所述，组织谐波成像相对于常用的组织基波成像而言，具有更高的成像信噪比和更清晰的成像分辨率（图 5.19）。

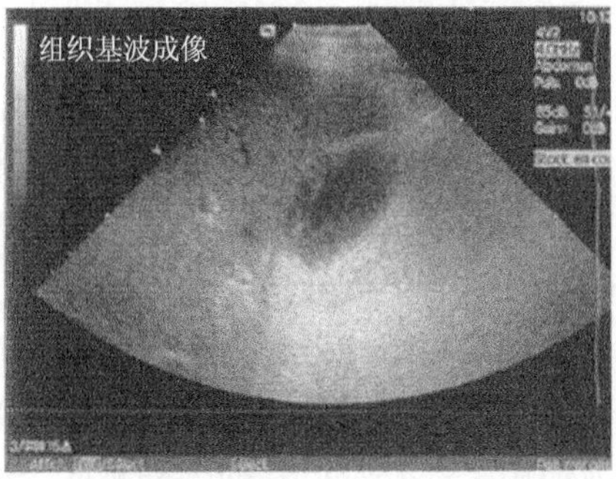

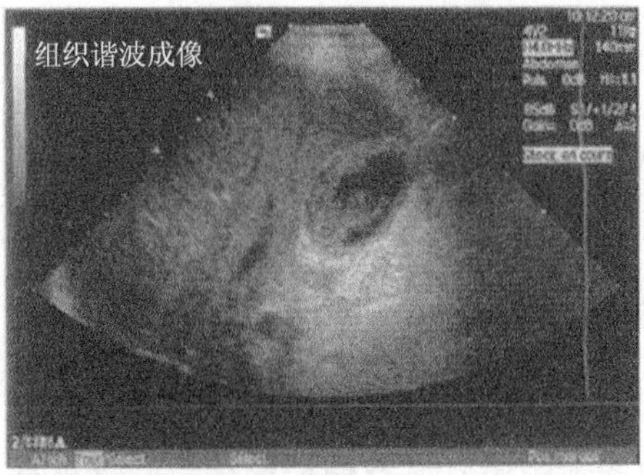

图 5.19　组织基波成像与组织谐波成像的对比图

（2）造影剂谐波成像：除了组织谐波成像之外，超声造影剂的引入进一步为超声影像检查提供了新的生理学和病理学相关信息，使得心血管和肿瘤组织的灌注成像成为日常临床诊断的常用手段。针对超声造影效应报道起源于 20 世纪 60 年代。1969 年，Gramiak 等发现向心脏内注射了吲哚菁绿染料后，M 型超声心动图上会呈现出云状回波图案。同期，Kremkau 等发现注射其他液体时也会出现相似的回波增强现象。研究认为此类回波增强现象是因为注射试剂前手动混合液体产生了微小悬浮气泡而导致。而且，溶液中的吲哚菁绿等表面活性剂可以有效降低液体中自由气泡的表面张力，阻止气泡的快速溶解，而延长微泡寿命；同时，这些物质还可以降低气泡融合概率，减少了大尺寸气泡产生的可能性。在 1970～1980 年间，超声造影成像技发展迅速。然而，出于其固有劣势，如寿命短、稳定性差、尺寸差异大、无法经血管注射通过肺循环等，自由气泡无法真正在临床超声影像诊断中发挥作用。20 世纪 80 年代后，研究者们开始致力于研发更为安全、稳定、高效的新型超声造影剂，并指出理想的超声造影剂微泡应符合以下条件：①生物安全性和兼容性好；②经血管注射后，在超声检查过程可中保持稳定状态；③可到达并分布在心腔或心肌血管内；④直径小于血红细（即小于 8 μm），以确保安全通过肺循环系统及最微小的毛细血管；⑤超声背散射能力强，且声学响应可控。截至目前，共有四种超声造影剂微泡获批临床应用（表 5.3）。

表 5.3　当前临床应用的四种超声造影剂的物理性质

物理性质	SonoVue	Definity	Optison	Sonozoid
包膜	脂质体	脂质体	白蛋白	脂质体
气核	六氟化硫	全氟丙烷	全氟丙烷	全氟丁烷
机械指数（MI）	MI≤0.8	MI≤0.8	未测试（MI≤0.8 时的安全性）	MI≤0.8
平均数量分布直径/μm	1.92±0.09	1.22±0.03	3.08±0.04	2.10±0.10
平均体积分布直径/μm	8.01±0.85	8.19±0.77	7.11±0.24	2.60±0.10
大于 10 μm 的微泡数目/（$\times 10^8$ 个/ml）	0.022±0.006	0.143±0.042	0.078±0.017	/
总浓度/（$\times 10^8$ 个/ml）	3.4±0.5	84±11.1	7.3±0.2	12.0±0.1

超声造影谐波成像是超声造影剂在传统超声成像中的创新应用形式。超声造影剂微泡具有远高于气泡周围生物组织和液体媒质（如血液、淋巴液等）的声阻抗参数。研究显示，由于造影剂微泡的粒径远小于入射声波波长，此时由球形障碍粒子造成的散射辐射应该符合瑞利散射理论，由此可以推断造影剂介质的散射截面与超声波波长的四次方和散射体半径的六次方成正比，而超声换能器探头接收到的回波信号强度与入射超声波强度和反射粒子散射截面密切相关。通过简单的瑞利散射理论计算就可以发现超声造影剂微泡的散射截面要比同样大小的固体粒子（例如铁）大 1 亿倍。因此，当造影剂微泡经静脉注射被引入血液循环系统后，在入射声波作用下会发生更强的振动响应，由此造成更强的声反射和散射效果，获得更强的背散射信号，从而显著提高最终构成的超声组织图像的分辨率和对比度。

瑞利散射理论主要是用于描述刚性散射粒子的声散射行为的，实际上，相比于固体粒子，造影剂微泡还具有另一个重要特性，即所谓的气泡共振响应。这意味着，当入射声波频率与气泡共振频率吻合时，入射声波的能量将完全被共振气泡吸收，形成共振散射效应，此时产生的散射截面将远大于由瑞利散射理论获得的计算值。除此之外，超声造影剂微泡在入射超声作用下还会产生明显的非线性回波，如二倍于超声发射频率（f_0）的二次谐波（$2f_0$）、低于超声发射频率的次谐波（$0.5f_0$）及高于超声波发射频率的超谐波（$0.5f_0$ 的奇数倍，1 倍除外）等。目前临床上应用最广泛的造影剂谐波成像方式是利用基于造影剂微泡二次谐波形成的组织结构声像图。主要原因在于，造影剂微泡产生的散射回波中的二次谐波成分远大于常规生物组织散射回波中的二次谐波成分，因此，超声换能器探头接收到二次谐波信号中，来自于造影剂微泡的成分将远高于来自于生物组织的成分，由此可以显著提高造影剂声像和生物组织声像之间的对比度，提供包括组织边界和运动行为在内的更细节的生理和病理信息（图 5.20）。除了造影剂微泡二次谐波成像之外，也有部分造影谐波成像是基于造影剂微泡二次谐波形成的。次谐波造影成像的优势在于，微泡周围的生物组织几乎不会产生次谐波振动，因此，在换能器接收信号用完全无须考虑组织次谐波信号的影响，可以进一步提升造影剂与生物组织之间的成像对比度；而且由于次谐波频率仅为二次谐波的四分之一，在生物组织中的声衰减系数较低，因此可获得更深的成像深度，但由此也导致了次谐波成像的图像分辨率低于二次谐波成像。相对应地，更高频率的造影剂超谐波成像可获得比二次谐波成像更高的分辨率，但由于

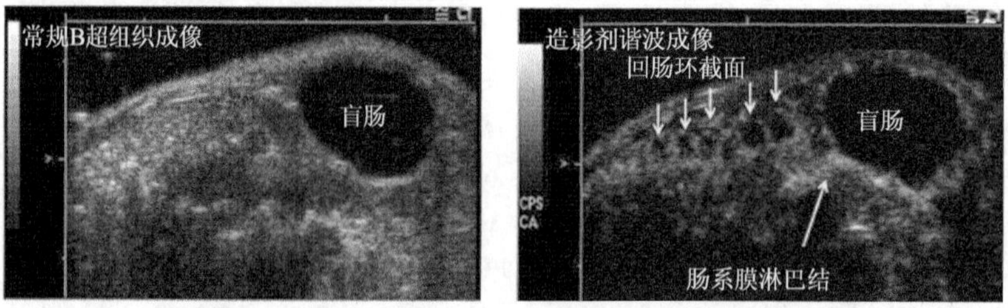

图 5.20　常规 B 超组织成像与造影剂谐波成像对比图

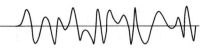

高频衰减较大，其成像深度将受到限制；而且由于造影剂超谐波成像方法中接收信号的频率与入射声波的基频相差较大，将对超声换能器探头的带宽将提出更高要求，在实际应用中通常需要设计特制探头来满足成像需求，增加了探头制备成本。

2. 超声弹性成像

一方面，尽管 B 型超声成像技术已经在临床上被广泛用于生物组织结构的影像诊查，但在针对部分疾病的（如肝硬化、乳腺癌等）早期诊断领域仍然存在关键技术瓶颈。另一方面，研究发现，生物组织的弹性（硬度）等力学参数的变化与其病程发展密切相关化更为明显，而且其力学参数变化范围相比声阻抗变化而且可能高达千倍以上，因此，针对生物组织弹性发展新型超声成像诊断方法具有重大的科学意义和应用前景。

超声弹性成像正是利用了超声波独特的机械力学效应来实现对人体组织力学参数的体外无损定量测量的相关技术，也是超声影像诊断技术的重大创新。利用超声弹性成像技术，可以为乳腺癌、肝硬化、动脉粥状硬化等重大疾病的早期诊断提供关键的生物物理和生理学依据，对提高疾病防治水平和促进高端医疗设备发展具有重大现实意义。超声弹性成像技术的研发涉及声学、力学、电子信息、先进材料和临床医学等多学科交叉融合，其技术突破需要超声换能器探头、超声发射/接收电路与信号、超声超快成像及超声图像处理等多方向理论和工程研究支持，其研究热点包括：超声辐射力产生与调控机制、超声波在复杂生物组织中的传播机制、生物组织中超声波相关的微弱信号探测与放大技术、超声超快成像算法设计、超声弹性成像专用换能器和电路设计，以及可表征生物组织病变过程的力学参数指标定征等。

近年来，超声弹性成像技术获得了长足进步，针对不同的临床应用需求发展出多种技术手段，如准静态压缩技术（ultrasound elastography）、血管弹性成像技术（intravascular/vascular elastography）、心肌弹性成像技术（myocardial/cardiac elastography）、瞬时弹性成像技术（transient elastography）、剪切波弹性成像技术（shear wave elasticity imaging, SWEI）、声辐射力脉冲成像技术（acoustic radiation force imaing, ARFI）、简谐运动成像（harmonic motion imaging, HMI）等。但以上检测方法的核心技术手段都包含以下 3 个步骤：①针对目标器官的软组织施加外力（如声辐射力、机械压力等），使其产生形变；②基于超声射频（radio frequency, RF）信号追踪法精确量化测量组织形变（位移）幅度；③根据组织形变幅度或由形变引起的剪切波速度变化值，计算生物组织应变和弹性模量等关键生物力学参数，最终实现对病变组织的早期识别和诊断。

上述技术基本可以分成两类：定性的准静态成像技术和定量的剪切波成像技术。定性的静态成像技术包括准静态压缩弹性成像技术，血管弹性成像技术、心肌弹性成像技术等。定量的剪切波成像技术主要包括以下 3 类：①以简谐运动成像和声振动成像技术为主的动态激励技术（dynamic excitation technique）；②瞬时弹性成像技术：该技术利用机械振荡设备激励被测组织皮肤表面振动，由此形成向深部组织传播的剪切波；③声辐射力脉冲成像技术：利用聚焦超声的声辐射力在被测器官内部引发生物组织形变，进而产生剪切波。下面将对几种代表性超声弹性成像技术的特点和优缺点进行简单介绍。

（1）准静态压缩技术：该方法是超声弹性成像的早期技术之一。在检测过程中，首先利用超声换能器探头对靶区组织施加静态外力，使其产生微小形变（通常形变小于5%），再基于互相关技术诊断组织被压缩前后的射频信号计算，获得生物组织内部的形变（位移）分布，进而构建组织内部的应变分布图像，并通过以灰度或伪彩图像的形式表示显示，形成所谓的超声弹性图像。图 5.21 即为了准静态压缩技术操作方式、形变估计和应变分布分析结果的示意图。在临床上，因为乳腺肿瘤的硬度与周围正常组织相比通常具有较大差异，因此该方法在乳腺肿瘤诊断方面应用广泛，具有实时、易实现等优点。但其测量结果只能反映组织内部的相对硬度分布，无法对具体的组织弹性模量进行量化分析，并不适用于弥散性病变（如肝纤维化等）的早期诊断和分期。而且，由于该方法是通过手动方式移动探头来对目标组织施加准静态压力的，很难精准控制所施加的压力大小、方向和位移等参数，检测结果易受操作者手法的影响，重复性差，并可能影响诊断准确性。

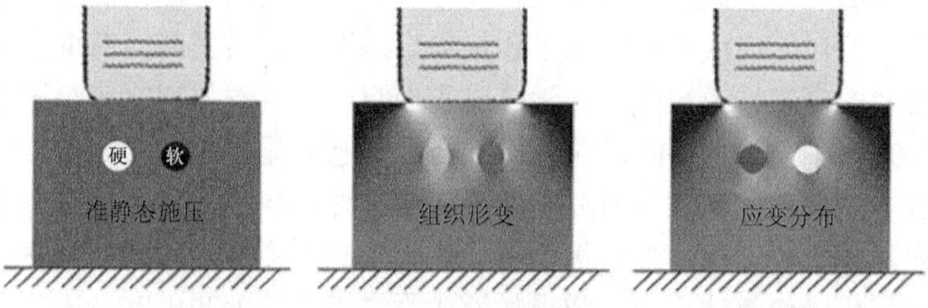

图 5.21　准静态压缩技术操作方式、形变估计和应变分布示意图

（2）血管内弹性成像技术：血管弹性成像技术利用外部挤压、血压变化或内部气囊施压使血管形变，再利用超声射频信号追踪方法计算血管应变分布来以此表征血管弹性。该方法的技术对于检测管状结构壁的弹性模量具有独特优势，但缺点是需要采用动脉导管手术将超声换能器送入血管内特定位置，不属于无创检测且需要对血管内置超声换能器进行特殊设计、成本高昂，对应用环境和操作者水平要求较高，很难普及应用。

（3）瞬时弹性成像技术：该技术是采用低频机械振荡设备在被测器官（如肝脏等）组织的外表面振动以激发剪切波，基于超声射频信号追踪法探测剪切波在体内组织中传播的过程，再通过互相关算法计算剪切波传播造成的内部组织位移，通过逆问题求解计算剪切波传播速度，再根据求得的剪切波速度计算组织的弹性模量（剪切弹性模量、杨氏弹性模量）数值。瞬时弹性成像技术在临床上主要适用于肝硬化/纤维化的诊断和分期应用。如图 5.22 所示，以白色虚线的斜率来表征肝脏的剪切弹性模量，斜率越大说明肝硬化程度越高。瞬时弹性成像技术实时、无创，可以定量测量组织弹性模量数值，而且可尽量避免受到病人移动和呼吸的影响；缺点是需要特殊的机械振荡器产生剪切波，且剪切波易受到皮下脂肪等非目标组织的影响，也无法扩展应用于二维成像模式，仅适用弥散性病变（如肝硬化等）的临床检验。

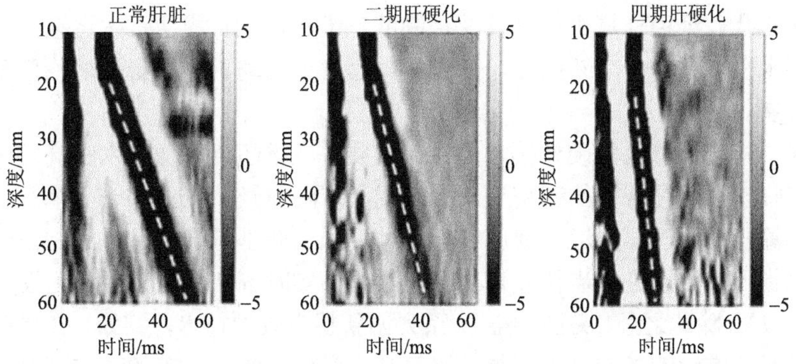

图 5.22　瞬时弹性成像技术检测肝硬化示意图

（4）声辐射力脉冲成像技术：声辐射力脉冲成像技术被认为是最新型的超声弹性成像技术之一。在检测过程中，先由超声探头发射长脉冲聚焦超声波在目标组织深部作用一段时间（100 ms 左右），由此对焦点处的组织中产生声辐射力，推动组织产生形变并形成剪切波波源；随后，基于短脉冲超声回波成像技术追踪并记录剪切波在组织中的传播过程；最后，利用互相关算法基于回波射频信号计算剪切波引起的组织形变，并由此确定剪切波在组织中的传播速度，计算出相应的组织剪切模量值，获得二维、定量的超声弹性图像（图 5.23）。与传统的超声弹性成像技术相比，声辐射力脉冲成像技术具有二维、定量、可靠、适用面广等特点，可以满足多种临床测量场合的需要，可以为突破常规 B 超组织成像技术存在的乳腺癌检测特异性差和肝硬化检测敏感性差等关键瓶颈技术难点提供了新兴发展方向。

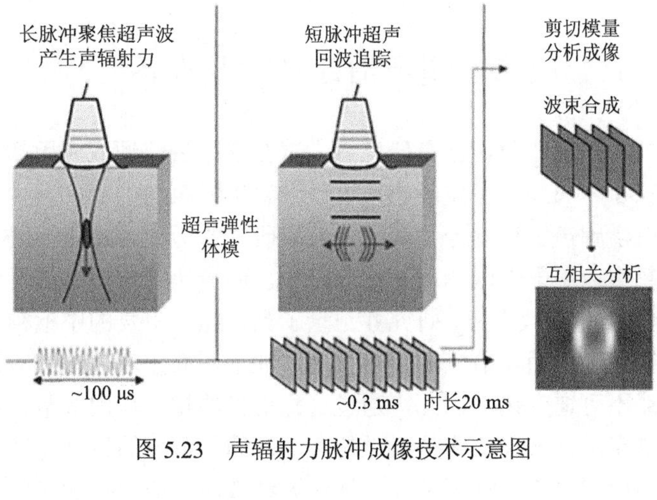

图 5.23　声辐射力脉冲成像技术示意图

3. 三维超声成像技术

在临床医学影像诊断应用中，仅仅通过二维断层图像观察，很难精准判断目标病变组织在三维空间的位置、几何形状、大小尺寸及其与周围正常生物组织之间的相对关系。

20 世纪 70 年代，经由计算机程序算法控制的三维超声 CT 成像技术逐渐兴起，促进超声影像诊断水平发展到一个新高度，并在极大程度上推动了分子影像生物学和生物物理学的迅猛发展。

近年来，随着计算机软硬件技术的飞速发展，三维超声成像技术在高端医疗器械的研制及其在临床医学领域中的应用进一步展现了广阔前景。通过 GPU 计算等技术，可以有效提高计算机微处理器的运算速度和运算精度，在此基础上，通过追踪三维超声图像的时间演化行为，可以进一步构建体内器官组织的实时剖切图像（被称为四维超声成像技术，图 5.24）。除此之外，还发展出一系列创新超声成像技术，例如，在提高成像装置质量和改进操作方法的基础上可获得几乎可与光学内窥镜相媲美的动态三维超声内窥图像；基于彩色超声多普勒信号重建技术的动态三维彩色多普勒血流检测技术，不但可以实现针对血管轮廓、血流方向、血流速度及运动范围和起止点之外生理信息，还可以与流速并清晰显示冠状动脉的主干及其分支并分辨心壁和瓣膜的运动；基于动态三维超声技术构建的立体图像，可以针对待实施手术病灶进行精准的数字仿真术前策略规划。

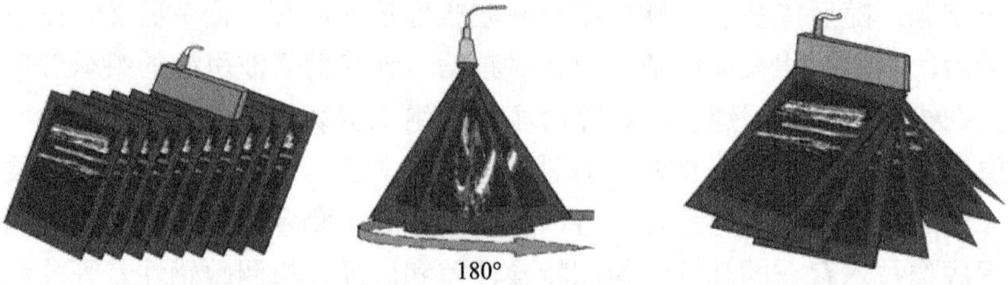

图 5.24　三维超声成像技术示意图

5.5　超声治疗技术及设备

在超声成像技术出现之前，已有研究者尝试在临床治疗领域应用超声设备及相关技术。1927 年，Wood 和 Loomis 发现超声可以导致生物组织的性态发生可持续的生理变化，开启了关于医学超声生物安全性和生物效应研究的历史。20 世纪 30 年代，研究者们开始将非聚焦超声应用于临床物理治疗应用中，而聚焦超声在临床医学治疗领域的应用始于 20 世纪 40～50 年代，Fry 研究并记录了聚焦超声引发的中枢神经系统结构性和功能性变化，研究成果表明在恰当的超声作用条件下，聚焦超声波的应用可导致中枢神经系统产生可逆或不可逆变化。因此，通过选择恰当的超声作用参数在不损伤正常组织的情况下，优化临床治疗效果始终是医学超声治疗的最重要的目标。

医学诊断超声应用主要是利用了超声波的波动效应，而治疗超声的临床应用则主要是利用超声波在生物组织中产生的热效应、机械力学效应或空化效应（统称非热效应）。超声诊断成像技术通常采用短脉冲超声来获得更好的时间和空间分辨率，并尽量避免可能产生不可逆机械或热损伤的相关生物效应。与此相反，治疗超声需要利用更大的超声能量在生物组织中产生必要的热效应或非热效应，因此大多采用连续波或长脉冲超声以提升超声能量在生物组织内部的沉积效率。根据发射超声的功率大小分类，超声治疗可简单分为高强度或低强度治疗，其中与高强度超声治疗相关的技术主要是指高强度聚焦超声（high intensity focused ultrasound, HIFU）消融肿瘤等应用（图 5.25），而低强度超声治疗（low intensity ultrasound therapy）应用则包括超声理疗、超声经皮给药、超声溶栓、声动力治疗和基于声孔效应的基因或药物输运等（图 5.26），我们将在以下章节对上述超声治疗技术进行具体介绍。

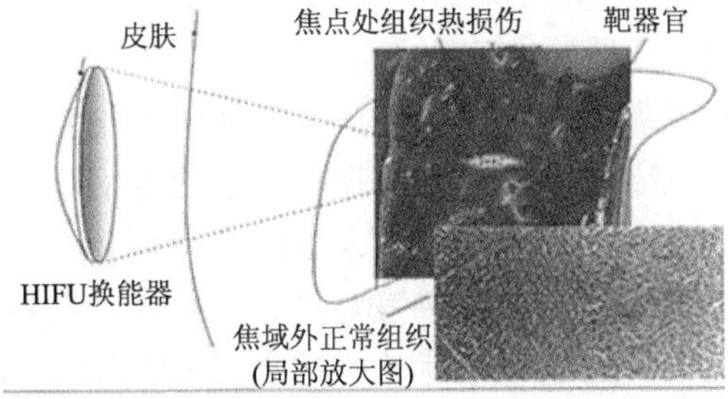

图 5.25　高强度聚焦超声治疗技术示意图

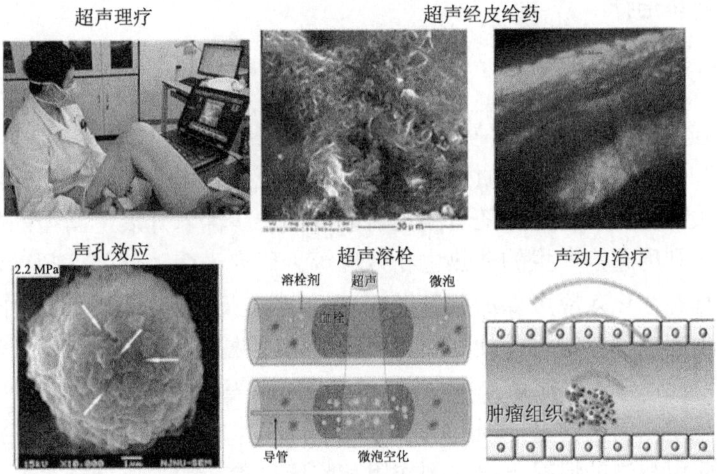

图 5.26　多种低强度超声治疗技术示意图

5.5.1　高强度聚焦超声治疗技术

顾名思义，高强度聚焦超声是利用高强度的聚焦超声声束针对特定靶区进行治疗的一种技术手段（图 5.25）。该技术主要是利用了超声波声束良好的定向聚焦能力和声能量组织吸收特性，通过一定的聚焦方式，将声源发出的超声能量高度聚集于人体深部组织，在组织内形成一个高声强焦域，并使焦域组织温度在很短时间内（数秒至几十秒）上升到 70℃以上，导致焦域内生物组织细胞产生凝固性坏死，失去增殖、浸润和转移能力，以此来消融恶性肿瘤等病灶。近年来的研究进一步发现，由于在设定的焦域范围内，高度聚集的声能量甚至可以通过超声的空化效应使血液、组织间液、细胞间液或细胞内气体分子在超声波正、负压相作用下形成空化气泡，并随着空化气泡膨胀、收缩及最终的剧烈崩溃将声能量聚焦在极小空间内瞬间释放，产生高温高压来导致细胞损伤、坏死，达到治疗目的。同时，由于其良好的聚焦特性，超声传播路径上的其他非治疗靶区所吸收的超声能量并不足以产生组织损伤（或仅产生可修复轻微损伤）。

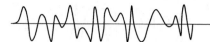

高强度聚焦超声的焦域的形态、焦点强度大小及周边生物组织环境与声场的相互作用等影响因素对 HIFU 治疗的效率和组织损伤范围都起着决定性的作用。因此，有望通过对超声换能器参数进行优化设置来达到靶向消融目标病灶且避免损伤周围组织的目标，从而实现较为理想的无创超声肿瘤治疗。

值得一提的是，重庆医科大学研制的海扶（HIFU）刀是我国第一个完全拥有自主知识产权的大型医疗设备。该设备可针对子宫肌瘤、肝癌等病变进行精准无创超声治疗，并且在治疗过程中结合影像引导设备可以实现实时治疗规划、术中监控，具有不开刀、不出血、治疗时间短、术后创伤反应和并发症少、康复快、风险小等独特优势，尤其适用于因其他疾病或特殊原因无法接受手术治疗的患者（如高血压、糖尿病、心血管疾病、高龄患者等）。

5.5.2 低强度超声治疗

1. *超声理疗*

最初，低强度超声是作为一种低温热疗（通常在 45℃以下）方法被引入物理治疗，与热敷、微波和射频热疗并无本质区别，主要用于表皮损伤快速愈合、软组织挫伤、软骨缺损和肌腱关节损伤治疗等。随着相关研究的进一步深入开展，新型的超声理疗技术逐渐开始侧重于利用超声产生的非热生物效应等。研究表明，低强度超声刺激产生的机械力学效应和稳态空化效应可以加速骨组织修复。但是，由于缺乏深入的作用机理研究，目前临床应用中超声理疗的治疗计划制定和最终治疗效果仍然高度依赖于治疗人员的主观判断和临床经验，导致治疗效果不稳定。Robertson 等的研究显示，在治疗效果与相关剂量之间尚无法建立明确的量-效相关性。但总体而言，由于低强度超声理疗采用的超声能量较低，在应用得当的情况下出现副作用和临床风险（如表皮烧伤等）的概率较低，换言之，低强度超声波物理治疗是一个中等疗效水平和低风险水平的治疗方案。

2. *超声经皮给药*

与口服给药相比，经皮给药在避免胃肠道降解和突破胃肠道首过效应（first-pass effect）方面具有巨大优势。然而，由于皮肤角质层的阻挡，自然状态下经皮给药的渗透性不足，无法让药物有效地转移到皮肤中。在过去的 20 年间，利用超声波增加皮肤通透性，促进透皮给药效果的提升，尤其是低强度超声增强各种药物和疫苗经皮运输的研究有了指数级的增长。低强度超声经皮促渗效果的增强主要受 4 类超声作用参数影响，即频率、强度、占空比和超声辐照时间。最新的研究进一步发现，超声造影剂微泡的应用在低强度超声促进经皮给药增效具有重大应用潜力。低强度超声经皮给药的作用机制主要包括生物组织吸收超声能量产生的热效应和空化气泡在超声场中坍缩振荡产生的空化效应。Park 等发现，1 MHz 的低强度超声波联合体积比为 0.1%的超声造影剂微泡溶液（definity）的作用可以进一步增强甘油在猪皮上的传递，而且他们基于大鼠模型实验证明以上超声与微泡的组合作用方式有助于增强分子量为 4、20 和 150 kDa 的药剂在大鼠体内的输运效率。

3. 声孔效应

20 世纪 90 年代中期，研究人员发现利用超声空化效应可以促进一些难以通过细胞膜的化合物（如大分子量药物、pDNA/siRNA/mRNA 等遗传因子、多肽和蛋白质等）的跨细胞膜运输。Miller 等首先提出了“声孔效应”这个概念，以描述经低强度超声辐照后细胞膜表面出现的短暂开孔现象。研究显示，利用低强度聚焦超声和造影剂微泡联合产生的声孔效应，可以有效地将基因/药物以可控剂量传递到指定的位置，而且相对于其他众多药物输运手段而言，低强度超声声孔效应基于其出色的非侵入性和靶向性得到广泛关注。

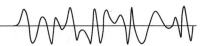

在低强度超声联合造影剂微泡产生声孔效应的作用过程中，超声波不仅直接对细胞施加声辐射力，而且可以通过微泡与细胞产生二次作用，利用微泡运动产生的微射流等增强细胞膜的通透性。但以上作用过程复杂，涉及环节众多，由此产生的声孔效应的作用效果将受到多种因素的影响，如微泡的性质（粒径分布、包膜材料）、细胞膜性质、超声参数、微泡和细胞的比例、环境介质的化学性质等。因此，虽然当前细胞实验中，利用声孔效应进行药物输运的研究已经取得了令人瞩目的成就，但具体的生物效应作用机制和优化参数空间选择仍不明确，仍然是当前研究热点，将这种技术应用至临床除了需要考虑如何有效提高药物的输运效率，还也需要考察声孔效应引起的瞬时和长时细胞响应，保证实施临床治疗时的安全性。

4. 超声溶栓

静脉血栓性疾病是临床常见疾病，近年来，超声波在静脉血栓栓塞诊断和治疗方面显示出了巨大的潜力。许多研究已证明超声可增强 UK、rt-PA 等药物的溶栓效果。超声溶栓的作用机制包括超声的机械效应、热效应、空化效应和声致流动等。低强度超声联合造影剂微泡产生的热效应和空化效应可在一定程度上加速血栓消融。此外，低强度超声还能通过产生声流促进血栓消融。声流（在血管尺度下，更准确地为 Eckart 流）是一种由于二阶声场作用产生的具有特定形状的涡流。低强度超声引发的声流促进血栓消融可以归因于两大主要机制：①促进小范围内流体混合，由此增加溶栓药物与血栓的接触概率，增强溶栓效果；②声流的作用可在血栓附着腔道壁面产生一定的剪切力作用，促使血栓逐渐剥落等。然而，实际治疗中，由于放置在皮肤表明超声探头与目标血管往往不平行，导致超声溶栓效应不稳定、重复性差。因此，寻找更为安全、稳定、高效的超声溶栓方法仍然是当前研究热点。

5. 声动力治疗

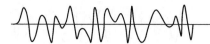

狭义的声动力治疗指的是细胞被超声波激活后产生具有生物毒性的氧自由基，以此对肿瘤组织进行治疗的过程。广义的声动力治疗可以用于描述所有不涉及热效应的超声治疗应用，如超声波诱导细胞凋亡、超声波联合化疗增效、超声波基因治疗等。相比于放疗和激光治疗，超声波声动力治疗在临床治疗白血病和固体肿瘤方面具有其独特的优势，例如，超声能量可以被准确聚焦于组织内部的目标治疗区域范围内，因此可以有效降低放疗大范围辐射对周围正常组织的损伤；同时，由于频率低于光波，超声波的组织穿透能力远高于激光，因此可以针对体内深部组织进行有效治疗。

声动力治疗研究最早是由 Yumita 和 Umemura 报道的，他们发现超声波可以有效激活光敏剂材料，使其产生具有细胞毒性的氧自由基。光动力治疗需要激光、氧气和光敏剂联合作用，类似地，声动力治疗也需要超声、氧气和化学物质（如声敏剂或声敏化疗药物等）的参与。研究显示，超声活化声敏剂或声敏化疗药物的过程可能是与声空化有关。本身对肿瘤细胞活性没有抑制作用，对正常细胞的毒性也很低，然而，经过超声空化诱导的声敏剂或声敏化疗药物可以产生一些声化学产物，例如自由基和单态氧。自由基可引起脂质过氧化和细胞损伤的连锁反应，而单线态氧一旦进入激发态，就可以氧化细胞内容物，进而引发细胞凋亡。此外，通过超声波束聚焦可以显著提高声动力治疗的空间精度，使其仅作用于肿瘤组织，降低声动力治疗造成系统性副作用的风险。近年来，研究者们进一步利用声动力治疗与化疗及其他常规治疗形式的协同增效作用，极大地提升了癌症治疗的效果。

5.5.3 超声神经调控技术

以帕金森、癫痫和抑郁症等为代表的功能性脑疾病已成为全球重大社会负担，对人类健康的危害相当于癌症、心血管疾病和糖尿病三大疾病的总和。我国人口基数庞大、老龄化逐年提高，功能性脑疾病预防和治疗的医疗支出已成为国家财政的重负。然而，目前功能性脑疾病的确切机理仍不清楚，并缺乏有效的治疗措施，这仍然是全球共同面临的医学挑战。

脑组织深部的功能性神经核团的刺激与环路调控研究是理解功能性脑疾病发病机制并对其进行干预和治疗的重要途径，也是目前脑科学研究的重大前沿问题。研究表明，功能性脑疾病的发病与功能性神经核团的异常放电及神经环路功能障碍有关，刺激相应的特征靶点（或靶区）可对其所在神经环路的皮质、核团和其他节点进行调控从而减轻或治愈症状，这为深入研究功能性脑疾病的发生机制和深部脑刺激等神经调控与干预手段提供了科学依据。目前神经调控技术利用了光、电、磁等多种物理手段来实现对脑疾病的物理干预，而超声神经调控技术因其具有无创、穿透力强、可聚焦、多点动态刺激等特点和优势，为脑疾病治疗和神经科学研究提供了革新性的工具。

作为一种机械波，研究发现，通过激活脑组织细胞的机械敏感离子通道，超声瞬态刺激可以在分子、细胞、动物和人脑水对神经元的活动起到明显的调控作用。超声还可以通过不同的强度、频率、脉冲重复频率、脉冲宽度、持续时间等参数使刺激部位的中枢神经产生兴奋或抑制效应，从而对神经功能产生双向调节的可逆性变化。最新的超声神经调控技术研究成果证明超声波的机械力学作用对神经环路的调控机制和脑疾病的发病机理等基础科学问题的研究具有重大潜力。而经颅超声作为一种新型无创的神经刺激与调控技术，相比现有的神经刺激与调控技术具有尺寸小、效益高、时/空分辨率高、可实现全脑覆盖的非侵入治疗等独特的优势，在脑科学研究和脑疾病干预方面展示了重大的应用前景（图 5.27）。

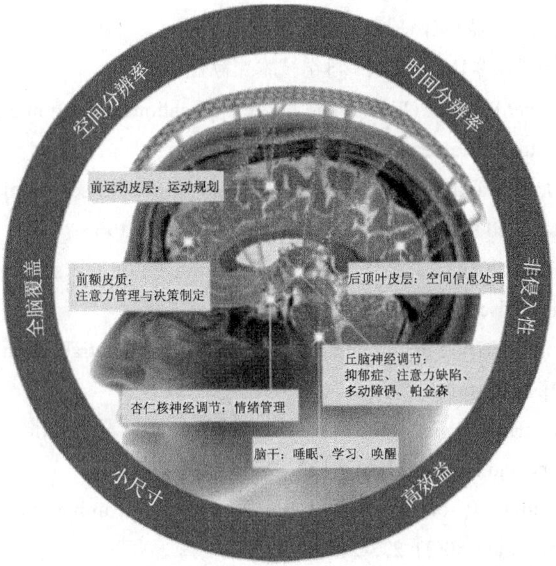

图 5.27　经颅超声通过刺激脑内特征靶点实现脑功能调控的示意图

值得一提的是，目前的超声神经刺激的研究工具都是基于传统的超声成像和治疗设备，受限于大脑颅骨的强衰减作用，传统的超声成像和治疗设备都很难产生穿透大脑颅骨进入到深部脑核团并在脑区深部产生足够高效的超声辐射力，因此还无法广泛应用于神经刺激与调控的基础研究和临床应用研究。在科研领域，亟需研制适用于临床应用的新型经颅聚焦超声神经调控与治疗设备和技术，包括超声面阵辐射力发生器、超声神经调控与治疗设备电子控制部件、调控与治疗软件平台部件等。在此基础上，应该通过生物物理和神经生物学研究进一步明确超声神经调控的基本条件和参数，包括不同参数刺激下大脑的功能响应、组织损伤评估、超声调控的精度等；采用多点动态网络调控的方式，绘制超声神经刺激调控神经网络的效应；在分子、细胞、环路、行为水平上评价超声神经调控治疗脑疾病的效果。只有在以上前沿技术研究方面获得重大突破，才能更有效地推动经颅超声在功能性脑疾病诊断、干预和治疗领域的应用推广。

参 考 文 献

冯若. 1993. 超声诊断设备原理与设计[M]. 北京: 中国医药科技出版社.

冯若, 汪荫棠. 1994. 超声治疗学[M]. 北京: 中国医药科技出版社.

牛金海. 2016. 超声原理及生物医学工程应用: 生物医学超声学[M]. 上海: 上海交通大学出版社.

万明习, 卞正中, 程敬之. 1992. 医学超声学: 原理与技术[M]. 西安: 西安交通大学出版社.

章东, 郭霞生, 马青玉, 等. 2012. 医学超声基础[M]. 北京: 科学出版社.

周康源. 1991. 生物医学超声工程[M]. 成都: 四川教育出版社.

周永昌, 郭万学. 2006. 超声医学[M]. 北京: 科学技术文献出版社.

Al-Bataineh O, Jenne J, Huber P, 2012. Clinical and future applications of high intensity focused ultrasound in cancer[J]. Cancer Treatment Reviews, 38(5): 346-353.

Bader K B, Gruber M J, Holland C K. 2015. Shaken and stirred: mechanisms of ultrasound-enhanced thrombolysis[J]. Ultrasound in Medicine and Biology, 41(1): 187-196.

Chen H, Zhou X, Gao Y, et al. 2014. Recent progress in development of new sonosensitizers for sonodynamic cancer therapy[J]. Drug Discovery Today, 19(4): 502-509.

Cho E, Chung S K, Rhee K. 2015. Streaming flow from ultrasound contrast agents by acoustic waves in a blood vessel model[J]. Ultrasonics, 62: 66-74.

Clarke R L, Bush N L, Ter Haar G R. 2003. The changes in acoustic attenuation due to in vitro heating[J]. Ultrasound in Medicine and Biology, 29(1): 127-135.

Collis J, Manasseh R, Liovic P, et al. 2010. Cavitation microstreaming and stress fields created by microbubbles[J]. Ultrasonics, 50(2): 273-279.

Duck F A. 1990. Physical Properties of Tissues: A Comprehensive Reference book[M]. NewYork: Academic Press.

Fan C H, Lin C Y, Liu H L, et al. 2017. Ultrasound targeted CNS gene delivery for Parkinson's disease treatment[J]. Journal of Controlled Release, 261: 246-262.

Forsberg F, Shi W T, Goldberg B B. 2000. Subharmonic imaging of contrast agents[J]. Ultrasonics, 38(1-8): 93-98.

Frinking P, Segers T, Luan Y, et al. 2020. Three decades of ultrasound contrast agents: a review of the past, present and future improvements[J]. Ultrasound in Medicine and Biology, 46(4): 892-908.

Gong Q, Gao X, Liu W, et al. 2019. Drug-loaded microbubbles combined with ultrasound for thrombolysis and malignant tumor therapy[J]. Biomed Research International, 2019: 6792465.

Hirschberg H, Madsen S J. 2017. Synergistic efficacy of ultrasound, sonosensitizers and chemotherapy: a review[J]. Therapeutic Delivery, 8(5): 331-342.

Leeman J E, Kim J S, Francois T H, et al. 2012. Effect of acoustic conditions on microbubble-mediated microvascular sonothrombolysis[J]. Ultrasound in Medicine and Biology, 38(9): 1589-1598.

Ter Haar G. 2007. Therapeutic applications of ultrasound[J]. Progress in Biophysics and Molecular Biology, 93(1-3): 111-129.

Webb H, Lubner M G, Hinshaw J L. 2011. Thermal ablation[J]. Seminars in Roentgenology, 46(2): 133-141.

Wells P N T. 1999. Ultrasonic imaging of the human body[J]. Reports on Progress in Physics, 62(5): 671.

Wiklund M, Green R, Ohlin M. 2012. Acoustofluidics 14: Applications of acoustic streaming in microfluidic devices[J]. Lab on a Chip, 12(14): 2438-2451.

Yang Y, Li Q, Guo, X, et al. 2020. Mechanisms underlying sonoporation: Interaction between microbubbles and cells[J]. Ultrasonics Sonochemistry, 67: 105096.

Yang D X, Ni Z Y, Yang Y Y, et al. 2018. The enhanced HIFU-induced thermal effect via magnetic ultrasound contrast agent microbubbles[J]. Ultrasonics Sonochemistry, 49: 111-117.

第 6 章

见微知著——微声学

6.1 引 言

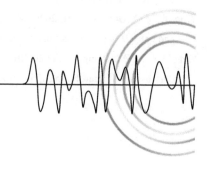

微声学（micro-acoustics）是研究特征尺度在微米至纳米之间声学现象的声学学科分支。从波动的形式上划分，其研究范围包括声表面波（surface acoustic wave, SAW）和声体波（bulk acoustic wave, BAW）。微声学中声体波的原理与此前第 3、5 章中采用的声波并无本质差别，是向介质深处传播的波，只是一般频率更高、波长更短。声表面波是一种特殊的波动形式，其仅在半无限大固体（或厚度远大于波长的层状固体）的表面传播。当然，对于具体器件而言，这种类型划分方式一般仅描述了声波在产生时的形态，而器件中实际存在的波动类型并非一成不变的。例如，当声体波以特定条件辐射到固体表面时，部分声能量可能转化为界面波的形式存在；当声表面波传播至固-液界面时，其会泄漏进入液体中，形成漏波；而在流体中，向流体深度传播的漏波即为体波。

微声学由于其波长短、频率高的优点，在多个不同领域的应用中表现出独特的优势。例如，由于器件的工作频率可高达 GHz，且声表面波的波速远小于电磁波速度，声表面波器件可以用于无线通信中的信号处理，且易于实现器件的小型化。在流体中，10～50 MHz 声波的波长和大多细胞、细菌、病毒的尺度相当，因而非常适合用于处理生物样品。在需要对压力、振动、气体环境等进行传感的领域，高频声波的短波长使其有可能实现很高的测量精度。

自 20 世纪末以来，得益于微机电系统（microelectromechanical system, MEMS）技术、新材料、新工艺的发展，微声学器件的制备精度和性能获得了大幅度的提高，表现出高灵敏度、高响应速度、高度集成化的特点。在应用领域方面，微声学涉及通信、传感、信号处理、声学操控、触控技术和新型传声器、扬声器等，在消费电子产品、生物、医药、国防、航天等领域扮演着重要的角色。

6.2 声 表 面 波

6.2.1 声表面波的基本原理

狭义上，声表面波是存在于半无限大固体表面、能量集中于表面附近、随深度快速衰减的一种弹性波。英国物理学家瑞利（Rayleigh）于 1885 年在数学上首次预测了声表面波的存在。他指出，除了人们早已知道的纵波和横波等声体波形式之外，还可能存在另一种形式的波。因此，该波也称瑞利波，亦有文献中称之为表面声波。广义上，声表面波泛指在弹性体表面或各种界面传播的弹性波模式，包括瑞利波、勒夫波（Love wave，当半无限介质上存在性质不同的弹性层时，存在于介质表面、振动方向垂直于传播方向的波）、泄漏波（leaky wave，固液界面处从固体中向液体中传播的波），乃至层状介质表面的兰姆波（Lamb wave）等。本章中的声表面波特指瑞利波，关于瑞利波的数学理论可参考相关专业教材。

当瑞利波在弹性体表面传播时，介质表面附近的质点在平行于波传播、垂直于表面的平面内，按照逆时针椭圆轨迹运动，如图 6.1 所示。振动的幅度随着远离表面的方向按指数规律衰减，且衰减的速度非常快。一般在不超过几个波长的深度后，声表面波已经几乎不再存在；因此，声表面波的主要能量集中在表面下方的 1～2 个波长范围内。因此，当层状固体材料的厚度远大于波长时，即可认为其符合半无限大固体的假设，其表面支持声表面波的传播。

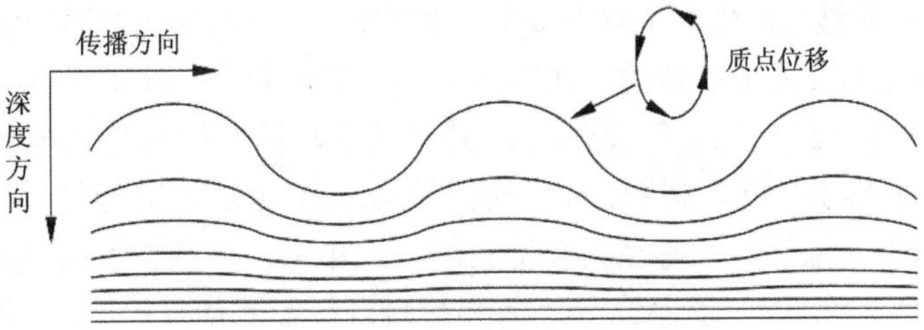

图 6.1　声表面波传播时的质点振动

声表面波的传播速度与材料参数如密度、泊松比（材料在单向受力学作用时，横向正应变与轴向正应变的比值）及拉梅常数（Lamé 常数，描述材料应力-应变关系的常数）相关。在均匀的半空间中，瑞利波没有频散（也称色散），即波传播的相速度为常数，与频率无关。为了对声表面波有更为感性的认识，这里列出部分常用材料中声表面波传播的相速度：铝，2875 m/s；钢，3052 m/s；石英玻璃，3190 m/s；地球表面，3500～3900 m/s。由此可见，声表面波传播的速度比电磁波低 4～5 个数量级。当前商用的 5G 通信制程中，中国电信采用的电磁波波长（n78 波段）大约略小于 100 mm。相同频率下，压电基片上的声表面波长仅为 1 μm 左右。因此，当采用声表面波作为信号载体，制作电子学器件如延迟线、滤波器、卷积器时，可以方便地实现器件的微型化和高度集成化。

为了激发声表面波，常规尺度的实验中可采用楔形超声换能器，一般为平面超声换能器与楔形耦合块组合而成。这种方法的原理与第四章中超声导波的激励方式类似，即通过耦合块使纵向振动通过特定的角度传播到目标介质中。当然，也可以直接在介质表面设置可产生纵向振动或横向振动的换能器，该方法的效率相对前述方法更低。微声学中更为常用的方法是采用叉指换能器（interdigital transducer, IDT），其一种经典的结构如图 6.2 所示。该器件是美国加利福尼亚大学的怀特（White）和沃尔特莫（Voltmer）发明的，由制备在压电基底上的两组联通的金属指条构成，一般可通过微纳加工技术实现，可具有很高的精度。

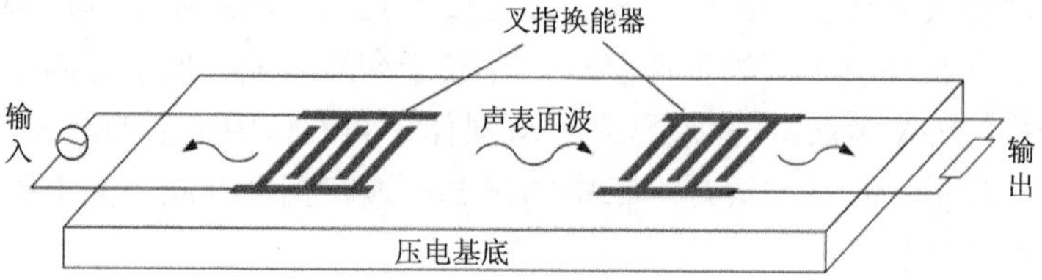

图 6.2　基于叉指换能器的声表面波器件

6.2.2　声表面波压电材料

1. 声表面波压电材料及其性能描述

除了 MEMS 扬声器和传声器之外，绝大多数微声学研究和应用采用的工作频率均位于超声频段，其中声波的产生多依赖于各类压电材料。压电材料的发展和应用始于 1880 年前后，当时居里兄弟发现了晶体的正压电效应和逆压电效应。除了石英（SiO_2）、铌酸锂（$LiNbO_3$）、钽酸锂（$LiTaO_3$）等晶体外，另一类最常见的材料是压电陶瓷如锆钛酸铅（PZT）。前者多采用水热法、提拉法、干锅下降法、泡生法等进行单晶材料的生长和制备，后者大多采用高温烧结法等获得多晶材料。近年来，一些新型压电薄膜材料如氧化锌（ZnO）、氮化铝（AlN）以及高分子薄膜材料聚偏氟乙烯（PVDF）等也常被应用在微声学研究和应用中。

除了弹性性质之外，压电材料最重要的参数包括介电常数、压电系数、机电耦合系数、传播损耗和温度系数。在声表面波器件中，介电常数表征了材料的储电能力，常随温度变化而改变；压电系数表征了机械应力和应变引发介质极化以及产生对应逆效应的效率；机电耦合系数可用于衡量材料将机械能和电能相互转换的效率，其大小影响声表面波器件的带宽，数值取决于材料的压电系数、弹性常数和介电常数；传播损耗表征了声表面波在传播过程中幅度衰减的快慢，在很大程度上影响器件的能量利用效率；温度系数反映了器件中心频率随温度变化的程度，该参数对于器件的稳定性具有重要意义，一般而言越小越好。事实上，压电材料的弹性常数、介电常数、压电系数、机电耦合系数、传播损耗和温度系数都会因为材料切向（主要是单晶材料）的不同以及声表面波传播方向的不同而发生改变。因此，即使对于同一种压电材料，其中的声表面波传播和电-

声/声-电转换效率也可能会随着基底材料准备工艺的不同而存在很大的差异。

在上述参数中，机电耦合系数通常被认为是表征压电材料性能的最关键参数。一般而言，适用于微声学器件的压电材料应具有较高的机电耦合系数，即该参数越大越好，以使器件具备较高的能量转换效率和发射/接收灵敏度。当然，在一些特殊应用场合中，弹性常数、介电常数等也很重要。此外，实际应用中也会对材料的表面平整度、插入损耗、制备工艺复杂性、温度系数、材料价格等提出要求，以使其可适用于微纳加工技术，并制备出性能良好、具有价格优势的器件。

2. 常用声表面波压电单晶材料

（1）石英。石英是最早发现的压电材料，也是早期应用最为广泛的压电材料。声表面波器件中常采用石英晶体作为压电基底，通常指 α 石英即低温石英，是一种无色、透明、无对称中心、硬度为 7 的天然单晶材料。石英的压电系数 d_{33}（下标“33”指极化方向与测量方向相同时的值）为 2.1×10^{-12} C/N，在常用声表面波压电材料中属于较低的水平。同时，由于石英的介电常数也很小，导致其机电耦合系数较低，这对于声表面波的高效激发和接收是不利的。石英晶体的优点在于其温度系数基本为零，且价格低廉，相关器件具有极其优良的温度性能。

（2）铌酸锂。经过极化处理的铌酸锂是无色、透明（常显现淡黄色）的晶体，是用途最广泛的新型无机压电材料之一，具有优良的压电性能。该材料的 d_{33} 约为 6.0×10^{-12} C/N，约为石英的 3 倍，机电耦合系数也相应较高。此外，铌酸锂的机械品质因数较高，传播损耗较小，化学性能稳定性好。因此，铌酸锂晶体常常是制备声表面波器件的首选材料。在微声学应用中，传播方向为 64° *Y-X* 和 128° *Y-X* 的铌酸锂应用较为广泛（64° *Y-X* 表示切割面由 *Y* 晶轴绕 *X* 轴旋转 64° 后与 *X* 轴构成，声表面波沿 *X* 轴传播；具体可参阅相关专业教材）。

（3）钽酸锂。该材料也是一种无色、透明（常显现淡绿色）的压电单晶，其压电系数 d_{33} 为 9.2×10^{-12} C/N，相比前两种材料更大。同时，该材料的传播损耗很小，温度稳定性非常好。因此，钽酸锂单晶是制备声表面波器件的优良材料。

（4）其他单晶材料。微声学中的其他压电晶体材料还包括四硼酸锂（$Li_2B_4O_7$）、锗酸铋（$Bi_{12}GeO_{20}$）、硅酸铋（$Bi_{12}SiO_{20}$）、硅酸镓镧（$La_3Ga_5SiO_{14}$）、正磷酸铝（α-$AlPO_4$）、铌酸钾（$KNbO_3$）等，不同的材料都有各自的优缺点。例如，四硼酸锂的机电耦合系数较高且价格便宜，但导热性能差、容易开裂；锗酸铋中的声表面波传播速度较慢，可实现更小的器件尺寸；硅酸镓镧系压电单晶的温度稳定性极佳，但价格昂贵等。实际应用中可根据需求选用。

3. 压电陶瓷材料

相比于压电单晶材料，压电陶瓷一般具有较高的机电耦合系数，在电学上和弹性上具有二维各向同性的特征，因而表面波沿各方向传播时的声速完全相同，传播损耗和激发效率也完全等同，这是与单晶材料完全不同的。与压电单晶通过改变切割方向来控制声表面波的激发和传播性能不同，对于压电陶瓷，一般可以通过采用不同的极化方向来实现材料性能的改变。此外，相比于压电单晶，压电陶瓷的制备工艺更为简单，适合进行批量化工业生产，制备成本一般比压电单晶材料低很多。但是，压电单晶材料的表面平整度一般更加优秀，表面一般不存在空穴，也不存在内部不均匀的问题，这是多数压电陶瓷材料不能比拟的。

常见的一元系压电陶瓷包括钛酸钡（$BaTiO_3$）、钛酸铅（$PbTiO_3$）和偏铌酸铅（$PbNb_2O_6$）等。锆钛酸铅是 $PbTiO_3$-$PbZrO_3$ 二元系固溶体，也是超声学和微声学研究中应用最为广泛的一类压电陶瓷。通过改变 $PbTiO_3$ 和 $PbZrO_3$ 的比例并结合元素置换或掺杂，PZT 压电陶瓷的介电常数和压电系数可在较大范围内改变。当然，通过引入第三种化合物，还可以制备综合性能更为优良的三元系压电陶瓷，典型如 $Pb(Mg_{1/3}Nb_{2/3})O_3$ 固溶 PZT，其在室温下的 d_{33} 可以高达 4.3×10^{-10} C/N。

4. 压电薄膜材料及表征方法

此类材料一般通过蒸发或者溅射等方式制备在基片上，材料结构包括非晶、多晶或单晶，而基片可以为压电或非压电材料。因为不需要应用定向极化或者定向切割等特殊工艺，且压电材料的用量较少，此类方案一般具有制备简单、成本低廉的优势。声表面波的传播特性由压电薄膜和基片的性质共同决定。当薄膜厚度发生改变时，复合结构的声表面波激发、接收和传播性能都会相应地变化，例如声表面波的传播速度会改变，相应器件的中心频率、温度特性等也随之变化。

对于高频（声表面波波长很短）的应用，可以将薄膜的厚度控制在一个波长左右，此时基底可采用玻璃等无压电性、价格低廉、光学性能优良的材料，不仅可降低器件成本，还方便将器件与光学技术或器件进行集成。对于频率不是非常高的情形（如 10～20 MHz），受加工工艺的限制，很难使薄膜的厚度达到波长尺度；此时，若采用非压电基片，声表面波器件的激发和接收性能会下降。但是，双层结构的优势在于，薄膜可选择性地制备于用于声表面波激发和接收的局部区域；在该区域之外，器件的声传播性能和光学性能等不受到薄膜的影响。在实际工作中，根据需要，也可采用多层薄膜结构。

在工业和科研工作中，压电薄膜的制备技术主要包括：

（1）磁控溅射（magnetron sputtering）法，属于物理气相沉积（physical vapor deposition, PVD）的一种，其原理是在靶材和基片之间使稀薄气体发生电离并撞击靶材，靶材表面的原子获得足够能量后即可脱离束缚，溅射到基底上并形成薄膜。该方法的优势是可以制备面积较大的薄膜，镀膜速度较快。

（2）脉冲激光沉积（pulsed laser deposition, PLD）法，其利用脉冲激光聚焦于靶材表面，使其熔融并形成高压等离子体，后者运动至衬底上成膜。该法的问题在于薄膜表面平整度有时不理想，同时薄膜制备的成本较高。

（3）分子束外延（molecular beam epitaxy, MBE）法，该技术在超高真空下控制原子和分子的沉积和生长过程，是最先进的薄膜制备技术之一。但是，MBE 法的薄膜生长率较低，且系统价格昂贵，因此多用于实验室研究，很少部署在工业应用中。

（4）金属有机物化学气相沉积（metal-organic chemical vapor deposition, MOCVD）法，其沉积温度较低，所生长的薄膜均匀性好、沉积速率高、纯度高、缺陷较少。同时，该法的成本相对较低，在产业界得到了较多的应用。

（5）溶胶-凝胶法，是近年来获得较多关注的一种在非真空条件下镀膜的方法。通过将醇盐和金属有机物溶解在溶剂中进行反应，再使生成的复醇盐水解形成凝胶，通过旋涂等手段敷设于衬底上，后经过水解、聚合、干燥、烧结等过程得到所需的薄膜。该法具有包括制备温度低、成本低、容易制备大面积和较厚的薄膜等主要优势，是制备 PZT 薄膜的常用方法。

对于制备好的薄膜，常需要从厚度、表面形貌、与衬底的结合力、薄膜结构、化学状态等方面对其进行表征。测量薄膜厚度可通过台阶仪、光学干涉、称重、小角 X 射线衍射等方法进行。薄膜的表面形态可通过扫描电子显微镜观察，也可利用原子力显微镜来观察薄膜的晶粒度和表面粗糙度。薄膜与衬底的结合强弱可通过将薄膜移除所须施加力的大小进行评估，也可通过胶带剥离、划痕法等方法检查。表征薄膜的结构非常重要，最常用的手段是 X 射线衍射，利用其可以方便地判定薄膜晶粒的取向，或薄膜的织构。此外，通过 X 射线光电子能谱可以分析薄膜样品的化学状态，这在研究离子掺杂效果时非常必要。

5. 常用压电薄膜材料

（1）氧化锌系压电薄膜。普通氧化锌薄膜有良好的压电性，比较容易形成择优取向的单晶薄膜，d_{33} 压电系数为 1.2×10^{-11} C/N，机电耦合系数可达到 2%左右，主要通过磁控溅射方法生长制备。通过在薄膜中掺杂一些特殊元素，可有效地改善薄膜的性能。例如，掺入锰元素可以提高薄膜的电阻率；掺入钴元素可以使薄膜获得铁磁性；少量的镍元素有助于改善薄膜的趋向性并降低损耗，从而提升声表面波器件的性能；掺杂钒元素可以显著提升薄膜的压电系数，d_{33} 可达 1.1×10^{-10} C/N，即提高约 10 倍，掺杂原子所占的百分比仅 2%左右。

（2）氮化铝和氮化镓压电薄膜，氮化铝薄膜的声表面波传播速度较高，d_{33} 约为 5.0×10^{-12} C/N，其一个重要的优点是热稳定性好，特别是高温热稳定性，因此该薄膜适合用于制备在高温条件（高达 1200℃）下工作的声表面波传感器。氮化镓薄膜同样也具有高热导率、高熔点以及高化学稳定性等特点。这两种薄膜常用直流磁控溅射和射频磁控溅射法制备。通过元素掺杂，如分别加入钪元素和镓元素，氮化铝和氮化镓压电薄膜的压电性能也可能获得显著改善。

（3）铌酸锂和钽酸锂压电薄膜。此类单晶材料都具有较高的机电耦合系数，适合制备宽带声表面波器件。但是，单晶材料的温度系数较大，声表面波速度较低。通过将其制备成薄膜，以利用基片材料的特性，可以很好地改善材料的综合性能。此类薄膜的制备目前很不容易，因此目前大多应用于实验室研究阶段。

（4）PVDF 压电薄膜，是一种柔软、轻质、高韧性的塑料型压电薄膜材料，具有较高的化学稳定性和热稳定性，其压电常数一般在 1.8～3.2×10^{-11} C/N。与此前介绍的其他压电薄膜不同，PVDF 常不依赖于衬底而单独存在，可方便地被用于制备柔性传感器。作为高分子材料，PVDF 的声阻抗与人体组织和水接近，这是其他压电薄膜所不具备的优势。因此，PVDF 薄膜也更加适合用于生物传感。

6.2.3 声表面波换能器的设计

1. 叉指换能器的工作原理

对图 6.2 中所示的简单叉指换能器，其基本结构和对应的尺寸参数在图 6.3 中给出。这种换能器包括两组交错、周期分布的金属指条（又称叉指电极），每组电极连接到一根汇流条上。此类换能器的关键尺寸参数包括：换能器的孔径（aperture）a、指条宽度（width）W、指间距（pitch）p 以及指条对数 N。一般将指条宽度和指间距的比值 $\eta=W/p$ 称为金属化率。对于 a、W、p 为常数，金属化率 $\eta=0.5$ 的器件，称为均匀叉指换能器，它是叉指换能器的基本构型。

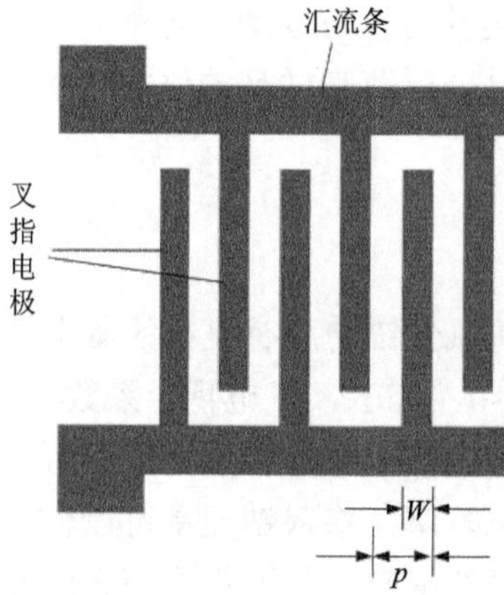

图 6.3　简单叉指换能器的结构

如图 6.3 所示，将交变电压通过汇流条加载到叉指换能器，即可产生以 $2p$ 为周期的电场分布。由于逆压电效应，该电场使得介质表面产生以相同周期分布的弹性形变，引发固体中的质点振动和弹性波的传播。当声表面波传播到换能器区域时，正压电效应使得两组金属电极上产生感应电荷；相应地，汇流条上可输出对应频率的交变信号，这就实现了对声表面波的接收和检测。这里需要指出的是：①声表面波传播的过程也伴随了交变电场的传播；②叉指换能器可以向前、后两个方向发射声表面波，同样也能够接收来自两个方向的波动。

叉指换能器被用作激励源时，可以将每一对指条激励的声波看作一个超声波源；而多个声源激励的声波会相互叠加，最终形成基片表面传播的声表面波场。如图 6.4 所示，在最简单的情形下，激励信号可为单频正弦信号，频率为 f_0；若基片表面的声表面波传播速度为 v_s，则对应的波长为 $\lambda_0=v_s/f_0$。当指间距 p 等于 $\lambda_0/2$ 的整数倍时，各独立声源产生的声波在各点同相叠加，换能器激励的声表面波最强。此时，声波频率 $f_0=v_s/2p$，为换能器的谐振频率（resonance frequency）或基频。若驱动频率偏离了谐振频率，则各独立波源激发的声波相位在某些空间点同相叠加，而在另一些点则可能相消。因此，叠加后得到的总声体波幅度比谐振情形下更小。类似地，当换能器用于接收声表面波时，若声波频率与换能器谐振频率一致，则输出的电信号幅度最大，换能器在该频率处的接收灵敏度最大。

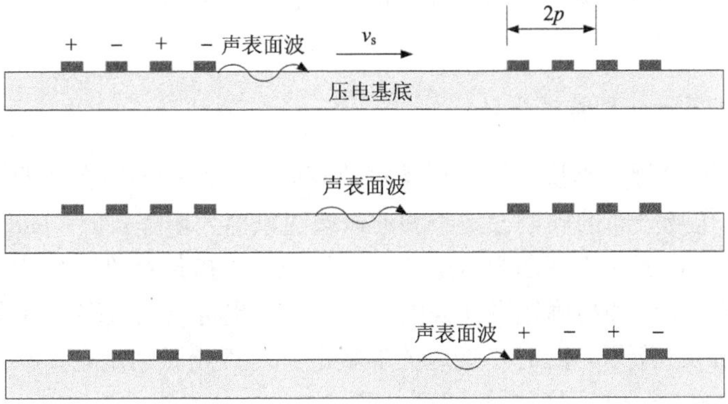

图 6.4　声表面波激发和接收的原理

2. 叉指换能器的性能

（1）频率响应。换能器的频率响应表征了器件在不同频率的响应特征，包括幅度灵敏度和相位延迟（即幅度响应和相位响应）。一般而言，均匀叉指换能器具有所谓的线性相位特性，意味着其不会导致信号的严重畸变。因此，在某些应用中，研究者对幅度响应更为关注。根据此前的解释，换能器可能在基频的奇数倍处具有较大的幅度响应，对应的 $3f_0$、$5f_0$ 等频率称为谐频。在基频和每个谐频附近，幅度响应的大小及下降速度与指条的对数相关：N 越大，基频和谐频处的幅度响应越大，远离对应频率后的响应下降速度越快。因此，指条对数越多，换能器越灵敏，而带宽也越窄。此外要指出的是，谐频处的幅度响应一般低于基频处。

（2）脉冲响应。不同于频率响应，脉冲响应表征了换能器在时域的响应特征。理论上，获得换能器的脉冲响应须输入一个宽度无限窄、幅度无限大的脉冲，并测量换能器激发的波形。在实际应用中，只需使驱动脉冲的时域宽度远小于基频对应的时间周期即可。一般而言，对于 N 较大的换能器，由于其带宽较窄，脉冲响应的中间部位近似为频率与基频相同的正弦波形（稳态波形）；在响应信号的端部，存在幅度上升和下降的正弦波形（“起振”和“落振”阶段，称为瞬态波形）。若 N 较小，换能器带宽较宽，则中间稳态波形很短，整个响应信号表现为短脉冲形态。对于单频声表面波的激发和接收，宜采用指条对数较多的换能器，以增大激发效率和接收灵敏度。对于宽带信号，采用 N 较小的换能器未必可行，因为这会导致激励的声波幅度和接收信号的信噪比低下，宜采用其他方案。

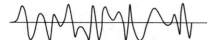

（3）阻抗特性。换能器的阻抗特性是其非常重要的性质，其决定了换能器是否与其所在的电路“匹配”。基于这些性质，可以方便地将换能器的电学性能等效为一个具体的电路网络。在基频 f_0 附近，换能器主要表现为电阻（或电导），相应的电抗（或电纳）很小，一般可以忽略。由阻抗特性，还可以确定换能器的电学品质因数，这决定了换能器的电学带宽，它与此前由频率响应确定的声学带宽并不相同。实际上，换能器的真实带宽由电学带宽和声学带宽中较窄的那个决定；同时，真实带宽也决定于压电基片的机电耦合系数。

3. 改善换能器性能的特殊设计

（1）屏蔽电极设计。当换能器的指条对数有限时，两端的电极间的电场幅度相对较低，这对于局部电场分布的周期性是不利的，该现象称为端部效应（end effect）。由于该效应的存在，端部电极对声表面波激励的贡献较低。当指条对数 N 较大时，端部效应近似可以忽略。而为了更加精确地设计换能器的响应，也可以在边端设置屏蔽电极（guard electrode），如图 6.5 所示。此时，接地的屏蔽电极对声场激励没有贡献；实际应用中，一般在两端各设置 3～4 根屏蔽电极即可。

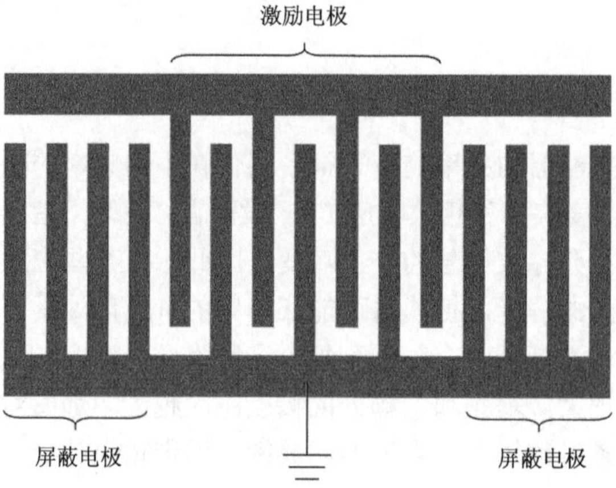

图 6.5　屏蔽电极的设计

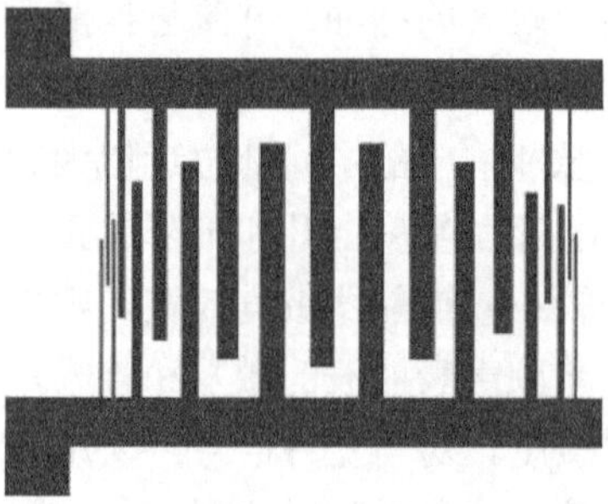

图 6.6　变迹加权的叉指换能器

（2）加权换能器设计。为了改善器件的频率特性，或者实现特定的频率响应，需要改变不同叉指电极的宽度 W、孔径 a 和指间距 p 等参数，实现所谓的加权换能器，该换能器各电极的宽度、孔径和电极间距不再是一致或均匀的。具体的方法包括图 6.6 中所示的变迹加权（apodized weighting）、去掉部分叉指电极的抽指加权（withdrawal weighting）、串联耦合加权（series weighting）等。

（3）短路栅和开路栅。声表面波在传播时，由于正压电效应在电极上产生诱导电势或电流，而这些诱导电信号又可以通过逆压电效应再次激发声表面波，该现象称为声电再生（reemission）。短路栅和开路栅就是利用该效应进行的两种设计。如图 6.7 所示，短路栅由均匀分布、周期性排列的金属电极在两侧相连形成，其中形成了对电场的屏蔽。因此，声表面波传播到达短路栅所在区域时，由波动产生的诱导电势为零。而开路栅的电极两侧是不相连的，因此声表面波产生的诱导电流为零。在金属栅中传播时，声表面波的速度会发生变化，这会导致声表面波中心频率的偏移和波阵面的畸变，即声表面波并非以平面的形式向前传播。为了解决该问题的方法，可采用带假指的换能器设计，如图 6.7 所示。此时，假指和邻近电极有相同电势，因而不会对声表面波的激励产生贡献。但是，这些假指形成了局部栅结构，可以使声表面波的传播速度在有效孔径区域和假指区域一致，即变得更加均匀，波阵面的形态进而得到改善。

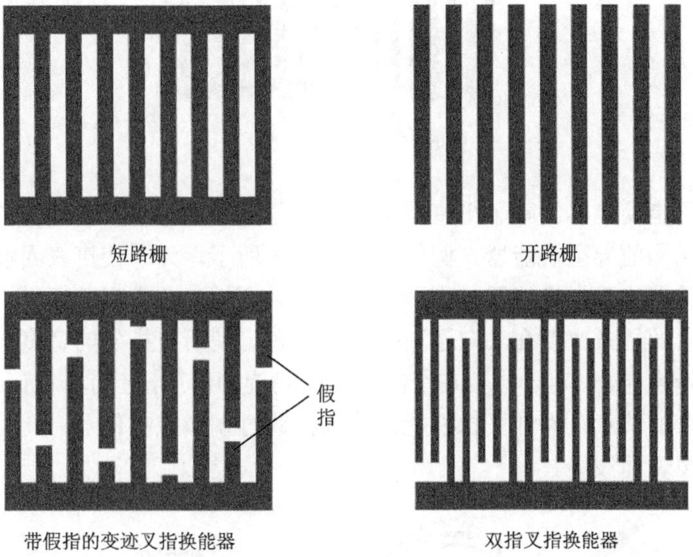

图 6.7　短路栅、开路栅、假指和双指叉指换能器

（4）防反射叉指设计。金属栅在大部分频率范围内对声波的反射很弱，但在特定频率下，金属栅可以表现出很强的声波反射特性，这就是所谓的布拉格反射（Bragg reflection）效应，对应的频率称为布拉格频率。必须说明的是，可以通过控制金属化率 η 实现减小电反射系数。对于开路栅和短路栅，最佳的金属化率是不同的。为了降低电极反射对叉指换能器频率的影响，可采用分裂指结构的换能器（split-electrode-type IDT）。如图 6.7 所示，这种换能器在每个周期中有两对电极，因此也称为双指叉指换能器。其中，相邻电极反射的声波相位相反，反射波叠加后相互抵消（仅对基波而言）。这种换能器的叉指间距 $p=\lambda/4$，电极宽度 $W=\lambda/8$。对于高频应用，该设计在制备工艺上可能存在困难。

（5）多带耦合栅设计。叉指换能器在激励声表面波的同时，也会激发声体波。后者在基片中可沿任意方向传播，因而可能被接收换能器探测到，导致所谓的寄生响应（spurious response）；实际应用中常希望抑制该响应。一种常用的办法是采用多带耦合栅（multiple system coupling, MSC），如图 6.8 所示。此时，上方通道传播的声表面波由于声电再生效应转移到下方通道，而声体波的传播路径并不发生改变。因此，下方通道中换能器接收到的信号不会受到声体波的干扰。

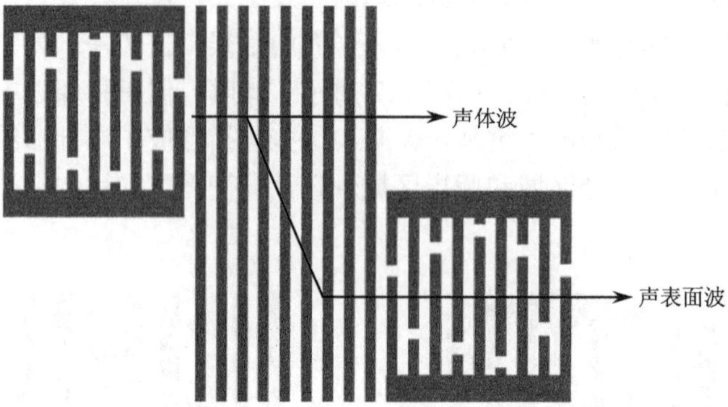

图 6.8　多带耦合栅设计

（6）异型叉指换能器。除了平直型叉指换能器之外，为了实现特殊的应用目的，还可以设计不同结构的异型换能器。例如，如图 6.9 所示，为了使声表面波能量在局部区域聚集，可设计聚焦叉指换能器。为了使换能器具有较大的带宽，可以设计调频叉指换能器，该换能器的指条宽度在轴向逐渐变化；或者可使所有指条的宽度横向渐变，构建横向的宽带叉指换能器。对于需要在空间上形成涡旋的情形，还可以设计螺线型换能器。当然，更为复杂的情形是设计叉指换能器阵列；通过调节控制信号，此类阵列可用于实现不同模式的声表面波场。

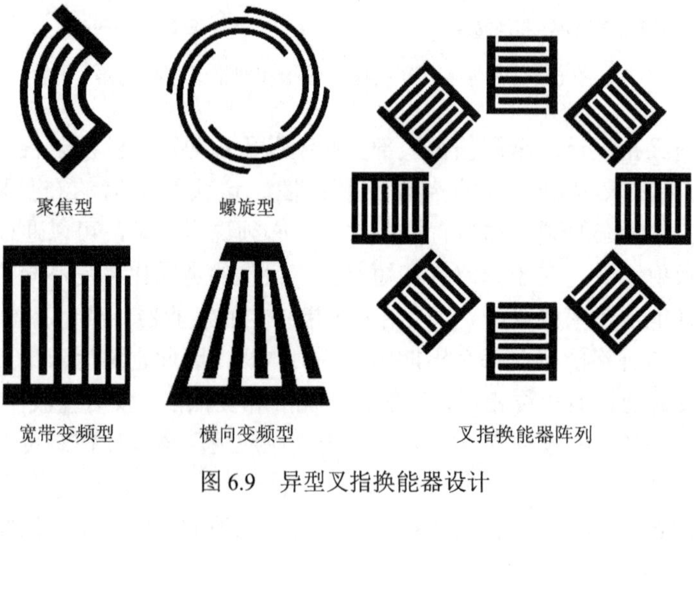

图 6.9　异型叉指换能器设计

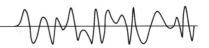

6.2.4　声表面波换能器的制备

1. 制备叉指换能器的材料和技术

叉指电极实际上就是沉积在压电基底表面上的图案化金属薄膜。在工业应用中，叉指电极常用铝（Al）制备，这是因为铝的导电性好、密度小、声阻抗低、容易沉积且易于被制备成精密的图形。尽管铝材料在使用中被发现了一系列问题，但即使在当前，铝在许多微声学应用中还是不可替代的电极材料。在压电材料基片上制备铝薄膜时，需要很好地控制薄膜的厚度和均匀性。目前铝薄膜制备的主要技术包括磁控溅射技术和电子束蒸发技术。前者在工业上广泛地被采用，其生产效率高，成本相对低廉。相比而言，电子束蒸发技术制备所得的金属薄膜质量更好，但成本通常更高一些。一般而言，制备时希望获得具有强（111）织构的铝薄膜，该织构薄膜的功率承受能力好，且有利于声表面波的传输。

为了提升铝薄膜的性能，可以采取的手段包括：①针对纯铝薄膜进行性能优化，例如针对衬底温度、薄膜沉积温度等进行优化。②在制备铝薄膜之前先沉积一层很薄的过渡层，典型如锆、镍过渡层，其不仅可能优化铝薄膜的取向，改善铝薄膜的表面形貌，也有增强铝薄膜与基底间附着力、改变薄膜电阻率等作用。③形成铝合金薄膜，即添加适量的高熔点金属，使薄膜微合金化，以提高薄膜的抗电迁移性能，改善其微结构，提高其功率耐受性等。典型的包括铝-钛合金、铝-铜合金、铝-钨合金等，或铝-铬-铝、铝-铜-铝三层结构。

铝薄膜在实际应用中存在一些问题，包括在高湿环境中耐腐蚀性差、高频条件下容易失效、电阻率不够低等。科学研究和半导体工业中也常采用金（Au）作为叉指换能器制备的材料，其具有电阻率低、化学性质稳定等优势，但价格较高。此外，也有采用铜（Cu）作为电极制备材料。

2. 制备方法和工艺

声表面波器件的制备采用与传统半导体平面器件相似的微纳加工工艺，一般须在洁净实验室内完成。常用的工艺流程包括前期预处理、金属图形制备和封装测试三个阶段。在预处理中，需要对基片进行清洗。金属叉指换能器图形的制备工艺一般有两种，分别为剥离工艺和刻蚀工艺。

如图 6.10 所示，在剥离工艺中，首先将换能器图形预制在掩模版上，再利用曝光系统将预制图形转移到位于基底上的光刻胶薄层上；下一步，通过蒸发或者溅射技术将金属薄膜沉积到基底上。最后，通过化学剥离的方式将多余的光刻胶去除（同时去除了不需要的部分金属膜）。在刻蚀工艺中，首先在基底上沉积金属薄膜，然后在其上方旋涂一层光刻胶薄层，再利用曝光系统将部分光刻胶固化；下一步，利用化学或物理的方法将未固化部位的光刻胶和金属薄膜去除（刻蚀），再利用去胶剂将所剩金属薄膜表面上的残余光刻胶去除。制备完成后，需要连接金属导线并进行后续封装等工序。上述加工过程应该在洁净室中进行，以避免尘埃颗粒等的影响。相关具体工艺如下。

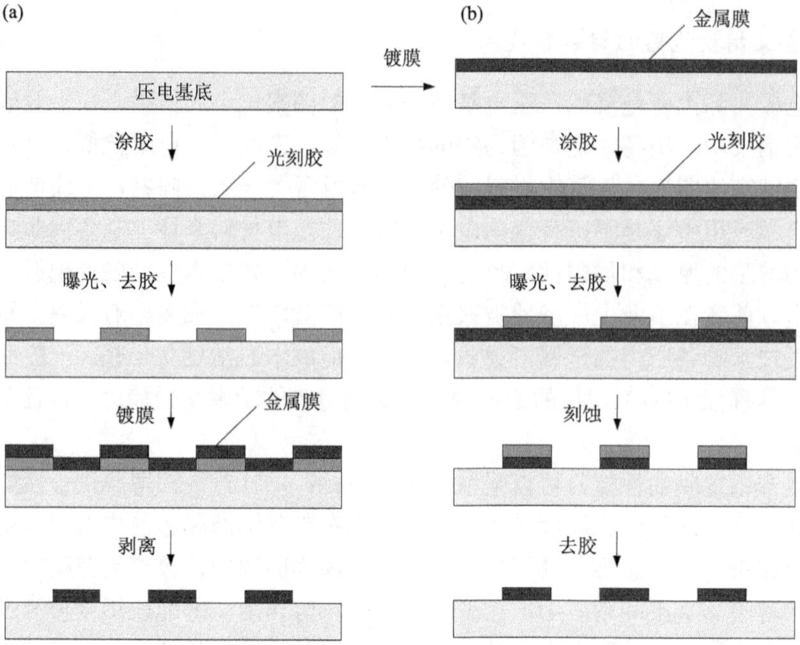

图 6.10 剥离工艺和刻蚀工艺：（a）剥离工艺；（b）刻蚀工艺

（1）表面清洗。针对不同状态的基片，可能包括超声波清洗、化学清洗和漂洗等不同方法，最终目的是获得清洁和干燥的基底表面。一般而言，首先可以用氮气枪吹洗、机械洗刷和高压水喷溅的方法清除表面微粒；对于表面污染较为严重的基片，可以采用化学方法进行清洗。为了增强基片表面的薄膜附着能力，还可以进行烘焙以使其充分脱水。最终使基片表面表现出较好的疏水性。

（2）涂光刻胶。光刻胶是对光敏感的混合液体，其经光照后能够很快地发生光固化反应。固化前后的光刻胶在特定溶剂中显影时，其溶解性有非常显著的差异，通过溶解掉可溶性部分即可得到所需的图像。一般地，光刻胶可分为正胶和负胶两类。正胶在曝光和显影后，被曝光部分的胶会被去掉；而对于负胶，曝光区外的光刻胶会被去除。为了将光刻胶均匀地涂在基底表面，形成薄且无缺陷的胶膜，一般较多在匀胶机上利用旋涂法进行。首先将光刻胶浇注在基片中心区域；然后根据光刻胶生产厂家给定的参数设定匀胶机的转速和运行时间即可。为了获得均匀分布的胶膜，通常会先在较低速度下预甩几秒钟，使胶覆盖整个基片；然后在较高转速下完成甩胶，使薄膜厚度满足要求。

（3）软烘焙。光刻胶中包含感光树脂、增感剂和溶剂。进行软烘焙是为了蒸发掉光刻胶中的部分溶剂，以避免多余溶剂的光吸收干扰光敏聚合物中的正常化学变化。同时，蒸发过多的溶剂可使光刻胶与基底表面更好地结合。进行软烘焙的方法包括采用烘箱、热板等。

（4）对准（alignment）和曝光（exposure）。对准的目的是将掩模版上的图形与基底表面的预期位置进行对位，而曝光则是为了将图案转移到光刻胶上，使光刻胶进行图案化选择性固化。当要求的精度不是很高时，对准可采用目视和手动方法进行，否则应采用专门的对准机；而曝光必须在光刻机上完成。一般而言，普通光刻机可分为接触式曝光型和非接触式曝光型。前者需要掩模版和基底表面贴紧在一起，具有分辨率高、曝光面积大、曝光精度好等优点，但容易污损掩模版和光刻胶膜，影响成品率和掩模版寿命。非接触式曝光设备采用投影式曝光，该方式不易影响掩模版和胶膜，但设备复杂。当前还有所谓的无掩膜光刻机，其在设备内部直接根据设计图案进行光刻，这极大地简化了工艺流程。

（5）显影。在该步骤中，需要使未固化（未发生光聚合反应）的光刻胶分解，以使图案显影出来，具体方法有湿法和干法两类。湿法显影中，可直接将基片浸没在显影液中，但该方法存在易污染、显影液易稀释等问题；另一种选项是喷射显影法（主要针对负光刻胶）或混凝显影法（主要针对正光刻胶）。除此之外，干法显影又称等离子体显影，其利用氧等离子体去除固化或未固化的光刻胶。

（6）硬烘焙。与软烘焙一样，该步骤的目的是在显影后或刻蚀前，进一步蒸发溶剂以固化光刻胶，以使光刻胶和基底表面的结合良好。

（7）刻蚀。该步骤的目的是在显影后，利用化学、物理或两者结合的方法，选择性地将未被光刻胶遮掩的部分去除，以完成图形的转移。刻蚀方法也分为湿法和干法两类。湿法刻蚀中，须将基片沉浸在刻蚀液中，然后冲洗和甩干或吹干。对于铝薄膜，常用的刻蚀液一般含有磷酸和硝酸。湿法刻蚀操作起来相对简便，但是可能导致严重的侧向腐蚀，因此一般适用于精度要求不是很高的情形。对于高精度情形，一般须使用干法刻蚀，主要的代表性技术包括化学干法刻蚀、反应离子刻蚀、离子束刻蚀、磁控增强 RIE 刻蚀等。

（8）去除光刻胶。最后需要去除光刻胶，一般用氧气等离子体进行。

6.3　声表面波器件

6.3.1　声表面波滤波器

滤波器（filters）是声表面波器件中研究最充分、应用范围最广的器件，其中又以带通滤波器为主要代表。在研制滤波器的过程中，需要较为准确地考虑声电再生等各种二阶效应，因而一般需要计算机辅助设计。声表面波滤波器的工作频带一般在 10 MHz～3 GHz，其相比于介质滤波器、LC 滤波器、声体波滤波器等具有陡峭的频率选择性，这主要是因为声表面波器件可以很容易地实现高阶滤波器（增加指条的对数即可提高滤波器的阶次），而 LC 滤波器等需要更多的空间和元件。在手机、电视等消费电子设备以及通信卫星、光纤通信设备、移动通信基站设备中，声表面波滤波器都是关键器件之一。

声表面波滤波器的工作频率下限受到基片尺寸的限制，上限则取决于制造工艺的限制。这是显然的，低频时波长较大，需要占据较大的基片面积；而高频时波长很短，对应的叉指换能器线宽也非常窄。目前，叉指换能器线宽已经可以做到 0.1 μm 以下，因而适宜制造 GHz 频段甚至 10 GHz 以上频率的滤波器。在不同的需求中，对基片中声速的要求也不同。若频率不高，可以选用声表面波传播速度较低的材料，这有助于减小基片尺寸；而在高频，为了减少加工工艺极限带来的影响，可以选择声表面波传播速度较大的材料，使线宽不至于过窄。

声表面波带通滤波器常设计为横向滤波器结构。此类滤波器广泛应用于现代雷达和通信设备当中，其原理在传统滤波器设计理论中是比较简单的。如图 6.11 所示，将信号进行多次不同的延迟，并且为每一次延迟赋予一个加权系数，最后再将所有加权延迟信号叠加起来得到输出信号。这种滤波器的特点是设计和制作非常直观，缺点是频率响应和脉冲响应无法直接从图形中快速观察到，必须进行一些不复杂的计算。

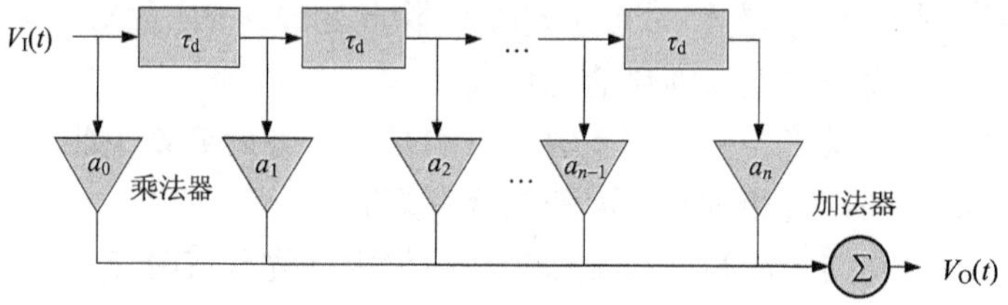

图 6.11　横向滤波器示意图

设计此类滤波器的具体方法需要更多的专业知识，例如采用窗函数设计法、频率采样设计方法等，可参看信号处理方面的专业教材或参考书。应注意的是，实际工作中需要根据器件中心频率和插入损耗等具体技术要求，选择合适的基片材料和叉指电极制备材料，再对叉指换能器的结构进行最优化设计，最后根据器件的电学性质选择合适的匹配网络。但执行这些操作的所有前提是必须确定目标滤波器的频率响应（含幅度响应和相位响应）或者脉冲响应。同时，将这些原理设计转化为声表面波器件的具体设计也是很复杂的任务。特别地，有时候需要设计多个简单的声表面波滤波器进行串联、并联等形式的组合；或者构建出多个简单的滤波器单元进行加权组合等，以实现更好的滤波器性能。

6.3.2　声表面波延迟线

顾名思义，延迟线（delay line）的作用就是将电信号延迟一定的时间。利用声表面波来实现该功能具有许多优点，例如结构简单、体积小、温度稳定性好、可靠性高、一致性好、多功能以及设计灵活等。此类延迟线已经在雷达、通信、微波中继、声呐、电视等各领域得到了广泛的应用，成为射频、中频段延迟信号等应用中的基础器件。

在其基本结构中，声表面波延迟线包括一对叉指换能器，如图 6.12 所示。在输入换能器将电信号转换成声表面波后，波动在基底上传播一段时间并达到接收换能器，最后由输出换能器再次转换成电信号输出。其中，最关键的参数是延迟时间 τ，其取决于基底中的声表面波传播速度 v_s 和两个换能器之间的距离 l，即 $\tau=l/v_s$。如前所述，常用固体中的声表面波传播速度比电磁波低约 5 个数量级，因此此类器件的尺寸相比于普通电延迟结构在减小尺寸方面有巨大优势。

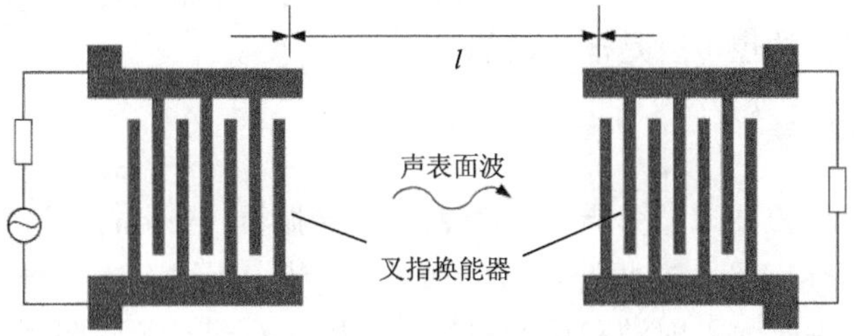

图 6.12　声表面波延迟线的结构

声表面波延迟线从结构上来看可分为固定延迟线（非色散延迟线）和色散延迟线。固定延迟线在压电基片上设置两个叉指换能器，其指条宽度和间隔相等，大小由延迟线的工作频率决定；此类延迟线主要应用于脉冲相位编码。非色散型延迟线可以用来产生宽频带的调频信号，也可以用来将调频脉冲信号进行压缩，是最为重要的声表面波器件之一。

在声表面波色散延迟线的基本构型中，发射换能器电极的宽度是变化的；同时，相邻电极间的间隔宽度也是变化的（即为此前所述的调频叉指换能器），而接收换能器是叉指对数 N 较少（一般 1 对即可）的宽带换能器。考虑到间距为 d_n 的一对叉指电极所激发的声表面波频率为 $v_s/2d_n$，很容易理解：间距较小的电极对用于激发高频波，而间距较大的则激发低频波。高频对应的电极距离接收换能器较近，而低频电极则较远，图 6.13 中已经很好地示出了这一点。因此，不同频率分量的延迟也不同，具体与电极排列的顺序相关。

图 6.13　声表面波色散延迟线

若将发射换能器可激发的最高频率和最低频率分别记为 f_{max} 和 f_{min}，则两者之差 $\Delta f=f_{max}-f_{min}$ 为色散延迟线的频带宽度（即带宽），两者的平均值 $f_0=(f_{max}+f_{min})/2$ 称为中心频率，而 f_{max} 和 f_{min} 对应的延迟时间之差称为时间宽度 τ_w。这几个参数都是声表面波色散延迟线的重要参数。当电脉冲信号被输入到色散延迟线时，不同频率成分的延迟时间不同，所得的输出信号会变成时间宽度约为 τ_w、中心频率为 f_0、带宽为 Δf 的调频脉冲信号。

当然，图 6.13 中的结构并不是声表面波色散延迟线的唯一结构。例如，将该结构水平翻转，则可使高频成分的延迟最小，而低频成分的延迟最大。翻转前的形式称为负斜率延迟线，而翻转后的可称为正斜率延迟线。如果接收换能器同时也是渐变的结构且与发射换能器镜像对称，则对应的结构称为双色散延迟线。根据需要，电极宽度和间距的变化规律可以是线性的也可以是非线性的。

6.3.3 声表面波谐振器

波传播中的一个重要现象是谐振。声表面波谐振器（resonator）的原理与光学中的法布里-珀罗（Fabry-Pérot）共振腔类似。如 6.2.3 节中所述，当声表面波沿基底传播到结构匹配的反射栅中时，入射波和反射波相互叠加。而若声源两侧都存在平行放置的反射栅，则可在内部形成谐振条件。基于该原理，可以制作具有高 Q 值和低插入损耗的谐振器，其在高选择性带通滤波器和基于声表面波的振荡器中获得了广泛应用。如图 6.14 所示，声表面波谐振器的常用结构包括单端对谐振器和双端对谐振器。单端对谐振器由一个放置在中间的叉指换能器和两边对称放置的短路栅构成。而对于双端对谐振器，其由一个输入叉指换能器、一个接收换能器和两组反射栅构成。

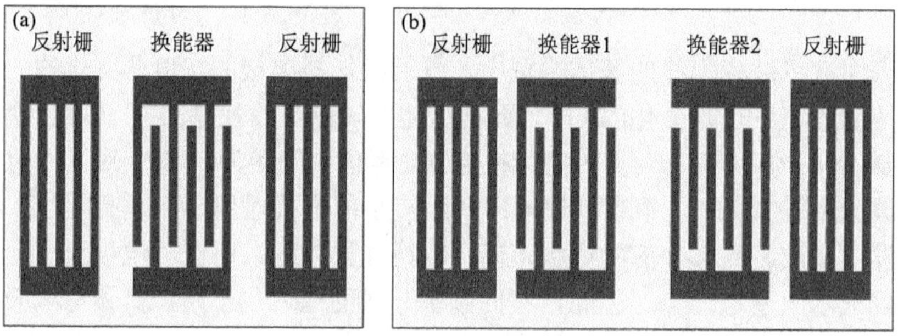

图 6.14　声表面波谐振器：（a）单端对谐振器；（b）双端对谐振器

声表面波谐振器可以看作是一类特殊的滤波器，具有选频的特殊功能。例如，该器件可以从宽带杂波中提取出关键频率附近的信号，也可以抑制电子信息设备高次谐波、镜像信息、发射漏泄信号以及各类寄生杂波干扰等，便于实现高精度的幅频和相频特性滤波，这是其他滤波器难以完成的。在广播、移动通信、医学超声成像等领域，调频是一种常用的信号传输方式，有效信号通常集中在高频段的某个很狭窄的范围内。此时，利用谐振器进行信号提取即可实现快速解调，相比于基于数字电路的解调方式更易实现。在移动通信系统的发射端和接收端，必须使信号经过滤波器滤波以排除干扰。由于通信频率很高而带宽很窄，一般要求滤波器具有低插入损耗、高阻带抑制和高镜像衰减的特点，且功率承受能力强、成本低、易于小型化。针对这些需求，声表面波谐振器在工作频段、体积、性能和价格等方面具备其他滤波器件无法比拟的优势。

6.3.4　声表面波卷积器

卷积（convolution）是信号处理中的一种特殊的数学运算。简单地理解，如果一个声表面波器件的脉冲响应为 $h(t)$，输入该器件的电信号为 $e(t)$，那么该器件输出的信号即为 $h(t)$和 $e(t)$的卷积运算结果。但是，声表面波卷积器并不是实现卷积运算的器件，而是实现信号的相乘运算。简单地讲，对于基底上相对传播的两个频率分别为 f_1 和 f_2 的声表面波，其相乘运算的结果中包含了 f_1+f_2 的频率分量。在声传播和信号处理中，这种产生新频率分量的过程是典型的非线性过程，这与本章此前采用的运算原理都存在本质上的差异。事实上，声学卷积是指在非线性媒质中，沿相反方向传播的两列声波之间发生非线性参量相互作用的结果。

图 6.15 所示为声表面波卷积器的基本结构。器件的左侧和右侧分别设置一个叉指换能器，向中心发射频率为 f_1 和 f_2 的声表面波。因为基底具有压电性和非线性，当两列波相互作用时可产生 $2f_1$、$2f_2$、f_1+f_2 和 f_1-f_2 四个不同频率的信号分量。若使中间的叉指换能器具有谐振频率 f_1+f_2，则可很容易地将和频信号检测出来。而若 $f_1=f_2$，则只需在基底上下表面各放置一个平板电极即可进行信号检测。

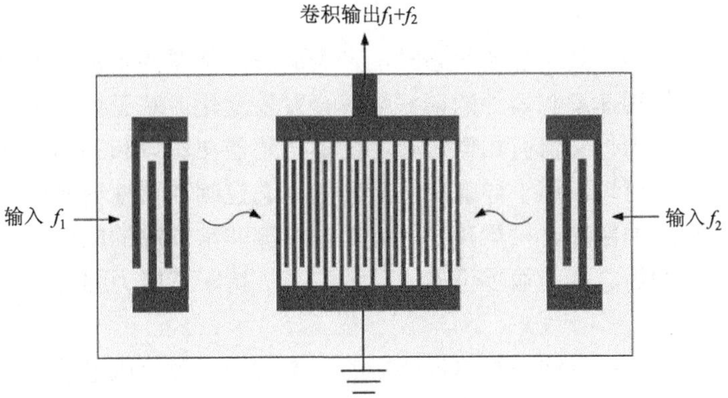

图 6.15　声表面波卷积器

6.3.5　声表面波传感器

声表面波传感器（sensor）的作用是将器件周围可以被其感知到的物理、化学等因素的被测量参量转换为输出信号或输出信号中的规律性变化。具体而言，外界因素（如压力、温度、加速度、气体成分、化学试剂浓度等）可能对声表面波的传播性能产生影响，这可以在接收换能器输出的电信号上被检测出来，从而实现对这些参量的传感功能。声表面波传感器是一种建立于高频机械振荡器基础上的传感器件，具有简单、体积小、重量轻、灵敏度高、便于批量生产、适用于特殊环境等优点。目前，研究和应用得较多的声表面波传感器包括压力传感器、加速度传感器、气体传感器、流量传感器、化学传感器和生物传感器等。

（1）压力传感器。声表面波压力传感器的结构如图 6.16 所示，其工作原理是，用于声表面波传播的膜片在外部压力作用下发生应力变化，材料的弹性常数、密度等由于非线性弹性性质相应地发生变化，导致其中声表面波传播速度变化。与此同时，发射换能器和接收换能器构成谐振结构，谐振器的结构和尺寸也会发生变化，导致声表面波的波长改变；谐振器的谐振频率因而相应地变化。因此，通过测量谐振频率的大小和变化，即可测得外界压力的大小。但是，压电材料一般都具有温度不稳定性，温度变化导致的频率偏移甚至可能超过压力变化导致的偏移量，因此必须对其进行补偿。此类传感器可用于控制汽车点火、胎压监测等，还可以用于水下检测、心率监测、防盗报警等。

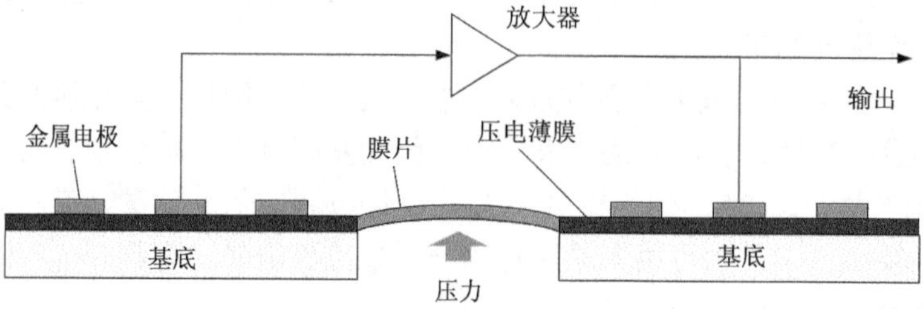

图 6.16　声表面波压力传感器

（2）加速度传感器。处于加速状态时，声表面波振荡器的基片由于惯性作用会产生形变，声表面波的传播速度和器件的谐振频率会发生变化。基于该原理即可制作加速度传感器，其结构与压力传感器有相似之处。此类传感器在军事和民用的诸多领域有着广泛的应用。例如，其可以应用于导弹和航天器的姿态控制和惯性导航以及车辆控制、生理信号检测等。在石油勘探、桥梁建设等对振动监测非常依赖的应用中，声表面波加速度传感器由于其耐冲击、性能稳定可靠、灵敏度高、抗干扰能力强等，已经发挥了巨大的作用。

（3）气体传感器。声表面波气体传感器的基本结构一般由压电基底、一对叉指换能器以及位于两个换能器之间的吸附膜组成。对于不同的待传感气体，吸附膜也不同。由于不同的物理、化学原理，膜在吸附气体前后的物理性质发生变化，导致器件的谐振频率、输出信号的振幅和相位等产生差异。根据这些测量参量的不同，声表面波气体传感器不仅可用于检测气体的种类，还可以探测气体的浓度。

声表面波气体传感器的常用类型有两种：延迟线型和谐振器型，分别基于图 6.12 和图 6.14 所示的结构实现。例如，延迟线型的结构如图 6.17 所示。当在左侧的换能器上施加一个交变电压信号时，产生沿基片表面向右传播的声表面波，当波动经过吸附膜时波速和频率都会变化，最终导致接收换能器上的输出信号发生变化。同样，由于图 6.14 中的谐振器分为单端对和双端对两类，谐振器型气体传感器也包含两类，两者都通过谐振频率变化来反映气体环境。图 6.18 中给出了单端对传感器的例子。

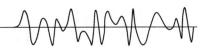

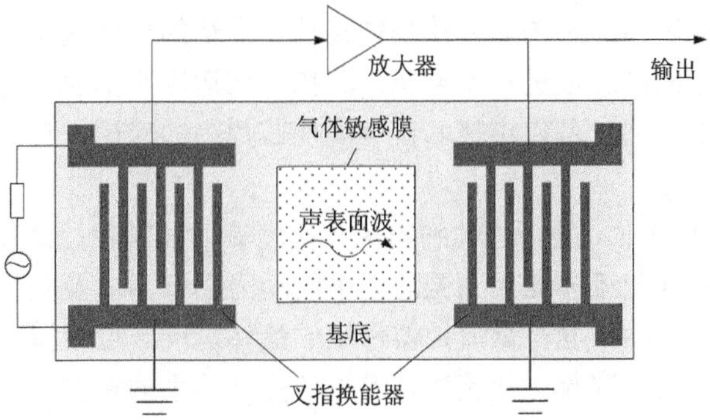

图 6.17　延迟线型声表面波气体传感器

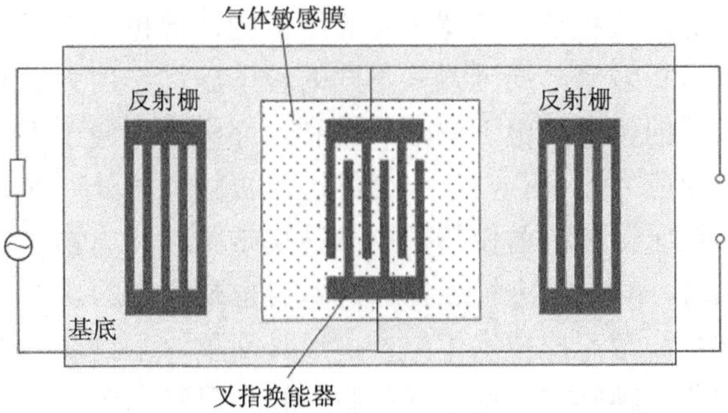

图 6.18　单端对谐振器型声表面波气体传感器

（4）流量、化学、生物传感器。声表面波流量传感器的原理是，在一块压电片上组成延迟线振荡器的两个叉指换能器之间放置一个加热元件，流体经过基片表面时会带走部分热量并导致温度降低，此时声表面波振荡器的频率会发生变化。通过测量该频率的变化，即可得知流体流速，并获知流量的大小。在生物及化学传感器中，一般会在金电极表面固定一层特殊的、对待感知成分敏感的物质。当相应成分存在于环境中时，与敏感物质发生反应，引发电极质量负载的变化，导致谐振器振荡频率的变化。这种设计在生物分子的识别中是常用的。

6.4　声　流　控

6.4.1　声流控的基本原理

1. 声流控技术简介

20 世纪 70 年代，Ashkin 提出基于光辐射压的光学镊子，利用聚焦的激光束来捕获目标物体。在随后的几十年中，光镊得到了快速而广泛的发展，已被应用于操控单细胞、细菌、DNA、蛋白质甚至原子等。如同光波可以向物体传递动量，声波（特别是超声波）也具有类似的效应，这也促成了声镊技术的发展。声镊技术脱胎于声悬浮现象，本质是依靠超声作用在物体表面的声辐射力使物体移动。最初的声镊通常是由超声束提供声辐射力，而近些年声镊的概念被进一步拓展，泛指一切运用声辐射力进行非接触式操控的技术方案，一个典型的例子是声镊技术在声流控芯片中的应用，包括对于粒子的分选、富集和排列等。

微流控（microfluidics）是一种精确操控微尺度流体和颗粒，尤其是微米和亚微米粒子的技术，可用于研究微流体在人工微环境中的动力学行为以及其中的粒子运动规律。与宏观尺度下的流体运动不同，微流控器件中的流体运动速度较慢，雷诺数较低，因此流体流动一般为层流而非湍流。微流控技术也关注液体中的颗粒在惯性力或是外加作用力场中的运动。在过去的二十年里，微流控芯片已逐渐成为化学、生物学和医学领域中的重要工作平台。

微流控技术与其他方法相结合拓宽了其应用范围，但也带来了诸多限制。光学方法利用光镊技术，可以对折射率与周围媒质不同的粒子施加作用力。利用光学方法操控粒子时，需预先确认粒子的位置。电学方法一般利用介电泳，通过不均匀的电场在粒子上施加作用力。但是，感应力场只存在于十分靠近电极的位置处，这限制了操控的范围。利用磁学方法操控微粒时，须提前使待操控微粒携带磁性标志物，这一定程度上会破坏微粒的原有结构；同时，对粒子进行磁性标记本身也是麻烦的。

声流控将声镊技术和微流控技术相结合，设计简单，生物亲和性好，无需额外的标志物即可对粒子进行非接触操控，是进行细胞生物学研究和医学检测的理想方式。利用声波在器件中形成的外加力场，声流控技术可用于操控微米级甚至是纳米级的粒子，其利用声源在流场中形成的声辐射力、声流和声空化等物理效应，实现对液体或微粒的操控。根据声波在器件中传播方式的不同，声流控器件可分为声体波微流控芯片和声表面波微流控芯片。图 6.19 中给出了两类器件的简单构型。

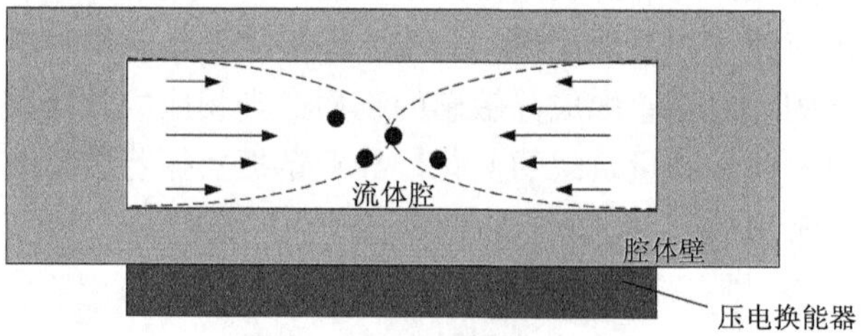

(a) 声体波型声流控芯片

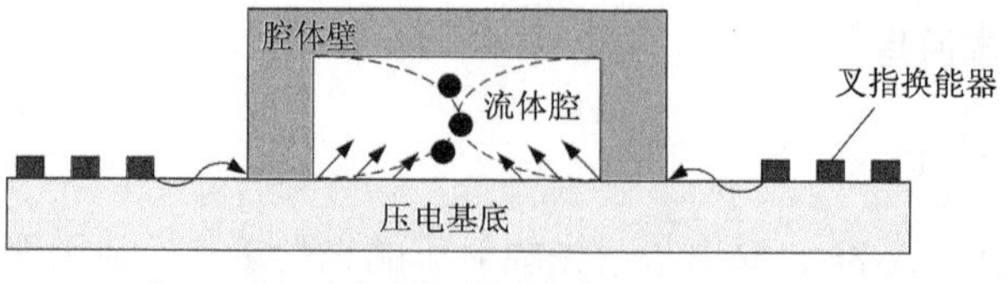

(b) 声表面波型声流控芯片

图 6.19　声体波和声表面波型声流控芯片

2. 声流控技术中的主要物理机制

声学微流控的研究本质上是研究在声场驱动下微流体器件中的粒子以及流体运动的规律。在声场中，流体媒质因为边界振动、声衰减等会产生流动，这种流动称作声流（acoustic streaming）。而在流体媒质中的粒子运动是多种因素共同作用的结果，最重要的两种作用分别为：由于声场存在而产生的声辐射力（acoustic radiation force），以及由于粒子与媒质间相对运动而产生的流体曳力作用，其主要来源于 Stokes 黏滞力。因为粒子质量小，其在微观环境中所受重力可以忽略，故粒子主要是在声辐射力和曳力这两种力的共同作用下运动的。

研究粒子在声学微流控器件中的运动状态，实质就是研究粒子所受声辐射力与粒子所受液体黏滞力的关系。声辐射力和曳力随着粒子的性质、媒质性质的不同存在不同的变化趋势，从而影响着粒子的运动状态和排布方式。特别地，对于球形粒子，声辐射力正比于半径的三次方，而曳力正比于粒子半径。因此，对于大小不同的粒子，其受力的规律也不尽相同。当粒子尺寸增大时，声辐射力的作用逐渐趋向主导地位，粒子可以很容易地被按照预定的目的操控；反之，则声流占主导，粒子呈现“随波逐流”的运动状态。图 6.20 中给出了一个矩形截面腔道中，截面上的声辐射力场和声流场的二维分布。

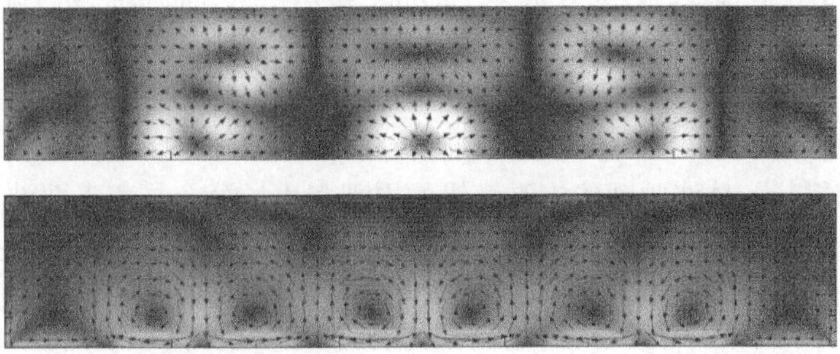

图 6.20　矩形截面驻波声流控中截面声辐射力场（上）和声流场（下）的分布

声辐射力：声辐射力是流体中声场理论拓展的产物，是声场中的一种二阶效应。对于正弦激励的声振动，由于 Helmholtz 方程解的性质，媒质的声压、速度、密度扰动在一个振动周期内的平均值为零。因此，媒质中的粒子受到的声压作用在时间平均后也为零。但这是由于在推导声波方程的过程中忽略了二阶以上的振动项而引起的。一般而言，二阶声场强度相对于一阶声场完全可以忽略，这也是在一般情况下不考虑二阶声场的原因。但是，如果高阶项的时间平均结果不为零，那么随着时间的积累，高阶项即会导致可被观测到的物理现象。此处需要指出的是，因为采用的声波频率一般都在兆赫兹（MHz），声辐射力导致的振动周期在微秒（μs）量级，一般只能通过激光测振仪来观测。而这种振动的振幅极小、时间平均为零的作用对于宏观粒子的运动状态是几乎没有影响的。因此，须考虑二阶的声学指标并计算其时间平均，才可以代表声波对粒子作用的时间平均效果。

声流：声流是一种声波在流体中传播而引发流动的物理现象，它主要发生在有振动传播过的流体中。由于粒子受到的流体曳力与相对运动速度相关，因此研究流体本身的流速也是至关重要的。一般而言，声流是由衰减或者边界条件引起的。对于由衰减引起的声流，如衰减平面波束伴随的液体流动，这种流主要是由于媒质有较高的雷诺数而引起的。声流控装置中，声表面波器件的工作频率通常为1～100 MHz，但是声流的时间尺度往往在秒或者十几秒的量级，通过对单周期进行逐步数值计算直至声流对应的时间尺度，采用现今的计算机是无法完成的。因此，在研究声流的过程中，依然需要像研究声辐射力那样忽略在一个周期内流体的流动，而去研究在时间平均的情况下流体的流动情况。

驻波声镊：在利用驻波驱动的微流控芯片中，声场呈规则分布，粒子在其中规则排布。利用一对换能器同时受激励时产生的一维驻波场，在微流控芯片中同样可以实现粒子的线条状排列、聚集和分选等功能。在一维驻波微流控芯片中，所形成的波节位置可以通过换能器上施加电信号的相位和持续时长来调整，因此可以利用此类器件进行相同或不同类型粒子的分离，也可以对特定区域的粒子进行排布。利用两对正交分布的换能器产生的二维驻波场，声驻波微流控芯片可以使粒子呈现出多样化的排布，也可以对粒子进行更精确、更复杂的操控。

如图 6.21（a）所示，在二维声表面驻波微流控芯片中，当微流腔四周的叉指换能器激发出同频率的声表面波时，可在液体中形成二维网格状分布的声场。微流腔内的声场规则分布，形成了多个紧密排列的格点状声势阱（在不同条件下，势阱排列的形态也可能为网格状）。在每一个声势阱中，粒子受声辐射力作用，最终会落在声势阱的中心附近。通过调节两组换能器的激发频率，可以精准控制单个声势阱的形状，从而实现多个粒子按不同形状的组装。体波驱动的二维声镊的原理和声场分布与声表面波器件类似，在图 6.21（b）中，给出了一个典型器件的照片。实际上，利用此类二维声镊将细胞排列在光敏凝胶中，结合紫外光固化等技术，即可能使细胞按预定图案生长，实现三维生物打印。

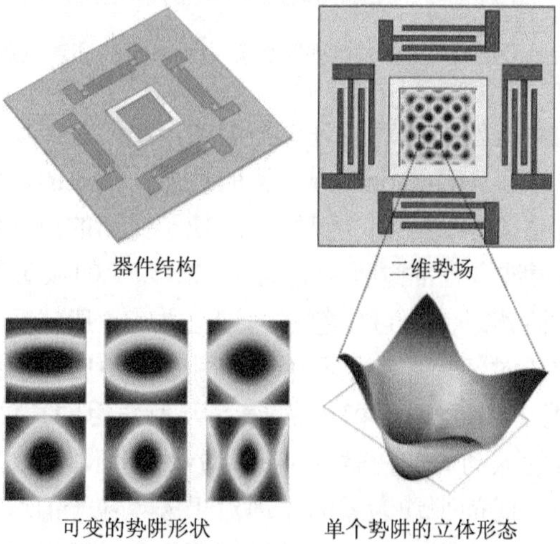

(a) 声表面波驱动的二维声镊

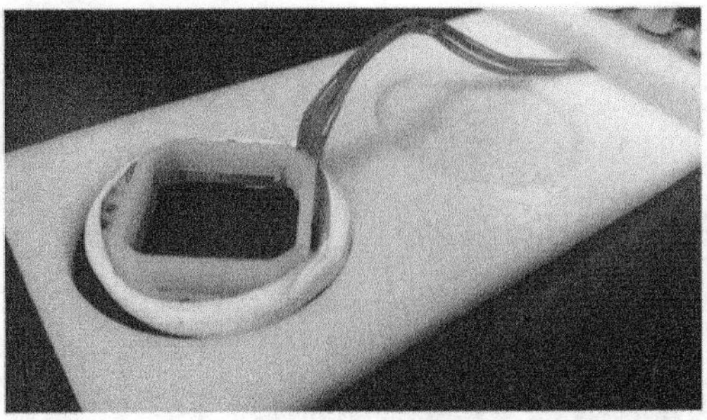

(b) 声体波驱动的二维声镊

图 6.21　二维声镊

6.4.2　体波型声流控器件

声体波微流控器件中，一般将压电陶瓷片贴合在微流腔体周围，利用周期性重复的电信号激励压电陶瓷换能器产生声波，并从微流腔的侧壁辐射声场；声波进入流体后，即可达到操控腔内流体或者粒子的目的。利用声体波进行微流控操纵具有易加工、成本低、操控范围大、能量密度高等优点。声体波驱动的微流体器件中，声场和流场的规律已经被广泛研究；相应的应用已经不胜枚举，其中不乏粒子操控、细胞分选、化学反应促进等。在大多数生物实验室中，构建声体波驱动的实验环境相比于声表面波实验环境更简单一些。声体波驱动的微流控作为一种新型的、高通量的生化操控手段，与传统的方法相比可以有效地缩短实验所需的时间，极大促进相应学科的发展，开创微流体控制的新领域。

6.4.3　表面波型声流控器件

尽管声体波器件已经广泛应用于微流控领域，但是声表面波微流控器件因具有广泛的优势而迅速发展。首先，声表面波器件由于其激励方式的不同，加工方式可以使用微纳加工工艺，因此可以产生更高频的声波，使得微纳操控的精度得到进一步增强。其次，由于声表面波将能量限制在基片的表面，声波能量泄漏射进入位于芯片表面的流体中，这与声体波器件将能量消耗在器件基片中有所不同，即能量利用效率更高。另外，由于声表面波独特的传播特性，其已在无线电、传感以及通信行业中有着广泛的应用。因此，声表面波器件已经有了良好的工业化生产基础，其系统集成性和批量生产性更强，具有集成化、小型化等优势。

声表面波微流控器件的研发弥补了声体波器件中粒子操控不够精细、器件集成化不够高的劣势，逐渐成为新的微流控研究热点。一个典型的声表面波驱动的声流控器件实物照片如图 6.22 所示。

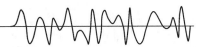

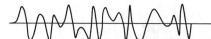

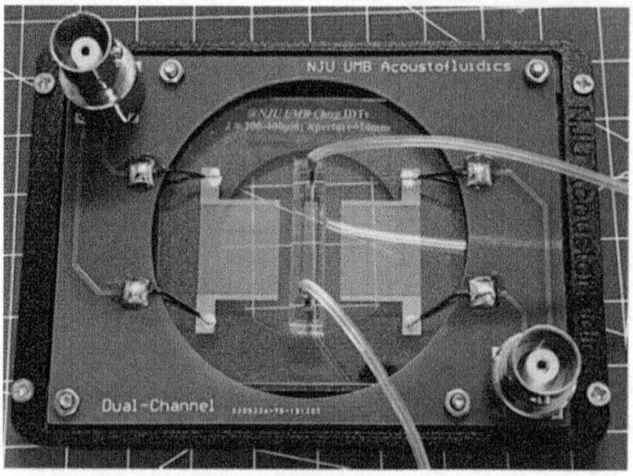

图 6.22　声表面波驱动的声流控器件

6.4.4　声流控器件的应用

1. 开放型声流控技术

声波向液滴中泄漏时，可同步引发液滴中的声流效应以及对液滴表面的辐射压力，其具体的作用效果取决于液体的性质以及液滴的大小。如图 6.23 中所示，此处以声表面波驱动为例，将这种开放型声流控技术作一些简单介绍。

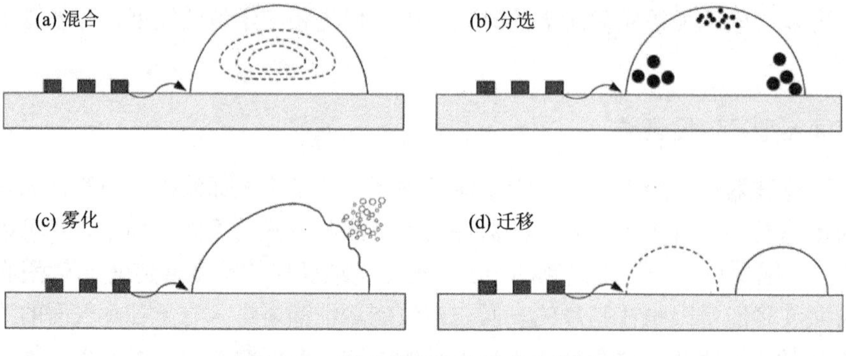

图 6.23　开放型声流控技术的应用

样品混合：声表面波向液滴中泄漏时，会造成液滴中的流体循环流动，基于该原理可发展声学驱动液滴内部混合的应用技术。进一步，研究者们尝试利用更多、更复杂的声波驱动方式更为有效地驱动液滴内部的流动。例如，在环形和椭圆非对称叉指换能器激励下，液滴中的流动情况存在显著的不同。通过椭圆聚焦换能器激发的声表面波可以将能量集中得更好，从而实现更高效率的液滴混合。通过简化的 L 型电极可以激发兰姆波，并实现液滴中的极向流（poloidal flow）。该现象只在特定频率以上发生，并受限于液滴的尺寸。

粒子操控：悬浮于开放液滴中的粒子受到声辐射力和声流曳力的作用，会发生复杂的运动，这也使得样品稀释液中的粒子富集成为可能。通过在液滴中形成方位流，可以实现粒子快速向中心聚集的效果。同样地，还可以对不同尺寸的粒子进行液滴内分选。其原理是：较小粒子的运动受声流曳力主导，而较大粒子受到声辐射力主导。因此，可以控制小粒子聚集在液滴中央，而大粒子则运动到液滴的边缘。

雾化：在声表面波器件中，当输入能量较高时，液滴表面剧烈振动，产生一系列极小的单分散液滴弥散在空气中。尽管目前声表面波雾化的原理仍不完全明确，但已经确定的是，液体黏性、声波频率、液滴尺寸以及声波能量密度等都对雾化效果有重要的影响。

液滴迁移：通过将声表面行波与基片表面改性方法相结合，可以进行液滴的迁移。例如，当采用铌酸锂作为器件基底时，由于铌酸锂表面是亲水的，其对于液滴的黏滞作用会导致需要更多的声能量来引发迁移。关于表面亲水性对于迁移声能量影响的研究指出，疏水表面上进行液滴迁移所需声能量可下降接近三分之二。显然，疏水表面进行迁移的效率更高，然而液滴也更容易滑落到其他区域中去。解决该问题的方法有多种。例如，可以在铌酸锂基底上制备具有限制结构的特氟龙涂层，使得在保留疏水表面的同时，增强对液滴运动的限制性。

2. 封闭型声流控技术

尽管声流控技术的研究是从声波对于开放液滴的作用开始的，科学家们也逐渐意识到诸多“芯片实验室”应用需要在微流腔道内实现，其主要的推动因素在于微流腔的制备工艺逐渐成熟。同时，在腔道内进行流体操作可以有效减少样品挥发所带来的影响。腔体内的连续流提供了一种快速、高通量的样品检测手段，封闭的腔体同样减小了样品受到环境污染的风险。图 6.24 中给出了声表面波驱动的封闭流体腔中几个典型的应用。

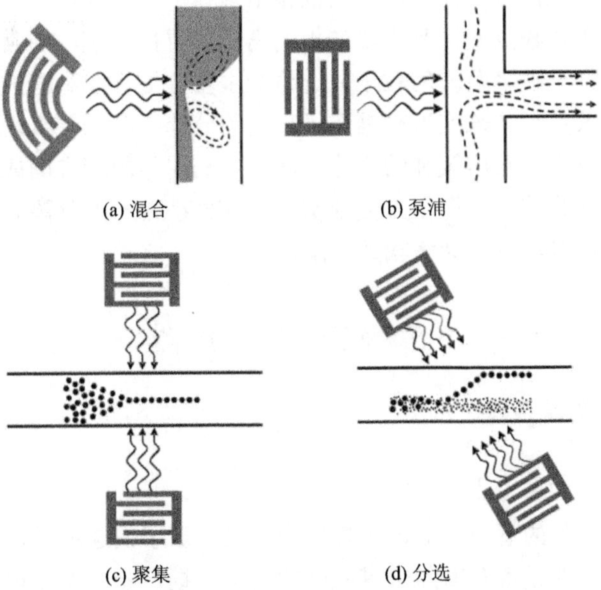

图 6.24　封闭型声流控技术的应用

样品混合： 由于在微流控尺度下腔体内的雷诺数非常小，其中的流体运动以层流为主。在缺少外界扰动的情况下，仅靠自由扩散无法实现充分混合。声流控系统利用声流效应，使得流体产生内部流动，从而克服上述难题。例如，利用 Y 型通道将两种不同的液体汇集时，可通过声表面波的作用使得两种液体混合在一起。研究表明，在这种横向混合器件中，声表面驻波比行波更容易使液体混合，这主要是因为驻波产生的体积力密度更大。进一步，利用聚焦叉指换能器可以实现比平直换能器更高效的流体混合。当然，样品混合的方法不仅限于采用声表面波。有研究者尝试通过在腔体侧墙上加入结构（例如尖劈），并通过紧贴在腔体上的压电陶瓷换能器进行驱动，实现了很高的混合效率。

流体泵浦： 在芯片实验室器件中，一个重要的功能模块是集成式的流体泵浦模块，这里介绍通过声波进行流体泵浦的方法。以声表面波型器件为例，当腔道中的流体遇到行进的声表面波时，由于通道两端流体和空气接触面上发生的液体雾化，流体会沿着相反的方向被排出。显然，这种逆流的方式无法在完全封闭的腔道中实现，因为这样不存在液体和空气的接触。因此，研究者们寻求通过声流的方式产生涡旋来进行泵浦，在封闭的腔道内实现了基于声表面波的液体泵送和连续、闭环的声表面波微通道泵。封闭腔体中的流体泵浦也可以通过引入气泡振动实现，该方法主要依靠声波产生的声流效应。通过在流道的侧壁上留出空穴，配合压电换能器即可进行液体的泵送，并实现油/水微液滴的生成。

粒子聚集： 流体中的粒子和细胞的聚集可以为后续的检测步骤提供方便，其典型应用场景是芯片实验室级的流式细胞仪。尽管诸如流体力学和介电泳的方法也可以实现粒子聚集的目的，但是声学方法拥有上述方法不具备的简单高效、应用范围广等优势。通过在腔体两侧放置对称的叉指换能器即可实现粒子的聚集；通过精细设计通道的宽度和声表面波的波长，可以使得腔体仅在中央位置出现一个波节线。

粒子分选： 为了在较少的样品中筛选出所需要的目标粒子，通常可以借助声流控器件进行粒子分选。基于声表面波的粒子分选机制主要分为行波和驻波两类。一种方法是使用高频的声表面聚焦行波来实现根据粒子尺寸的分选，其主要机理在于高频的聚焦叉指换能器可以在腔体中激发出较强的声流。此外，利用与腔道方向成一定角度的一对倾斜叉指换能器并形成驻波，可以很方便地实现不同大小粒子的分离。当然，声学粒子分选的可能机制还有很多，可以参考相关文献。

6.5 MEMS 扬声器

6.5.1 MEMS 扬声器及其分析方法

1. MEMS 扬声器简介

随着消费电子设备的飞速发展，全球电声市场经历了快速增长，消费者对于更小、耗电更低、性能更好的设备有着越来越强烈的需求。扬声器是移动电子设备如笔记本电脑、手机、耳机的核心部件之一，对其更小、更轻、更高能效的需求在近年来也愈加迫切。当前的设备中，扬声器主要还是传统的基于音圈的设计。此类器件不仅体积难以缩小，甚至连完全自动化的批量生产也比较困难，其中音圈和永磁体的组装大多还是依赖人工进行。事实上，若对此类器件进行小型化，将不可避免地影响其音质，特别是在低频范围。同时，这种小型化受到材料和制作工艺的限制，也已经几乎到达了极限。例如，传统扬声器中由塑料或聚合物制作的音膜一般很软，难以被用作高质量的声辐射表面。而若对机械悬挂和电磁部件进行小型化，可能导致器件的带宽变窄、非线性失真增大。此外，传统制作工艺很难保证进一步小型化所需的极高制作精度和工艺可重复性。

在该背景下，MEMS 扬声器在近年来引起了广泛的关注。MEMS 扬声器是微声学中的一类特殊的器件，其并不利用声表面波相关的原理，器件的工作波长一般大于器件尺寸本身，即工作频率并不位于超声频段。得益于 MEMS 技术的发展，MEMS 扬声器在过去的十年间得到了快速的发展，这迎合了市场对于新型电声技术的迫切需求，也为新型应用场景的拓展提供了技术支撑。MEMS 扬声器具有尺寸小、造价低、容易与电路集成等优点，因此有极大的潜力被应用于听音设备、便携式消费电子设备以及物联网等场景。

当前，MEMS 扬声器主要针对入耳式应用（如助听器、入耳式耳机）和头戴式耳机进行开发。在微型化扬声器方面，由于音膜振动模式的复杂性和器件空间的限制，对于 MEMS 扬声器和传统电动式微型扬声器而言，两者实际上都很难同时实现较高的输出声压级和平坦的频率响应。因此，器件的作动方式、结构、音膜电极设计，以及封装方式等对于器件的整体响应和性能都有着重要影响。

2. MEMS 扬声器的分类和关键参数

基于不同的作动原理，MEMS 扬声器已经发展出了多种构型，包括压电型、电动型、静电型和热声驱动型，并在过去的数年中得到了商业化的尝试。其中，前三种作动方式应用较多。例如，由德国 Usound 公司开发的压电型 MEMS 扬声器已经进入了市场，其产品尺寸仅 6.7 mm×4.7 mm×1.58 mm，在声耦合腔中由 15 V 电压驱动可产生 116 dB 的声压级。日本 TDK 公司的压电扬声器产品 PiezoListen 的厚度仅 0.49 mm，面积从 20 mm×10 mm 到 66 mm×30 mm，可以被安装在几乎任何种类的显示屏上或者表面上，产生 400 Hz～20 kHz 的声波。澳大利亚的 Audio Pixels 公司采用数字声重建技术开发 MEMS 扬声器阵列，可以产生高品质的声音。德国 Arioso Systems 公司利用静电作动方式在硅片中产生声音，发展了高保真、CMOS 兼容的 MEMS 扬声器并用于入耳式应用。

MEMS 扬声器的基本结构包括音膜、作动机构和空气腔。当在扬声器上施加交流电信号时，作动结构产生弯曲运动，迫使音膜振动并产生声音输出。一般而言，扬声器在开放空间中辐射声场的声压级可通过在 1 cm 外放置一个麦克风来测量。对于面向入耳式耳机或者助听器开发的 MEMS 扬声器，声压级可在一个 2 cc 耦合腔中完成（耦合腔的体积微 2 cm^3，并且遵循 ANSI S3.7 和 IEC60318-5 标准设计）。

音膜在 MEMS 扬声器的设计中至关重要，所产生的声压输出正比于其面积、振动幅度以及工作频率的平方。因此，在低频段产生高声压一般比较困难——在保持音膜尺寸不变的条件下，这需要膜表面产生更大的振动幅度。例如，对于一个圆形音膜，若需在 1 cm 远处产生 90 dB 声压级，对于 4 kHz、1 kHz 和 300 Hz 频率需要产生的振动幅度分别约为 5.9 μm、94.4μm 和 1.05 mm。考虑到可听声覆盖的频率范围，理论上 MEMS 扬声器需要覆盖 20 Hz～20kHz 的工作频带。在日常生活中，常用可听声主要集中在 100 Hz～10 kHz 范围，这包括低频段的语音（300 Hz～3.4 kHz）和高频段（>6 kHz）的乐音，因而也常在这两个范围内检验 MEMS 扬声器的性能。

除了振动幅度外，谐振频率是另一个重要的设计参数。在文献中报道的大多数 MEMS 扬声器中，都采用了将可变形音膜边缘嵌定在基底上的设计。此时，谐振频率取决于音膜的尺寸和材料特性。对于边缘嵌定的圆形音膜，其谐振频率与膜的厚度成正比、与半径平方成反比；同时，弹性越强，谐振频率也越大。对于圆形音膜，其在基频的谐振模态是轴对称的，表面振动幅度在中心处最大，并随着远离中心而逐渐下降，因此形象地称为“鼓”模式。当设计谐振频率时需要考虑两个问题。一方面，为了在低频实现较高的声压级并改善扬声器的宽带性能，谐振频率设计在 2～3 kHz 左右为宜。另一方面，从声学的角度来看，该频率处谐振模态的非线性效应可能导致声波的畸变并损害声音的质量。因此，不同于边缘嵌定的音膜，有研究者提出一些特殊设计，例如带有由悬臂梁支撑径向辐条的硬质音膜；另一种设计是由四个柔性双曲线作动器支撑的圆形音膜，低频时膜呈现出纵向均匀的振动模态，而高频时振动模态趋于“鼓”模式。

3. MEMS 扬声器的集总参数分析方法

MEMS 扬声器的声学性能取决于许多设计参数，包括材料性质、器件结构以及封装设计方式。在设计工作中，通常使用集总参数模型和有限元分析方法来预测扬声器的性能并优化设计。例如，基于声学中经典的电-力-声类比方法，有研究者建立简化的声学模型研究 CMOS-MEMS 音膜的尺寸参数的影响。此类集总参数方法可以用于研究不同腔体和结构的声学效应，模拟不同作动机制 MEMS 扬声器的性能，是一种分析多物理系统并预测其响应的简单、有效的工具。在该方法中，当器件的尺度远小于描述对应物理现象的波长尺度时，空间分布的多个物理要素即可被简化为一系列等效的集总参数。鉴于空气中的声波波长（1～10 kHz 时约为 34.3～342 mm）远大于器件的尺度，集总参数模型是适用的。

一般情形下，MEMS 扬声器封装在一个腔体中，其包含前盖、背腔和通气孔。作为一个例子，图 6.25 中给出了一个 MEMS 扬声器封装后的结构和对应的集总参数模型。该模型中包括了系统中的多个物理元素，包括电学、力学和声学元素：电学中的电压和电流通过一个“变压器”耦合到力学中的力和速度，而力学部分又通过考虑音膜面积而耦合到音膜的声学性能。集总参数系统中，具有相同“势”（电压、力、声压）的元件并联连接，有相同“流”（电流、速度、质点振速）的元件采用串联连接。在电学中，MEMS 扬声器的输入电阻抗源于电动扬声器中导线和线圈的电阻和电感，或者电动型和压电型中的电阻和电容。在力学中，音膜的振动可用简单的含阻尼弹簧振子模型描述。在声学中，含空气的腔体可通过声容和声质量来进行描述，而窄空间（如细管）则可用声阻和声质量描述，音膜本身的关键描述参量则包括声辐射阻抗和质量。

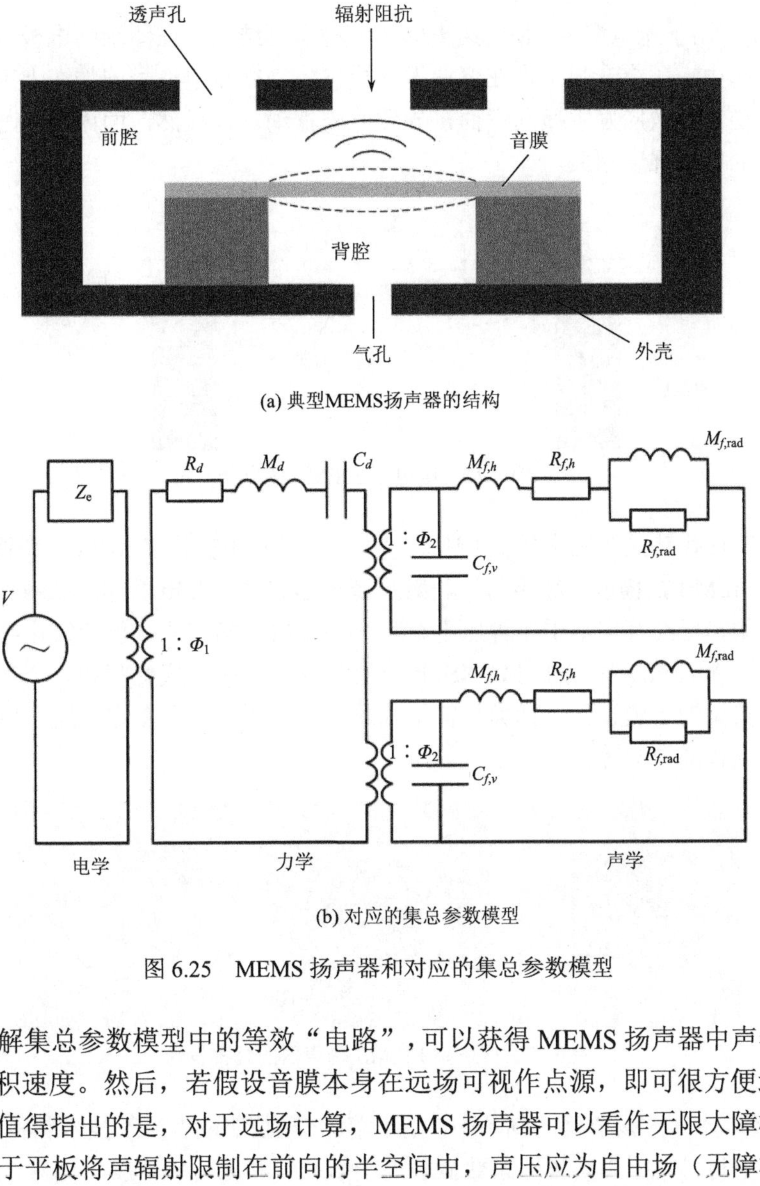

图 6.25 MEMS 扬声器和对应的集总参数模型

通过求解集总参数模型中的等效“电路”，可以获得 MEMS 扬声器中声学域的重要参量——体积速度。然后，若假设音膜本身在远场可视作点源，即可很方便地预测空间声压分布。值得指出的是，对于远场计算，MEMS 扬声器可以看作无限大障板上的单极子声源。由于平板将声辐射限制在前向的半空间中，声压应为自由场（无障板）情形中的两倍。

集总参数模型被广泛应用于 MEMS 扬声器动态响应的预测，特别在低频段或在谐振频率附近时。但是，集总参数模型并不足以描述高阶共振模式，也不适用于预测扬声器的高频响应。因此，集总参数模型经常需要与有限元仿真相结合，以更加准确地计算器件的动态响应，预测封装设计的效果，或优化音膜结构的设计。

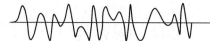

6.5.2 压电型 MEMS 扬声器

图 6.26 示出了压电型 MEMS 扬声器的一种示例结构。在图示的电极-压电薄膜-电极三明治结构中，压电音膜工作在弯曲振动模态；当交流电信号施加在上下两个电极上时，膜由于逆压电效应发生横向弯曲，导致面外振动。很显然，面内应变与材料的压电系数和施加的电场强度相关。

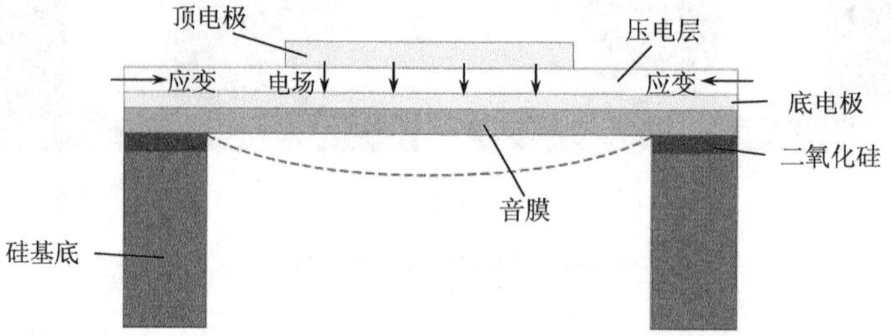

图 6.26　压电型 MEMS 扬声器

压电驱动的优势是激励电压低、驱动力大，已经被用在许多 MEMS 装置中，包括喷墨打印头、MEMS 扫描镜、超声马达、射频谐振器、声学发电机等。在助听器和入耳式耳机等产品中，已经存在基于多种压电材料的 MEMS 扬声器，包括氧化锌、氮化铝和 PZT 薄膜。一般而言，压电式 MEMS 扬声器包含一个压电式音膜和一个声学腔。如图 6.27 所示，典型的音膜设计包括类悬臂梁式的结构、周边完全钳定的压电夹层结构、部分钳定的压电包围结构等。

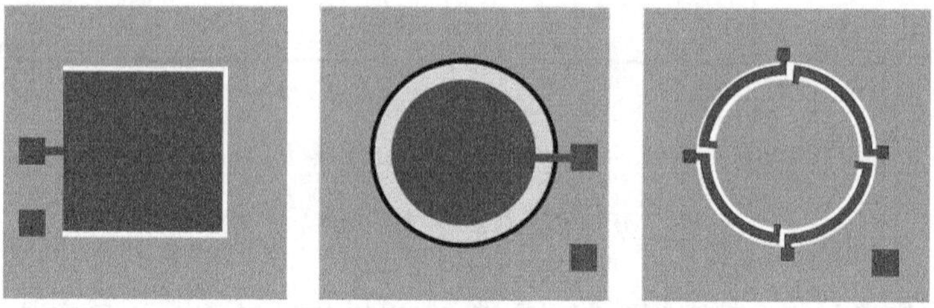

图 6.27　压电型 MEMS 扬声器的几种设计

在压电型 MEMS 扬声器的制备中，基于溶胶-凝胶法或者溅射技术制备的 PZT 薄膜是最佳的压电材料，因为其压电系数显著高于氧化锌和氮化铝薄膜。通常，PZT 薄膜的厚度为 1～2 μm、直径为 4 mm 左右时可以在管道中或者耳朵模拟器中产生高于 90 dB 的声压级。可以通过优化器件结构来提高这一性能，例如进一步优化压电薄膜的制备工艺、薄膜的结构和电极的构型等，在低电压下可将最大声压级提升到 110 dB。此外，基于 PZT 陶瓷或者 PMN-PT 单晶的压电型 MEMS 扬声器甚至可以在开放的空气环境中产生较高声压级，使其具备了应用于手机、笔记本电脑等产品的潜力。压电 PZT 陶瓷和 PMN-PT 单晶的厚度可以低至 5～40 μm，音膜的尺寸因此可以扩大至 6 mm～2 cm，在开放空气环境中产生高达 100 dB 的声压级。

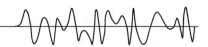

6.5.3　电动型 MEMS 扬声器

图 6.28 中给出了电动型 MEMS 扬声器的示例结构，其中的音膜由电磁力（洛伦兹力）驱动。当电流流经线圈时，由于外磁场的存在产生洛伦兹力，使音膜发生弯曲。对于 M 圈平面同心线圈中流经电流为 I 的情形，洛伦兹力的大小显然与线圈长度、每一圈的半径以及径向磁通量密度相关。

电磁力驱动是绝大多数传统扬声器中采用的作动方式，而基于该原理的 MEMS 扬声器具有高功率密度、低驱动电压和线性响应的优点。在此类扬声器的发展中，研究者致力于磁学材料的片上集成、器件的小型化以及声学性能的提升。尽管如此，将磁性材料完全集成至扬声器结构中目前还颇为困难。在绝大多数电动 MEMS 扬声器中，需要将一块永磁体集成在器件上，这不仅会增大整个器件的面积，而且因为磁铁和线圈的精确对准并不容易，使得批量生产变得困难。此外，大多数此类 MEMS 扬声器利用钳定在基底上的聚合物音膜，例如聚亚酰胺、聚对二甲苯或者固化的 SU-8 光刻胶薄膜等，以实现弯曲振动和声激发。此类材料密度小、质量轻，具有能量效率低、振动幅度大的优点。

基于聚合物音膜的电动型 MEMS 扬声器通常具有较小的尺寸和较低的能量消耗，但是所能产生的声压级也较低。在 2 cc 耦合腔中或者耳道模拟器中所能产生的最大声压级为 100 dB 左右。相比而言，若采用坚硬的硅材料制作音膜，可在开放空气环境中产生较大的声音，而相应的音膜尺寸和能耗也必须更大。

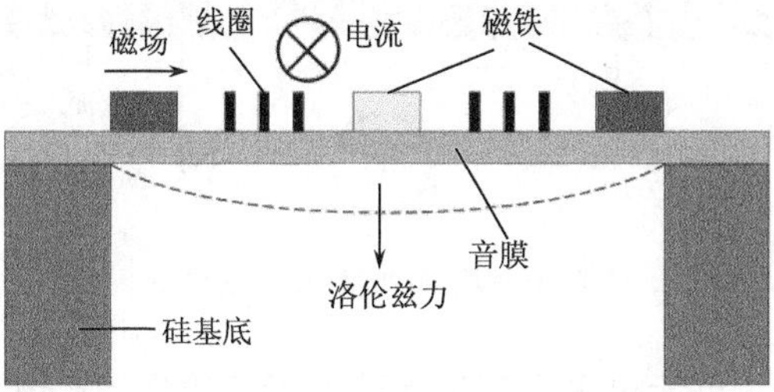

图 6.28　电动型 MEMS 扬声器

6.5.4　静电型 MEMS 扬声器

图 6.29 示出了静电型 MEMS 扬声器的基本构型，其由两个导电平板电极之间的静电力驱动。如图所示，音膜悬挂在基底上方很短的一段距离。实际上，可以将该结构简单考虑为一个平行板电容器。当交流电信号用作驱动时，作用于音膜上的静电力与驱动电压、直流偏置、空气的介电常数以及膜的面积有关。

此类 MEMS 扬声器的优点在于制作工艺简单、电-声转换效率高、频率响应相对比较平坦。但是，此类扬声器一般需要较高的驱动电压和较大的直流偏置，以产生足够的音膜振动幅度。大多数扬声器中存在 1～8 μm 高的间隙，所能产生的声压级有限。通常，仅在高频范围内可以获得较高的声压级。

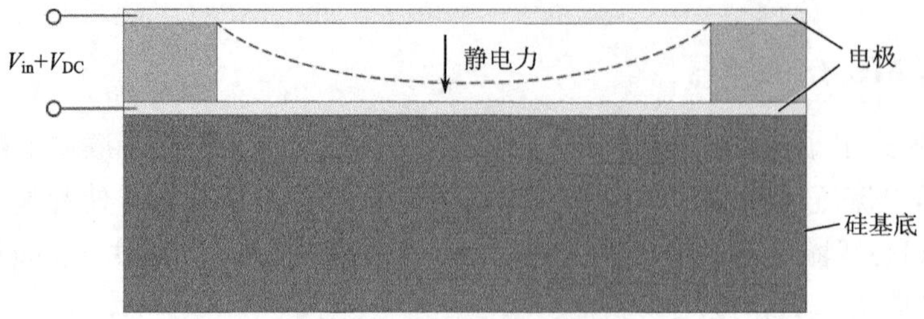

图 6.29 静电型 MEMS 扬声器

6.5.5 热声型 MEMS 扬声器

与上述三种结构不同，热声型 MEMS 扬声器通过热声效应发射声波，也就是将焦耳热转化为声。如图 6.30 所示，当交流电信号加载在导电薄膜上时，膜被加热并与周边空气交换热量，导致空气发生周期性的收缩和扩张，从而产生声波。所产生的声压幅度与空气的密度、热导率和温度以及膜的半径、输入电功率、输入信号的频率、膜的热容等相关。

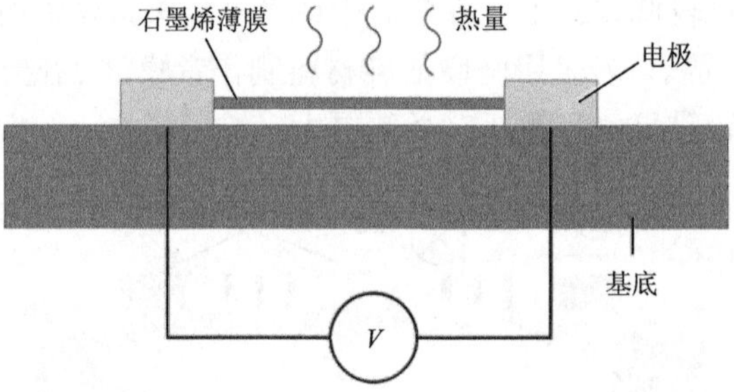

图 6.30 热声型 MEMS 扬声器

热声型扬声器的加热单元可采用碳纳米管或者石墨烯薄膜制备，具有结构简单、重量轻、容易加工的优点。由于碳纳米管和石墨烯薄膜的光学透明性质及可拉伸性，可以很方便地将其制备为任意所需的形状，并制备在不同性质的表面上。但是，若需产生可接受的声压输出，当前的热声型 MEMS 扬声器构型所需的器件尺寸较大（1～4 cm），能耗也较高（0.1～3 W）。

与次声、可听声、超声等按频率划分的方式不同，同时也不同于地声、水声、大气声学等按应用环境进行划分，微声学这一学科分支的名称体现了其主要特色：器件的加工工艺中采用的关键尺寸在微、纳米尺度。从这个角度来看，微声学的研究范围和应用领域并不限于如上所讨论的内容。例如，本章并未涉及体波滤波器、薄膜型体波谐振器（film bulk acoustic resonator, FBAR）、MEMS 传声器等同样具有重要应用价值和前景的器件。

从技术发展趋势来看，得益于微纳加工技术的不停发展，器件的加工精度日益提高，更高频器件的制备开始变得方便。而从滤波器、选频谐振器等通信领域的应用发展需求来看，随着 5G、6G 技术的发展，对于毫米波高频信号处理器件的需求也日益增长。此外，随着可穿戴式传感设备、便携式医学诊断等需求的兴起，轻量化、高度集成化的微声学装置必将占据极大的用武之地。因此可以预言的是，微声学在未来将会获得更加长足的发展，而技术发展的趋势必然是实现更精密、更小、更轻量化、功能更完善的新型功能器件。

参 考 文 献

杜功焕, 朱哲民, 龚秀芬. 2012. 声学基础[M]. 南京: 南京大学出版社.

何朋举, 张鹏, 陈明. 2011. 声表面波网络传感器及其在国防工业中的应用[M]. 西安: 西北工业大学出版社.

林炳承. 2013. 微纳流控芯片实验室[M]. 北京: 科学出版社.

林书玉. 2004. 超声换能器的原理及设计[M]. 北京: 科学出版社.

潘峰. 2012. 声表面波材料与器件[M]. 北京: 科学出版社.

韦煜. 2022. 微型扬声器设计与仿真[M]. 北京: 清华大学出版社.

章东, 郭霞生, 马青玉, 等. 2014. 医学超声基础[M]. 北京: 科学出版社.

Dung T L, Trung N N. 2010. Surface acoustic wave driven microfluidics-a review[J]. Micro and Nanosystems, 2(3): 217-225.

Friend J, Yeo L Y. 2011. Microscale acoustofluidics: Microfluidics driven via acoustics and ultrasonics[J]. Reviews of Modern Physics, 83(2): 647.

Lee S S, Ried R P, White R M. 1996. Piezoelectric cantilever microphone and microspeaker[J]. Journal of Microelectromechanical Systems, 5(4): 238-242.

Ozcelik A, Rufo J, Guo F, et al. 2018. Acoustic tweezers for the life sciences[J]. Nature Methods, 15: 1021-1028.

Rose J L. 2004. Ultrasonic Waves in Solid Media[M]. Cambridge: Cambridge University Press.

Wang H, Ma Y, Zheng Q, et al. 2021. Review of recent development of MEMS speakers[J]. Micromachines, 12(10): 1257.

Yi S H, Kim E S. 2005. Micromachined piezoelectric microspeaker[J]. Japanese Journal of Applied Physics, 44(6R): 3836-3841.

第 7 章

另辟蹊径——人工声学材料

7.1 引　　言

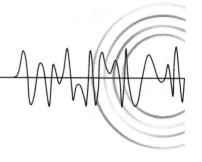

作为物理学的重要分支之一，声学是研究声波产生、传播、接收及其效应的学科，具有极强的应用性和外延性。声学的研究与新材料、新能源、医学、通讯、环境、海洋等科学紧密结合，在科技革新、国防安全、经济建设、国民健康与生活等方面都发挥着不可替代的作用。如何调控声场是声学研究的重要共性问题，其代表了音频声学、超声学、水声学和环境声学等研究领域的关键需求。例如：减振降噪不仅与生活息息相关，也关乎航空航天和轨道交通技术的发展，其核心是通过不同声学材料实现对声波能量的高效吸收或隔离；水下声学的发展关乎海军军事实力和海洋勘探能力的提升，声波作为水下长距离传输的唯一能量形式，其核心是通过特定声学材料实现水下声波的定向发射与接收；医学超声成像或工业无损探伤是通过超声与组织器官或结构缺陷的相互作用，实现对人体或物体内部结构的探测与表征，其核心是通过声学功能材料将超声调制成各种特殊波束。如今，随着相关新概念的引入及新效应的发现，声学这一经典又常新的学科持续焕发着蓬勃生机。

声场调控的本质是声物理学，传统声学理论基础是由连续介质力学基本方程发展而来，其在声波调控问题的解决上仍存在局限性。经典声学方法通常使用天然声学材料构建各类声学器件以实现对声波的控制，其声场调控的简便性、多样性及精确性都受制于天然材料固有的声学性质和声波自身的物理属性，这也导致了声学学科中的若干难题。典型问题包括三方面：①复杂声场的产生与调控问题：传统声学方法依赖大量换能器构成的阵列或声学器件的曲面外形来调控波阵面形态，其声场调控的能力受到器件的成本及几何形状等方面的限制，不易生成和调控精准诊疗、微粒操控及水下通信等重要场合所需的各类特殊声束，例如具备低衍射和自修复特性的艾里声束等；②声单向传播问题：线性非时变的声学系统满足互易原理，因此空间中任意两点之间具有对称的声传输特性，无法实现声波的单向传播；③声学器件的小型化问题：如何将器件变得更小是科学研究及工程应用共同追求的目标，如摩尔定律所描述的电子器件的发展趋势。但经典声学要求器件尺寸与声波波长相当，因此低频声波的高效吸收/隔离，以及定向辐射/接收等操控都需要使用大尺寸的器件来实现，故难以满足声学器件微型化、轻质化、扁平化及集成化的需求。这些科学问题对声场调控方法提出了新的要求和挑战。

随着声学学科的发展，人工声学材料作为代表，可突破天然材料的局限，可实现常规方法难于或无法产生的特殊声波操控，为解决上述难题提供了新的启示。声场人工调控作为声学研究领域的前沿方向之一，具有鲜明特点及丰富内涵，其以声子晶体、声学体超材料以及声学超构表面等利用人工方法构建的各类非均匀复合结构为研究对象，通过研究声学人工体系中的声传播理论及人工声学材料的设计方法，实现高效而精准的声波操控，研制具有不同功能的新原理人工声学材料和器件，并探寻其在各种重要声学分支领域中的应用方法。

本章将沿着人工声学材料的发展历程，着重介绍声子晶体材料、声学体超材料、声学超构表面、主动声学超材料和声学拓扑材料对声波的特殊操控，从而获得天然声学材料无法实现的诸多新奇功能。

7.2　声子晶体材料

运动的电子具有波粒二象性，可视为电子波（概率波）。电子在半导体中传播时，电子与半导体的原子周期势场相互作用使得半导体具有电子禁带，进而能够操控电子的流动。半导体已在集成电路、消费电子、通信系统、光伏发电等领域广泛应用，对人类文明的进步产生了深远的影响。

类比于半导体中的电子禁带，如果结构功能材料中的介电常数在光波长尺度上周期性变化，光子与周期结构的相互作用会使得该材料具有光子禁带（或称光子带隙）的能带结构，即某一频率范围的光波不能在此周期性结构中传播。具有光子禁带的周期性电介质结构功能材料称为光子晶体（photonic crystal）。光子晶体的概念于 1987 年由 Yablonovithch 和 John 两人分别独立提出。1991 年，Yablonovitch 通过实验验证了微波波段光子禁带的存在，随后光子晶体迅速成为光电子以及信息技术领域研究的热点。光子能量落在光子禁带中的光波不能在光子晶体中传播。同时，当光子晶体中存在点缺陷或线缺陷时，禁带内的光波将被局域在点缺陷内或只能沿线缺陷传播。进而，通过对光子晶体周期结构及其缺陷的设计，可以人为地调控光子的流动。

类比于光子晶体的光子禁带，研究发现当弹性波在周期性弹性复合介质中传播时也会产生类似的弹性波禁带，于是出现了声子晶体概念（phononic crystal）。1992 年，Sigalas 等在以周期性结构排列的基体材料中填埋球形物体，发现在外界声波的作用下，复合材料就会产生声学带隙现象，从而首次在理论合成了声子晶体。1993 年，Kushwaha 等正式提出了声子晶体的概念。1995 年，Martinez-Sala 在对西班牙马德里雕塑（流动的旋律）进行声学特性研究时，首次从实验角度证实了声波禁带的存在。声子晶体就是具有弹性波禁带的周期性结构功能材料，其内部材料组分（或称为组元）的弹性常数、质量密度等参数周期性变化。随着材料组分搭配的不同和周期结构形式的不同，声子晶体的弹性波禁带特性也就不同。声子晶体同光子晶体有着相似的基本特征：当弹性波频率落在禁带范围内时，弹性波被禁止传播（图 7.1 所示声子晶体能带结构中灰色区域即为弹性波禁带）；当存在点缺陷或线缺陷时弹性波会被局域在点缺陷处或只能沿线缺陷传播。所以，通过对声子晶体周期结构及其缺陷的设计可以人为地调控弹性波的传播。声子晶体以丰富的物理内涵和潜在的广阔应用前景，受到了各国研究机构的高度关注。

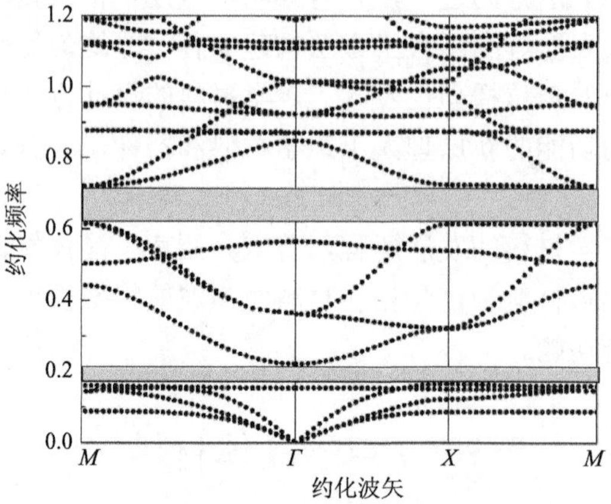

图 7.1　声子晶体能带结构

声子晶体中，每个组元具有 3 个独立的弹性参数，即质量密度 ρ、纵波波速 c_l 和横波波速 c_t（对于空气声波 $c_t=0$）；而光子晶体中，每个组元只有一个独立的弹性参数即介电常数。因此，对声子晶体的研究比对光子晶体的研究具有更丰富的物理内涵。表 7.1 列出了（电子）晶体、光子晶体及声子晶体的比较，从表中可以看出三者具有惊人的相似之处，（电子）晶体、光子晶体的一些研究方法对声子晶体的研究有一定的指导作用。图 7.2 给出了不同维度的声子晶体示意图。

表 7.1　（电子）晶体、光子晶体及声子晶体的比较

	（电子）晶体	光子晶体	声子晶体
结构	结晶体（天然或人工生长的）	两种（或以上）介电材料组成的周期性结构	两种（或以上）弹性材料组成的周期性结构
研究对象	电子的输运行为	电磁波在晶体中的传播	弹性波在晶体中的传播
参量	普适常数、原子数	各组元的介电常数	各组元的密度、波速
晶格尺寸	1×10^{-10} m～5×10^{-10} m	0.1 μm～1 cm	微观或宏观
波型	德布罗意波	电磁波	弹性波
偏振	自旋↑↓	横波	纵-横波耦合

续表

	（电子）晶体	光子晶体	声子晶体
波动方程	薛定谔方程 $-\frac{h}{2m}\nabla^2\psi + v\psi = \mathrm{i}h\frac{\partial\psi}{\partial t}$	麦克斯韦方程组 $\nabla^2 E - \nabla\left(\nabla gE\right) = \frac{\epsilon\left(r\right)}{c^2}\frac{\partial^2 E}{\partial t^2}$	弹性波波动方程 $\left(\lambda+2\mu\right)\nabla\left(\nabla gu\right)$ $-\mu\nabla\times\nabla\times u$ $+\rho\omega^2 u = 0$
特征	电子带隙、缺陷态、表面态	电磁波带隙、缺陷处的局域模式、表面态	弹性波带隙、缺陷处的局域模式、表面态
尺度	原子尺寸	电磁波波长	弹性波波长

图 7.2　一维、二维、三维声子晶体示意图

7.2.1　布拉格散射型声子晶体

弹性波禁带是声子晶体最主要的特征，其形成的机理主要有两种：布拉格散射机理和局域共振机理。其中布拉格散射是由固体物理学中关于晶体能带的理论中引出的，光子晶体即遵从布拉格散射机理。声子晶体布拉格散射造成禁带的原因主要是：特定周期变化的弹性材料与弹性波相互作用，使得某些频率的波在周期结构中没有对应的振动模式，故不能传播而产生禁带。大量研究弹性波禁带形成的文献都着重讨论了布拉格散射机理，研究表明：弹性波禁带的产生与复合介质中组分的弹性常数、密度、声速、组分的填充比有关，也与晶格结构形式及尺寸有关。一般来说，非网络型晶格结构形式比网络型晶格结构形式更易于产生禁带；复合介质中组分的弹性常数差异越大，越易于产生禁带。此外，布拉格散射形成的弹性波禁带对应的弹性波的波长一般与周期结构尺寸参数（即晶格尺寸或晶格常数）相当，这与光子晶体周期结构产生禁带的机理在概念上是一致的。但这也使布拉格散射机理对声子晶体在低频（尤其是在 1 kHz 以下）的应用造成了一定的困难。

布拉格散射机理强调周期结构对波的影响，如何设计其周期结构的晶格常数、材料组分的搭配和排列结构是设计带隙的关键问题。图 7.3 给出了不同的晶格排列的声子晶体周期结构。对声子晶体禁带机理的研究依赖于对弹性波禁带的计算，目前比较成熟的弹性波禁带计算方法有传递矩阵法、平面波展开法、有限差分时域法、多重散射法和有限元法。

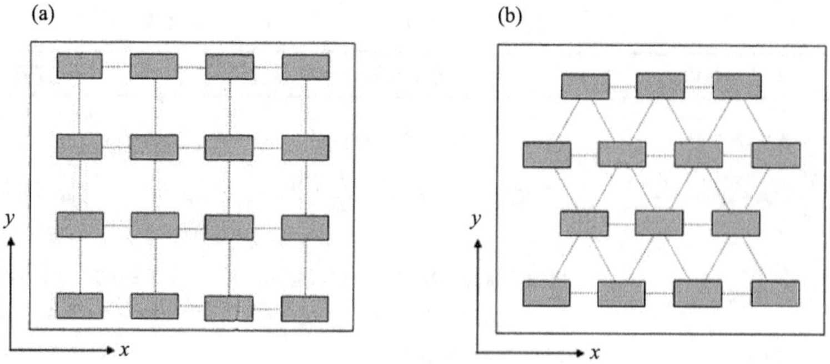

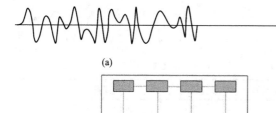

图 7.3　（a）正方形和（b）正三角形排列的周期结构

7.2.2　局域共振型声子晶体

2000 年，Zhengyou Liu 提出了局域共振型声子晶体，其结构为将黏弹性软材料包覆后的铅球组成的简单立方晶格结构埋在环氧树脂中形成的三维声子晶体，如图 7.4 所示。当介质中的声波频率与内嵌单元的共振频率接近时，共振单元与声波产生强烈的耦合作用而消耗声能。研究发现相比产生同样带隙特征的布拉格散射型声子晶体，其尺寸降低了 2 个数量级，从而实现了小尺寸声学材料对长波长声波的控制。该声子晶体禁带所对应的波长远远大于晶格的尺寸，突破了布拉格散射机理的限制，而且在散射体并非严格周期分布、甚至随机分布时，复合结构同样具有禁带，由此可得弹性波禁带的局域共振机理。局域共振机理认为，在特定频率的弹性波激励下，单个散射体产生共振，并与入射波相互作用，使其不能继续传播。禁带的产生主要取决于各个单散射体本身的结构与弹性波的相互作用。因此，对于符合局域共振机理的声子晶体，禁带与单个散射体固有的振动特性密切相关，与散射体的周期性及晶格常数关系不大，这对于声子晶体在低频波段的应用开辟了广阔的道路。

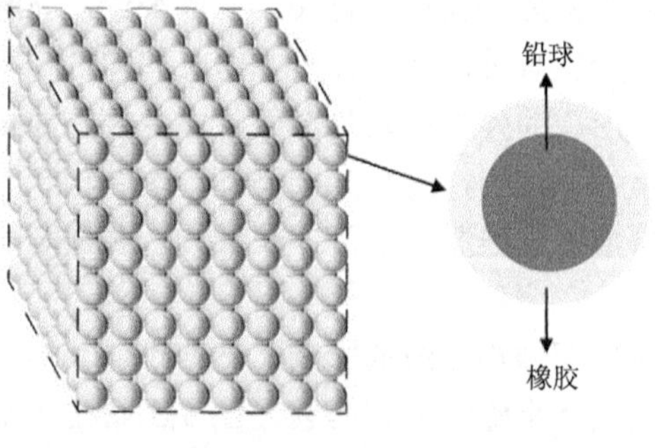

图 7.4　局域共振型声子晶体及单元结构

局域共振机理强调单个散射体的特殊结构对波的作用，故如何设计单个散射体的共振结构与散射体在基体内的分布特性是问题的关键。

7.3　声学体超材料

超材料（metamaterial）指的是一类具有人工设计的结构并呈现出天然材料所不具备的超常物理性质的新型复合材料。自然界中的很多材料可以对经典波（声波、弹性波、电磁波等）进行调控，但这些材料的响应参数均为正值。要突破自然界常规材料对波的调控的限制，需引入新的物理机理和方法实现波的负参数响应。1968 年，Veselago 提出电磁左手材料的概念，其波矢量、电场强度和磁场强度构成左旋关系，1996～2001 年由 Pendry 等和 Smith 等分别从理论和实验上加以验证，实现了响应参数，即介电常数和磁导率同时为负的左手材料（也称为双负材料），开辟了对电磁波反常调控的新途径。由左手材料发展而来的电磁超材料是一种人工设计的材料，对电磁波具有负折射、反常多普勒、完美超透镜、电磁隐身等反常调控效应。

由于声波和电磁波的波动方程的相似性，有共同的波参数，如波矢、波阻抗和能流等，且均满足波动方程。通过类比，将电磁超材料的设计思想延伸到声学领域，可以设计出对声波产生各种特殊操控的声学超材料。对于天然材料而言，质量密度、杨氏模量、泊松比等材料参数在自然环境下均为正值，而在人工构造材料中，等效材料参数可以在特定频率范围内变为负值。例如，前述的局域共振型声子晶体，虽具有声子晶体的周期结构特征，但局域共振型的结构单元的构建使得结构整体具有低频禁带，其结构单元的尺寸要远小于禁带频率对应的波长，即结构单元为亚波长结构，这与布拉格散射型声子晶体的周期结构尺寸与禁带波长接近所不同，这也使得局域共振型结构在低频禁带附近具有负的等效质量密度。与电磁超材料特性相类似，亚波长结构和有效材料负参数是声学体超材料的重要特征。

局域共振单元引入材料构造中可以增强声波（弹性波）与物质的相互作用，使得等效声学参数可在特定频率范围内变为负，这是在天然材料中所不具备的现象。基于共振机理，可以实现负等效质量密度、负等效体积模量以及一些不同寻常的声学参数，如负折射率等。

7.3.1　负质量密度和负体模量

质量密度 ρ 和体弹性模量 K 是声学材料的两个关键参数，它们决定了声波在介质中的传播特性。例如，介质的声速和声特性阻抗均由这两个参数表示：声速 $c=\sqrt{K/\rho}$，介质的特性阻抗 $Z=\sqrt{K\rho}$。在天然介质中，二者通常都为正值，并由介质的材料组分和微观结构决定。然而，如果在材料构造中引入局域共振单元，增强声波（弹性波）和物质的相互作用，就可能得到天然材料中无法实现的等效参数，即奇异的声学参数。基于共振的机理，可以引入负的等效质量密度和体弹性模量，进而得到零折射率等奇异的声学参数。由此带来新奇的物理效应，有望突破经典声学的理论限制，构造新功能声学器件，应用至声聚焦、超分辨率成像等方面。图 7.5 给出了质量密度 ρ 和体弹性模量 K 的参数空间图。

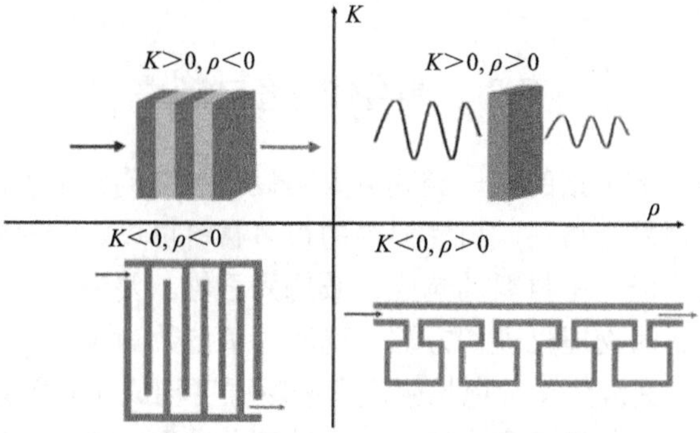

图 7.5　质量密度和体弹性模量的参数空间图

研究表明，结构单元的共振模式会影响介质的等效质量密度和体弹性模量。其中，偶极共振模式会引起质量密度的共振响应，单极共振会引起体弹性模量的共振响应。若声质点运动的加速度与声学驱动力反相，就可能产生负的质量密度。图 7.4 可视为一种负等效质量密度的声学体超材料，它的结构单元为包覆有橡胶层的小铅球，并镶嵌在基体材料中，构成简单立方晶格，其局域共振带隙对应的频段远低于传统布拉格散射带隙对应的频段。在共振频率附近，铅球和基体材料发生反相的运动，从而产生负的等效质量密度的响应。薄膜结构同样可实现该声学效应，并且通过改变薄膜的尺寸或是薄膜上缀加质量负载能够很大程度上改变薄膜的共振响应。另一种共振模式-单极共振会引起体弹性模量的共振响应。图 7.6 所示结构由集成有亥姆霍兹共振腔的波导管构成，其在低频段处形成带隙，并产生了负的等效体弹性模量 K。通过设计腔体的尺寸，可以灵活地调控带隙的频段，并可应用于噪声隔离器：即当介质的质量密度 ρ 和体弹性模量 K 二者其中一个参数为负值时，声波的相速度为纯虚数，此时声能无法传播。然而，如果同时引入单极共振和偶极共振模式，就可以构造双负参数（等效质量密度和体弹性模量同时为负值）的超材料。例如图 7.7 所示，结合亥姆霍兹共振腔和薄膜结构，就可以同时实现单极共振与偶极共振，构成双负声体超材料。此时，介质具有负的折射率，声波可以

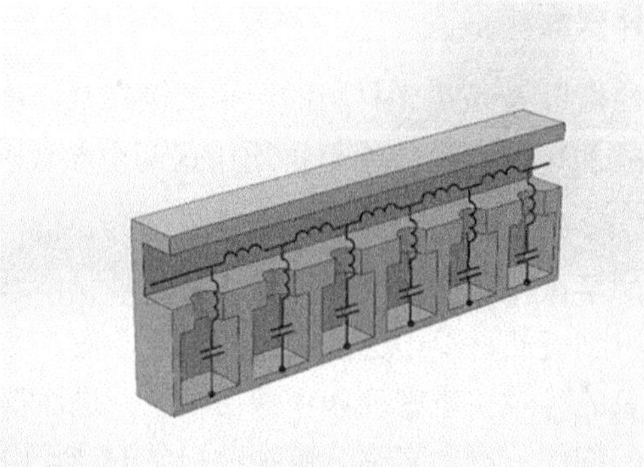

图 7.6　集成亥姆霍兹共振腔的波导管（负的等效体弹性模量）

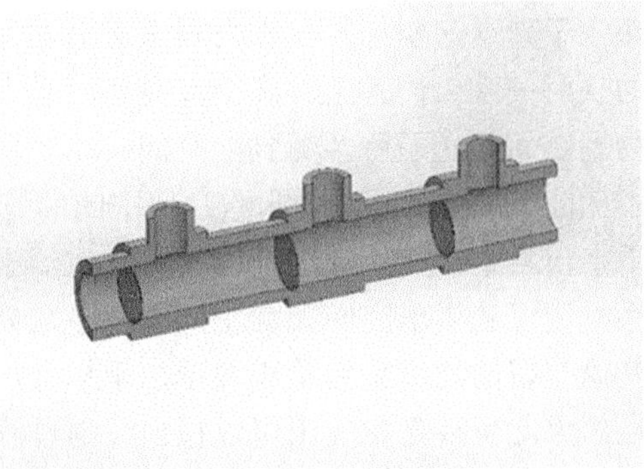

图 7.7　共振腔和薄膜复合结构（等效质量密度和体弹性模量同时为负）

传播，且声波能流的方向与相速度的方向相反。基于米氏共振效应，水-橡胶球柔性复合结构也可以同时实现负的质量密度、负的体弹性模量以及类似的负折射效应。这些材料与天然材料的声学属性不同，为操控声波提供了一种新的方式。

此外，还有几种其他方法可以实现反常参数。空间卷曲结构可以使能带折叠，产生负的色散关系，从而实现负折射。这种结构相对简单，易于实现，并且不依赖于共振效应，如图 7.8 所示。其具有双曲色散的各向异性结构，由于等频线是双曲线型，几乎可以实现全角度的负折射。进而，所得的零折射率超材料也是一个有趣的研究领域，可用于精确的相位调控，声波通过这种材料不会发生相位的改变，可以应用于声学成像、声检测等方面。

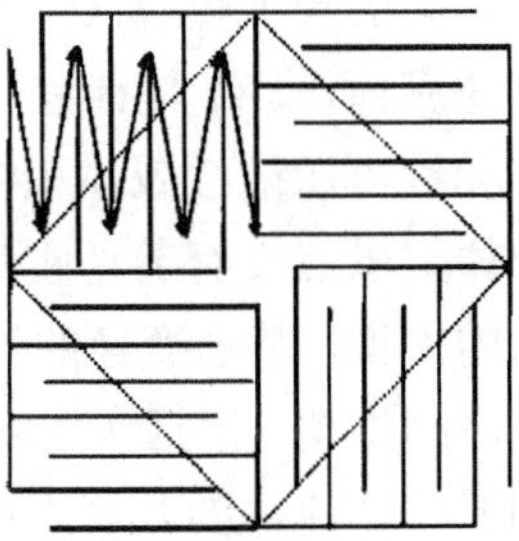

图 7.8　空间卷曲结构（可实现负折射）

上述的大多数声学体超材料设计都利用了周期性结构。对于绝大多数声学（电磁）超材料来说也是如此，主要是为了便于制造。但是考虑到声学超材料的概念是基于局域的、内部物理结构的响应，如果单位体积内单元的平均数量在一个波长范围内保持相当均匀的话，就没有理由不能用非周期性结构制造超材料。相关研究已开始利用由软矩阵组成的超材料进行探索，软矩阵包含第二种材料的非结构化气泡阵列。

7.3.2　变换声学和声隐身

随着具备反常声学参数的超材料的发展，科研人员提出了构造声流的新方法。其中变换声学的概念是指通过设计材料来控制声波，并最终依赖声学超材料的物理实现。这个想法起源于电磁学和光学的概念。麦克斯韦方程组的坐标变换不变性意味着任何基于坐标变换的电磁场变形，如拉伸和压缩，都可以通过恰当的电磁材料性质分布在物理上产生。获得这种效果所需要的材料性质通常是复杂和难以实现的，但这一概念的普遍性意味着，即使是复杂的电磁场变形，如隐身所需要的变形，原则上可以使用恰当的材料构造获得，该想法已在电波和光波频段得到了实验验证，变换光学也由此产生。

变换光学的核心思想在于建立起坐标变换和材料参数分布之间的关系。坐标变换即为虚空间和实空间之间的映射关系。简言之，虚空间可认为是人眼所看到的空间，实空间则为实际客观存在的物理空间或光子所感受到的空间。由于各种媒质的存在，实空间往往是弯曲的，而且其对应的弯曲程度可以由非欧几何中的黎曼度规来表征。由此可见，弯曲空间并非仅仅存在于宇宙学中，而广泛地存在于日常生活中。通过建立虚空间和实空间之间的坐标变换关系，便可获得虚空间和实空间材料参数分布之间的关系。类似的变换操作也可以应用于其他类型的波，特别是声波：由于标量声波方程同麦克斯韦方程一样满足坐标变换不变性，因此变换光学理论可以很自然地过渡成变换声学理论。这种变换关系有助于设计一些新型的声学器件，并以一种前所未有的方式来控制声波的传输。值得注意的是：与电磁波相反，变换声学理论不是独立于背景流体的速度（在低流速下，这种影响是相当有限的）。

变换声学领域的理论研究增加了可用的自由度，能提供广泛的声学材料特性，可以实现特定的坐标变换，而不是变换光学中所用的一对一映射。根据这一结果，出现了两种截然不同的类流体物质：惯性超流体和五模超流体。这些材料通常被称为超流体，尽管它们像流体，但还具有空气或水等简单流体所没有的特性。惯性超流体本质上是流体，由单个标量可压缩性或体积模量，以及张量（各向异性的）质量密度定义。五模超流体是类流体，虽然没有剪切刚度，但由可压缩张量而不是标量定义。

总的来说，基于变换的设计方法（如图 7.9）可以用于设计能够以非常复杂的方式来操控声波的结构，包括实现隐身的结构，前提是可以实现一些不同寻常的声学材料特性。惯性和五模超流体的共同之处在于需要制造具有可控的非均质性（即材料性质的空间变化）和可控的各向异性（即材料性质的方向变化）的材料。虽然一些天然固体材料表现出这些特性，但流体或类流体材料却很少表现出这些特性，而且从变换声学设计过程中所需的特异参数意味着：声学超材料是实现所需超流体特性的有效途径。惯性超流体通常由元胞组成，其中固体结构被背景流体所包裹。五模超流体可以由相互连接的固体支柱晶格构成，可呈现出其剪切刚度几乎消失的特性。

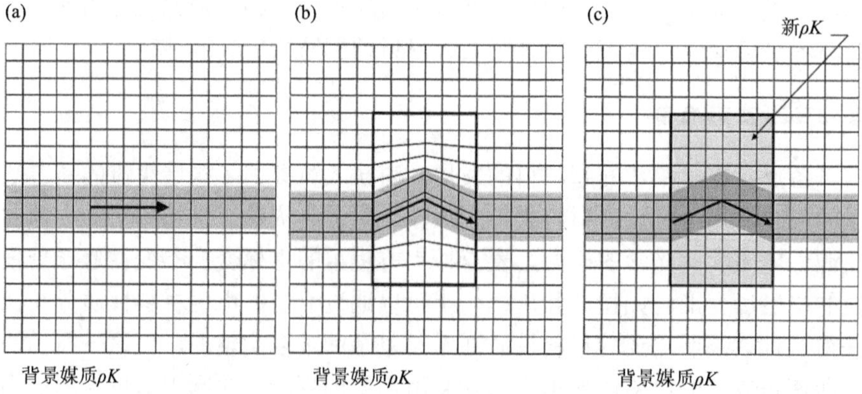

图 7.9　变换声学示意图；（a）简单媒介；（b）变形网格；（c）声超材料

实验研究也探索了用声学超材料来实现惯性超流体，并表明它们是相对简单且能实现的。例如，在流体中将简单散射体作旋转不对称排列成自然均质，从而产生各向异性的有效质量密度。同时，其组装的交变流体层很薄，原则上可以组装层叠起来，从而产生制造声隐身斗篷所需的非均匀性和强各向异性。在计算模拟中显示了由背景流体包围的细长刚性散射体构成的可实用的结构，在实验中也表现得像流体一样，其有效动态质量密度的各向异性是可调的。这些工作为使用惯性超流体进行声隐身的实验实现奠定了基础。图 7.10 演示了运用声超材料进行变换设计的方法，其中单个元胞的模拟用于确定所需要的结构，以取得变换设计过程中出现的不同的理想声学材料属性。一个完整的超材料结构由这些元胞构成。首个声隐身实验使用了一种声学超材料，设计用于控制二维波在超声频率和薄水层中的传播，这种材料使用了在铝基板上由狭窄通道和腔体组成的结构。随后基于空气的实验证明了“地毯隐身”可在反射表面隐藏一个物体，以及实现声学幻象：使一个物体的散射波像另一个物体得以在一个二维结构中实现。这些在空气中的实验演示都采用了某种形式的刚性穿孔板结构以使得等效质量密度中产生所需的各向异性。总的来说，这些结果验证了使用声学超材料来构建变换声学结构的概念，这些复合结构能以传统声学材料无法做到的方式来操控声波。

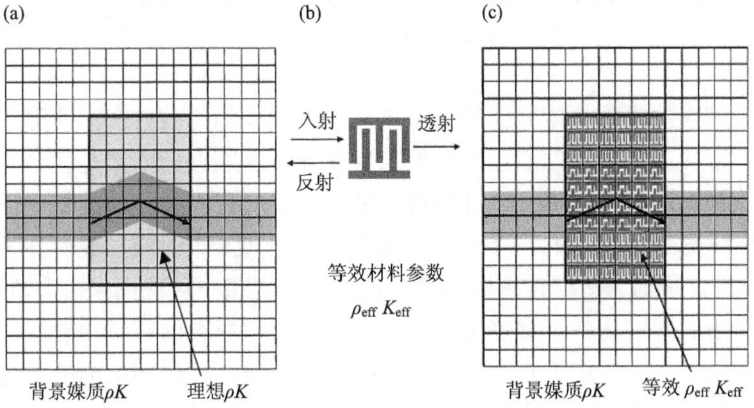

图 7.10　运用声超材料进行变换设计：（a）理想材料；（b）单元设计；（c）构建超材料

同时，尽管五模声学超材料的制备比惯性超材料更具挑战性，但它们在设计变换声学结构方面具有更大的灵活性。利用五模超材料实现声隐身的重要一步已经通过制备近五模、低剪切模量的声超材料结构得以实现。受益于中性浮力可以运用到结构设计中，五模超材料在水声应用中具有潜在的优势。然而，证明密度和模量各向异性对水中结构中的变换声学有用仍然是声学超材料领域的一个研究目标。目前，已将声学隐身的概念扩展到更一般的振动波，并在包括表面水波、薄板中的弹性波、静态压力和地震波在内的多个领域得到了验证。图 7.11（a）和（b）给出了隐身斗篷的原理示意图，图 7.11（c）和（d）分别给出平面波和球面波入射时的声隐身模拟图。

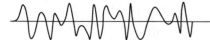

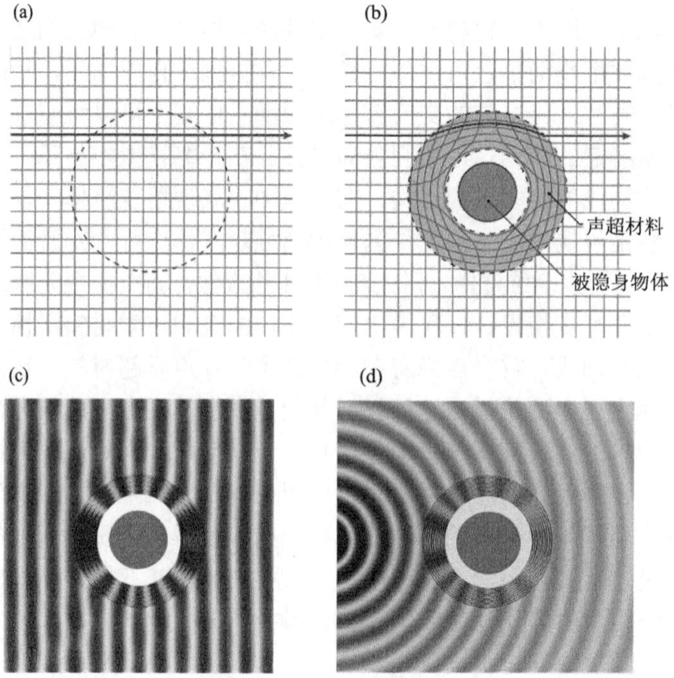

图 7.11 隐身斗篷示意图

基于变换声学的声隐身研究也激发了包括用于减少物体散射在内的更广泛的应用研究，并产生了依赖于不同物理原理的其他隐身概念。这些设计主要是基于通过放置额外的材料来消除物体散射，而不是通过隐形壳来消除波与目标物体间的相互作用。这个概念首先是在电磁隐身中引入的，并在声学理论中以不同形式得到发展，其核心是运用薄壳均质材料。与此同时，新型传感器的概念也从上述思路中浮现出来，比如隐形传感器，它可在测量声场的同时而不干扰声场，以及一种基于超材料的声学传感器，它可以被动地放大入射声压。另一应用则是散射抵消，即涉及由传统材料制成的散射物体的优化放置，其可在特定频率下和特定方向上产生零散射。此外，还发展出 PT（parity-time）对称声学材料，它们能够吸收并重新发射入射信号，从而推进声隐身或传感器的发展。隐身技术的应用还激发了科研人员对探索带有主动结构的超材料的兴趣，这也是声学超材料研究中的前沿方向之一。

7.3.3 特殊声场精准操控

声场的精准操控是指通过声学结构实现对入射声波的反射和透射声场的精准调控，以实现声波单向传输（声二极管）、波束偏转、自弯曲声束、螺旋声束、声能聚焦、声镊等，进而构建具备优异性能或特殊功能的声学器件。本节重点阐述具有代表性的声波单向传输，其他声束可在本章各节中找到对应的人工声学结构。

电子二极管作为第一个可对能量产生整流作用的器件，其发明不仅具有里程碑式的重要意义，而且引发了全世界范围内的半导体和信息产业革命，极大地影响了人类的生活。此后，科研人员相继开展了对热流及孤波进行整流以实现单向传导的研究。声波作为人类最早认识的经典波形式之一，其研究历史悠久且在自然界的存在形式也更普遍。因此，若能像电子二极管控制电流一样对声波进行整流，实现声波的单向导通，其学术意义及应用价值是显而易见的。基于相关声波调控的人工声学材料的研究，围绕单向声整流人工结构已开展了一系列的研究。2010 年，Bin Liang 等首先提出了声二极管模型，其由声子晶体结构与强声学非线性媒质组成。研究表明该模型虽结构简单却可有效产生声整流效应，沿特定方向入射的声波可部分透过整个系统，而反向入射的声波则基本被反射，且透射声能量与入射声压间的关系与电子二极管的伏安关系极为相似。声二极管的示意性样品由超声造影剂微泡溶液与一个声子晶体结构（水与玻璃层叠而成）构成，实验结果显示其可在医学超声常用的兆赫频段产生近万倍的声整流效率。声二极管不仅解决了声能流无法单向流动的物理难题，更有望在超声医学成像与治疗等重要领域产生应用。同时，针对非线性系统中能量转化率低以及损耗大等问题，利用反对称板具有的强模式转换效应已设计出了声波单向导通板。该单向导通模型在线性条件下可实现声流的单向导通，其结构简单且便于集成，可用于实现声信息的逻辑和算术处理。考虑到实际的声学系统均为有限大小且实际声学器件中的声信号通常是在声波导中进行传播，已提出了在声波导这一典型声学环境中产生单向声传播的结构：一种基于声子晶体的单向声学波导模型，并在实验上初步制备了原理性的器件。由于声子晶体的晶格尺寸与声波波长密切相关，基于声子晶体的声单向结构的尺寸相对较大，这给此类结构的实际应用带来了很大困难。为此，通过纯板和周期声栅相复合的方法，已设计并制备了一种新的声波单向传播结构，其具有较小的尺寸和很高的效率。通过合适地选择参数，其声波出射的角度也可以得到很好的调控。在声单向结构中，声波在时间或空间上的转化和滤波往往导致结构仅在若干较窄频带上有效，且沿导通方向透过的声波一旦被反射后仍可以回到声源一侧，这不利于实际器件的设计。针对该问题，已提出了利用声学梯度材料实现非对称声传播的理论方法，并结合了声子晶体的超材料给出了一种解决问题的方案。该结构基于声波在梯度材料中沿相反两方向传播轨迹的不对称性，实现了在较宽的频带上的单向声传播。

图 7.12（a）给出了声波单向传输的原理图，即声单向器件应具备声波模式转换和模式选择两种机制。图 7.12（b）给出了上述由非线性媒质和声子晶体（两种线性媒质交替排列）构成的一维声波单向传输系统。非线性机制的引入是为破坏系统对称性，使入射的声能量被部分转移到二次谐波上，同时利用声子晶体结构的能带特性产生滤波作用，对二次谐波呈“带通”而对基波呈“带阻”。当声波由强非线性媒质一侧入射时，因声学非线性效应产生的二次谐波可以通过整个系统，而由另一侧入射的声能量则直接被声子晶体结构完全反射，即可使该系统表现出与电子二极管类似的基本特征。图 7.12（c）给出了上述由非对称结构板和声子晶体板（对称结构）构成的声波单向传输装置。当 A 模式板波由非对称一次侧入射后会转化成 A+S 模式的板波，而声子晶体板的能带结构被设计成对 S 模式“带通”和对 A 模式“带阻”，则 S 模式板波可通过声子晶体一侧；反之当 A 模式板波从声子晶体板一侧入射时处在“带阻”区域而被完全反射。这两套系统

中，声子晶体部分都起到模式选择作用，非线性媒质和非对称结构板都是起到模式转换的作用，分别是倍频和板波模式转换。

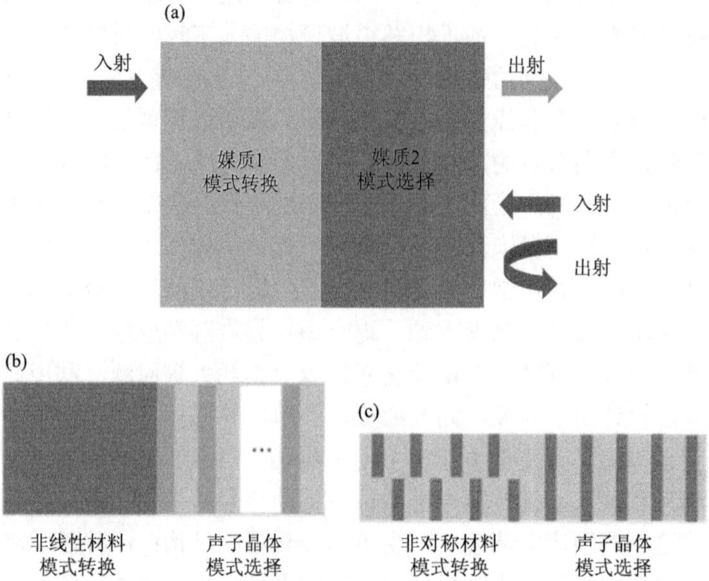

图 7.12　声波单向传输示意图

值得注意的是前述声波单向传输本质上是声波能量的非对称传输，由于模式转换机制的存在，声波模式大都在传输中发生变化。此外，声单向器件作为声控制器件的基础，其设计大多基于某种非对称性。这类非对称性会导致正向出射的声波与入射声波的形态不同。与之相对，作为电路基础的电二极管，虽然也具有基于 PN 结的不对称性，但其输出的电流与输入的电流形式上完全相同，电二极管于是可以级联，组成更复杂的逻辑电路。而声二极管正向出射声波与入射声波的形态差异导致器件无法级联，这是阻碍声二极管和声计算器件发展的一大重要问题。从信号处理与信息计算的视角出发，实现保持声波信息完整的单向传输也显得尤为更为重要。已有研究尝试设计了声能量流图案滤波的单向器件，可不改变输出声波的模式，并能实现器件的级联。图 7.13 展示了所设计的声能流图案滤波单向器件的结构原理。该结构设置在波导管中，由两部分组成，第一部分是结构所依附的软边界波导管，第二部分是“声能流图案滤波器”（acoustic waveform filter, AWF），该滤波器由若干块硬边界插板组成。可以通过调整 AWF 两侧的距离，来调整两侧入射的平面声波的平移距离，进而通过将 AWF 结构与特定混合模态的声波相结合，不同平移距离的声波对 AWF 的透射率不同。于是，通过设置合适的波导端口至 AWF 的距离 D_1 和 D_2，从正向入射的声波的能流会绕过 AWF 的挡板而完全透射；从反向入射的声波的能流则会撞上 AWF 的挡板而被完全反射。当正向入射时，由于 AWF 的挡板落在特定混合模态声波的声能流幅度分布的极小值位置上，这些挡板对于声波而言近乎是“不可见”的，声波可以无阻碍地穿过，而不会被转换模式。这使得所设计的单向器件能有效地保护声波的模态、波形，以及声波携带的信息。此外，这一特性也使得该型单向器件可以相互级联，为组成更复杂声单向器件的网络提供了基础，并为未来更复杂的声学计算器件等的研究与设计提供了新的思路。

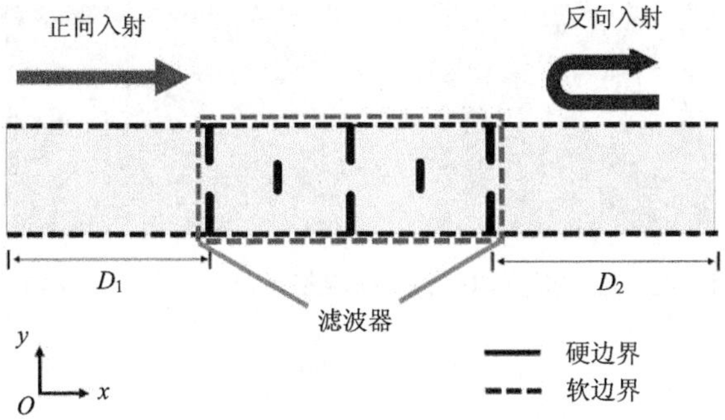

图 7.13　声能流图案滤波单向器件

7.4　声学超构表面

为了增强波与物质之间的相互作用，以及在尽可能小的空间内操控声波，科研人员开始探索声学超构表面。声学超构表面是一种新型的二维人工声学材料，也是声学超材料的重要分支。与传统的三维声学体超材料相比，它在空间中的某一个维度尺寸很小，具有深亚波长特性，拥有超薄、平面特性和可完全操控声波传播等优势。对声学超构表面的研究不仅对拓展基础声学领域有着重大的科学意义，也有望克服传统材料的缺点，实现利用超薄结构高效调节声波的反射、透射和吸收特性。

复杂声场的构建等诸多声学问题都可归为如何有效调控声波波阵面。根据斯内尔定律（Snell's law），当声（光）波入射到两种不同介质的界面时，入射角等于反射角，如图 7.14（a）所示，这是切向动量连续的必然结果。2011 年，Capasso 等提出广义斯内尔定律（Generalized Snell's law）的概念，通过在材料界面处引入共振单元带来局域化动量并设计界面处的相位突变，波的反射和折射不再遵循斯内尔定律，而受到界面相位突变的调制，实现了可任意调控的电磁波反射（透射）性质。其原理如图 7.14（b）所示，由于介质界面处存在额外相位分布 $\phi(x)$，通过引入合适的相位分布 $\phi(x)$可任意调控反射角并取得所需相位。基于广义斯内尔定律，通过人工声学表面相位分布的设计可取得奇异的反射和透射现象。图 7.15（a）给出了反射角为 90°的情形，即反射波沿界面传播，而不反射回入射空间。这一现象可用于减振降噪。图 7.15（b）则给出了负折射的情形，这可用于声聚焦、声超透镜等器件的制备。

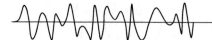

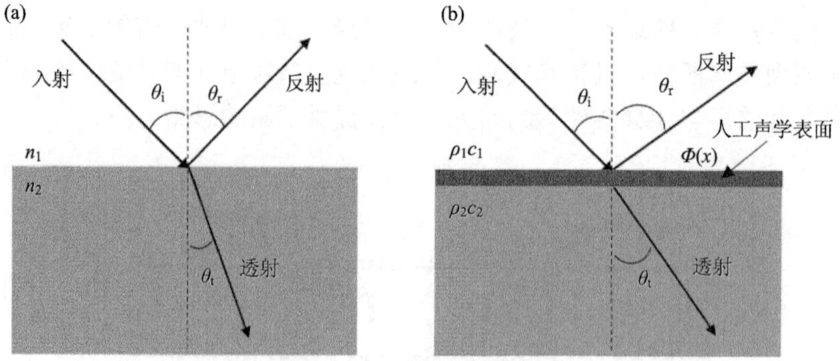

图 7.14　反（透）射定律：（a）斯内尔定律；（b）广义斯内尔定律

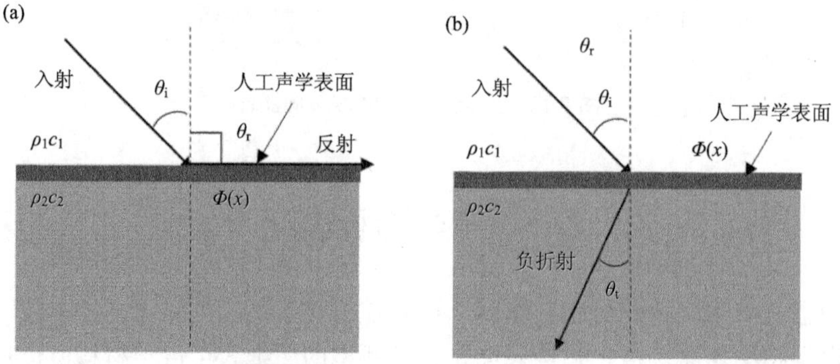

图 7.15　人工声学表面调控特例：（a）无反射情形；（b）负折射情形

类比电磁波，广义斯内尔定律也是声学超构表面的设计基础。其界面处额外的相位分布可以使用亚波长的人工结构（声学超构表面）来构建。声学超构表面通常由多个亚波长的结构单元组成。通过改变结构单元的尺寸或材料，每个结构单元能够独立地对声波进行 $0\sim2\pi$ 范围内的相位调制，从而在超表面的出射面上形成特定的相位分布。基于这种对波阵面的调控方法，可以形成传统方法难以实现的复杂声束，如自弯曲声束、声涡旋等。

目前，声学超构表面主要有以下三种典型的形式：反射型声学超构表面、透射型声学超构表面以及吸收型声学超构表面。反射型声学超构表面可以实现对反射声波的有效调控，透射型声学超构表面则能操控透射声波，吸收型声学超构表面是利用声波在结构中的耗散，实现声能的吸收。声学超构表面的常用结构单元有空间卷曲结构、局域共振结构、薄膜结构等形式。严格地说，声学超构表面是一种单层材料，能够对入射波进行任意的相位和振幅调制，是大体积声子晶体或声体超材料的替代品。在某些情况下，声子晶体或声体超材料的性能可能会因材料耗散而受到影响，而这些超薄材料能够支持和产生奇特的声学效应。图 7.16 给出了三种不同类型的声学超构表面，分别是折叠结构反射型、折叠结构透射型和腔体结构透射型。

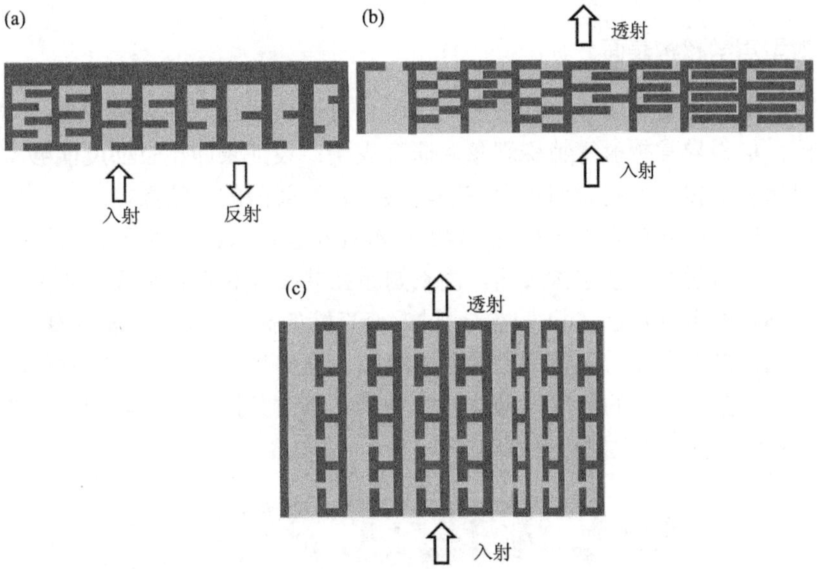

图 7.16　不同类型的声学超构表面

7.4.1　反射型声学超构表面

利用等离激元共振的特性可以实现电磁波超构表面，然而在声学领域中并不存在此类共振。由于声学是标量波，其在直管中传播没有截止频率，声波可在弯曲的管中自由传播。图 7.17 是典型的空间折叠结构，当入射声波从一侧进入卷曲结构后经另一侧的刚性壁的全反射回传到出口，通过调节声程差来调控相位延迟。其相位延迟的表达式为 kL，其中 k 为空气中的波矢，L 为声波的传播距离。因此，可以调控卷曲空间的结构，即调控参数 L，实现声波的相位调控。声波入射后经入口进入折叠结构，在 Z 字形通道中传播，在末端被硬边界完全反射，最后在入口形成反射场。通过引入这类空间折叠结构，声波在结构内传播的路程相比传统器件显著增加，从而可实现 0～2π 的相位调制。

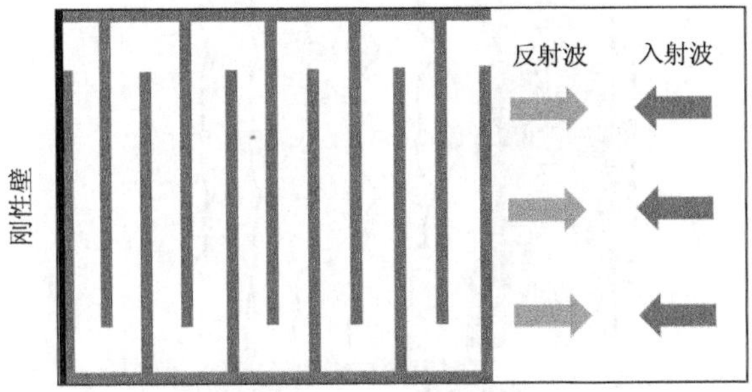

图 7.17　空间折叠结构

7.4.2 透射型声学超构表面

空间折叠结构有效利用了结构空间，同时也可以构成透射型超构表面，实现对透射声波的操控，取得异常折射等特殊现象。研究表明：设计表面相位梯度能够实现包括声束偏转、聚焦和从传播态到表面束缚态的转换等各种类型的声波操控。

空间折叠结构中存在明显声损耗，导致声波在结构内部的耗散严重。针对这一问题，已提出了另一种透射型声学超构表面，由亥姆霍兹共振腔和直管组成，如图 7.18 所示。直管旁支处耦合 5 个亥姆霍兹共振腔，通过改变直管的高度，经与结构的耦合共振作用，透射声波的相位能够在 0～2π 范围内被任意调控。在整体设计上，整个器件的厚度设置为半个波长，而基本单元的高度仅为波长的 1/10，半波共振保证了结构的高透射率，同时实现了在亚波长尺度范围内操控声波。

图 7.18　耦合亥姆霍兹直管单元

声学超构表面还可实现一系列的特殊声学效应。例如，对自弯曲波束的调制和声学全息成像。利用精密的 3D 打印技术制造出分辨率很高的声学超构表面，如图 7.19 所示。每一个像素点的相位延迟取决于它的厚度，声波在出射面形成一定的相位分布，这种含特定相位信息的声波承载了所设计的图案的信息，最终在特定像平面上可反演出成像信息，该方法调制的全息图分辨率非常高。此外，实现具有螺旋相位分布的声涡旋场也具有重要的理论意义和应用价值。携带不同拓扑荷的涡旋声束可应用于水下的高速通信。利用腔体和管道结构，使得入射平面波的波阵面“拧”成螺旋形，使之携带轨道角动量。通过调整声学共振体的几何参数可以实现对轨道角动量阶数的精确控制。另外，声学超

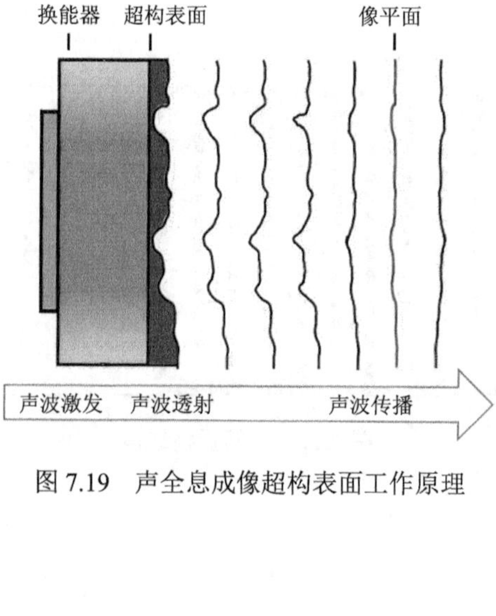

图 7.19　声全息成像超构表面工作原理

构表面结构单元通常无法同时独立地调节声波的幅值和相位，这限制了超构表面对声场的调控能力。已有研究表明管道结构参数对反射声波幅值-相位的退耦合效应，可设计任意调节声波幅值和相位的结构单元，提高了超构表面对声场调控的质量和灵活性。

7.4.3　吸收型声学超构表面

噪声控制是日常生活中非常关注的问题，过强的噪声不仅会影响人们的生活质量，甚至会损伤听力。随着航空事业的发展，飞机、飞行器的使用日益频繁，对机场周边环境的噪声影响不断加剧。在国防工程领域，噪声问题更加突出，直接影响军用装备的战场适用能力。吸声是消除噪声的直接手段，但由于噪声涉及的频谱范围很宽，使得完美吸声相当困难。经典吸声材料具有固定的吸收谱，只能通过增加或减少厚度进行调整，造成传统吸声器件的体积庞大等问题。结合声学人工材料，具有亚波长尺寸的吸声器件的设计方法被提出，在缩减体积的同时能够实现宽频完美吸声。

薄膜型超材料在低频段具有负质量密度特性，基于这种性质，已提出了薄膜型声学超构表面。实验和理论研究表明该薄膜型声学超材料在 200～300 Hz 范围内具有负的等效质量密度，能够实现有效隔声。进一步，可优化设计一种类似的薄膜型声学超材料，如图 7.20 所示。通过在弹性薄膜上镶嵌不对称的多个半圆形金属片，使得该复合结构具有多个共振频率，能够在 100～1000 Hz 范围内有效吸收低频声波。随后还出现了一种复合式薄膜吸声结构，通过在薄膜背侧放置刚性板，薄膜和刚性板之间的多次反射可产生新的混合共振，实现单侧入射波的准完美吸收，且通过组合不同复合结构，实现了多个频点的准完美吸声功能。

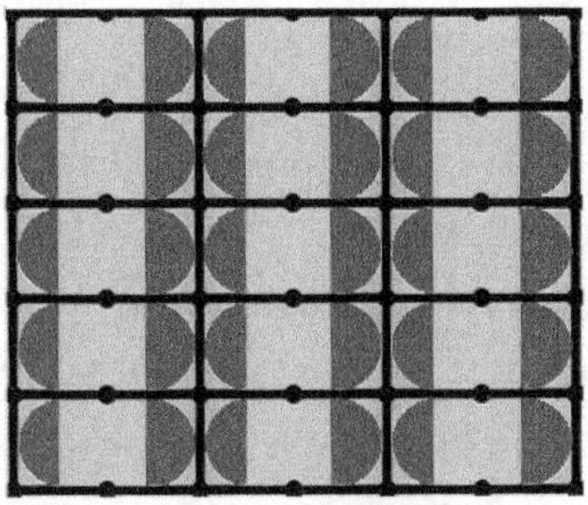

图 7.20　薄膜型声学超材料

另一类吸声材料由亥姆霍兹共振腔构成，基于局域共振效应能够以亚波长尺度高效吸收低频声波。可以基于两个具有不同共振频率的亥姆霍兹共振腔相互耦合构成一种超构表面。针对这种吸声结构存在一个特殊频率（处于两个共振腔的共振频率之间），使得两个亥姆霍兹共振腔均被激励，然而二者为反相模式。基于对色散关系的分析，经结构反射后的声波将以倏逝波模式迅速衰减，因而实现了完美吸收。此外，通过强化弱吸声单元之间的耦合作用，可以实现一种新型的轻薄宽频吸声结构，如图 7.21 所示。虽然每个弱共振单元本身仅具有较低的吸声峰，但基于结构之间的耦合作用，能够实现宽频范围内的有效吸声，平均吸声系数大于 0.9。通过排列不同尺寸的亥姆霍兹共振腔，可实现声波的非对称吸收。当声波从一侧入射时，结构实现完美匹配层的功能；而另一侧等效为声学软边界，实现声波的全反射。最近有研究还利用频域中近连续的共振模式及近场非局域耦合效应抑制反共振，使得系统满足过阻尼条件（声阻略大于 1），构建了如图 7.22 所示轻薄声超材料吸声体，实验验证了超宽带高效吸声性能。

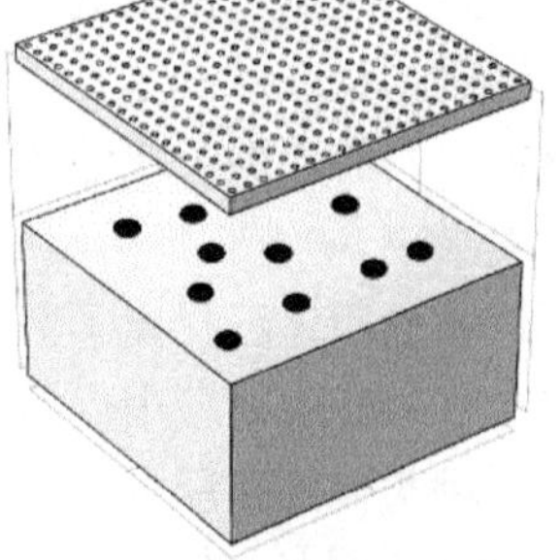

图 7.21　轻薄宽频吸声结构

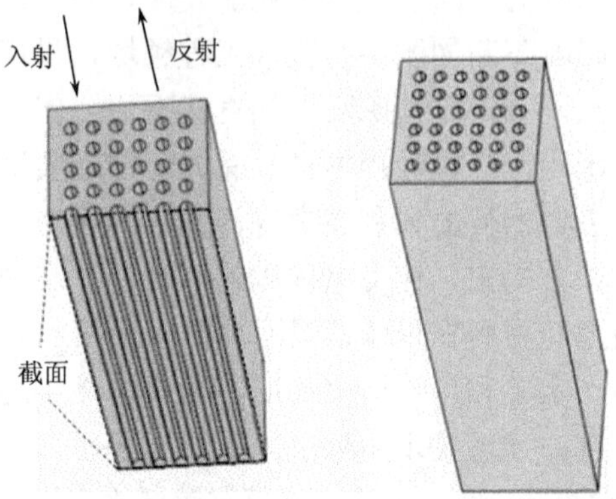

图 7.22　级联亥姆霍兹共振器组成的非局域超材料

然而，声超构表面领域中还有诸多尚需解决的问题，如基本单元之间的耦合作用对声场性能的影响；非厄米系统中损耗在超构表面中的作用；如何构建超宽带的超构表面结构等。声学超构表面的研究方兴未艾，对拓展声学系统中的新物理概念和研制新型声学器件具有重要指导意义。

7.5　主动声学超材料

过去的十年中，声超材料的研究给操控声波传输（包括空气声、水声、弹性波、表面波、板波等）提供了一个全新的平台，取得了令人瞩目的成绩，推进了声学技术的发展。但大多研究主要集中在具有恒定材料特性的被动声超材料，其声学特性在制备出来后就难以改变，这往往导致声超材料的工作频带固定且狭窄，制约了相关超材料器件的带宽，尤其在共振时更是如此。同时，被动声超材料的适用性也受到固有损耗的影响，使得器件的整体效率受限。虽然高频信号即使在天然材料中通常也会受到抑制，而当声音在声超材料中传播时，特别是在厚度为多个波长的体积样品中，部分能量将被耗散，这个问题也是在共振结构的情况下尤其明显。由于这些原因，科研人员越来越积极地探索主动声学超材料，以期克服上述挑战，提高声超材料在相关应用中的有效性和灵活性。

目前，具有奇异声学特性的声超材料主动单元已出现了多种设计。“主动”一词通常用来指能够为入射波提供能量并反馈到声学系统的结构单元，以及这些结构单元可以被控制或加外部偏置。主动型单元结构通过引入压电材料、压磁材料、传感器、微纳机电系统和电负载等元件，获得机电耦合、电场、磁场、温度场、流体填充等不同的调制技术，从而实现声超材料结构的可重构性和实时可调性。

7.5.1　压电型声学超材料

压电材料的重要特征为将外力施加于具有压电性的晶体时，晶体在外力作用下产生形变后，会引起内部晶胞的正负电荷中心发生相对移动，因而宏观上产生表面间的电势差，并且电势差与外力大小成正比，这称之为正压电效应；另一方面，压电晶体在受到外电场作用时，除了其因电介质属性产生极化外，还会产生一定程度的形变，这种由外电场转化为力学形变的现象称之为逆压电效应。由于声电耦合效应和突出的共振特性，压电材料逐渐成为声学超材料的研究对象之一，压电材料的一大特点在于可通过外接电路实现被动声超材料难以实现的灵活性和多功能复用。

图 7.23（a）展示了一个由具有力学性质可变的质量单元组成的超材料示例，其各单元有效材料属性可以通过外接电路的压电圆盘实时调控，如图 7.23（b）所示。压电材料因其具备的声电耦合性质，为声学超材料的发展提供了一个理想的平台，其对电信号高效反应，可以用相对简单的电路来控制，并将以一种紧凑的方式调谐和控制超材料的声学特性。压电效应也可用于半导体衬底，该材料可用于提供有效的声学增益，即放大声波在它们之间传播。

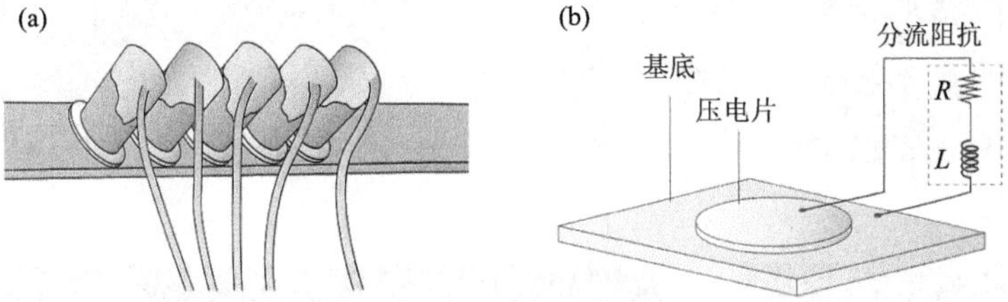

图 7.23　压电型主动声超材料示例

压电型主动单元结构的核心是构建压电复合结构，即由压电材料（例如压电陶瓷片、压电薄膜、压电棒、压电复合材料等）和传统声学结构（例如亥姆霍兹共鸣器和波导管）耦合构成，进而取得传统声学结构不具备的电学调节特性，也可以避免纯压电材料和空气媒质阻抗不匹配带来的声固耦合较弱的缺点。如图 7.24（a）所示为压电片与亥姆霍兹共鸣器构成的压电复合结构，由耦合进腔体外壳的压电复合材料圆板构成，外壳两侧均有开口，与压电复合材料圆板构成亥姆霍兹共鸣器以达到和空气阻抗匹配的效果。由电-力-声类比方法以及等效媒质理论可得：对于一个声学系统，可以用电学的方法去分析其特性，即用集总参数法将单元元件集总为理想的离散电路元件。整个压电复合结构等效电路图可以分为入射和透射两个声学域，以及中间声电耦合的电学域，如图 7.24（b）所示。

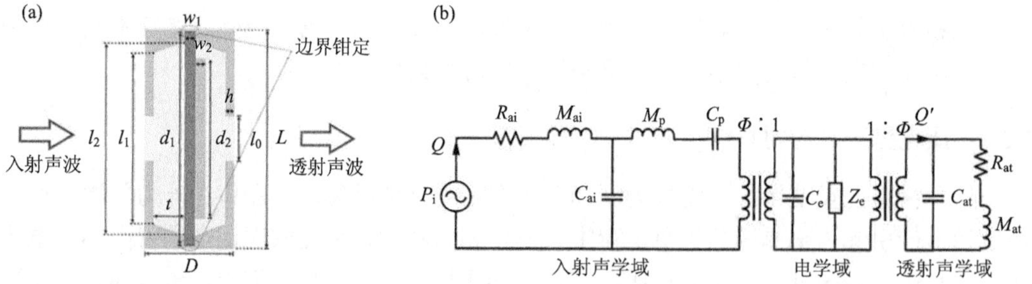

图 7.24　压电复合结构单元及等效电路

图 7.25（a）和（b）都是压电陶瓷复合片与腔体耦合构成的主动操控单元，其中压电陶瓷复合片是由压电陶瓷片与铜片叠加构成。若压电陶瓷片上加电信号，可通过直径更大的铜片产生弯曲波并向外辐射；反之铜片可耦合接收外界声波，并在压电陶瓷片上产生电信号。图 7.25（c）剖面图是由腔体结构内嵌入压电复合薄膜构成，该压电复合薄膜在直流电压驱动下可产生不同程度的弯曲，进而可改变腔体单元的等效声学参数。图 7.25（d）和（e）分别是主动操控单元反射和透射等效声学参数的测试系统。图 7.25（f）

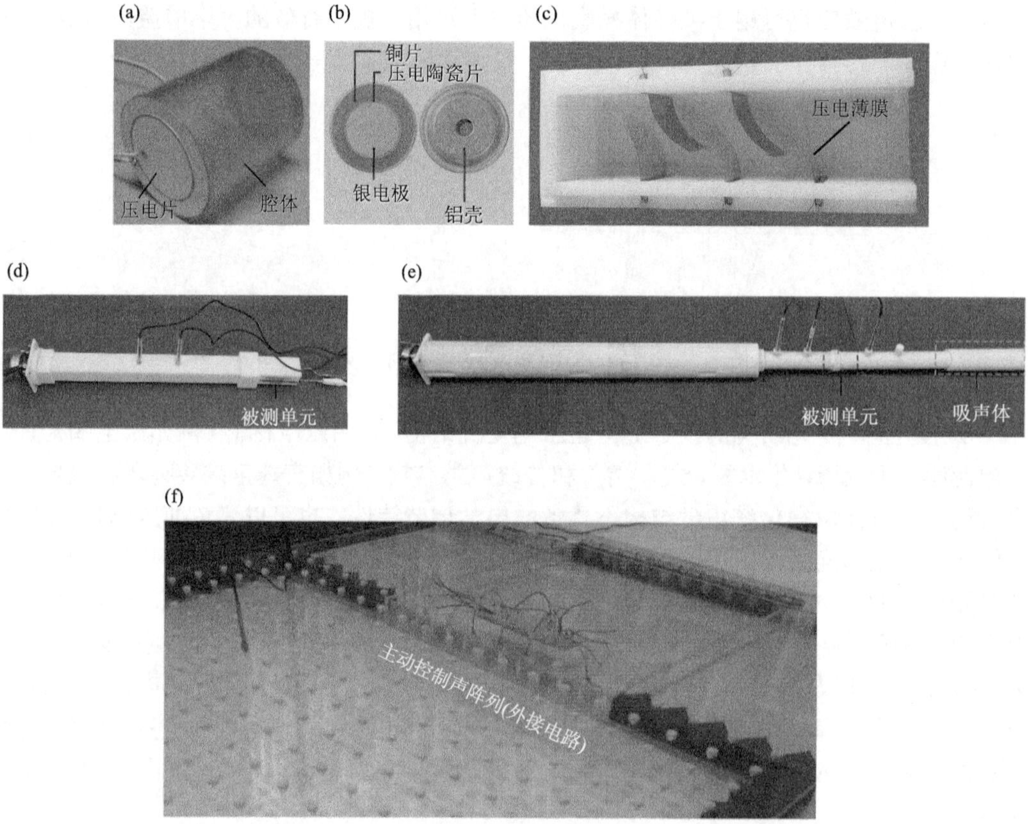

图 7.25　压电型主动声超材料及测试系统

给出了由压电复合单元构成的一维主动声超材料阵列的测试平台，整个系统夹在两块板之间构成二维测试空间。这些压电单元通过外接有源或无源电路实现主动控制，从而改变其等效刚度和有效动态密度。通过测量声阻抗和传输损耗，并与有限元模型的预测结果进行比较，可实现对所研制的主动操控单元进行声学表征，进而构建主动声超材料。

7.5.2　磁控型声学超材料

磁控型声学超材料作为非接触式主动声学超材料，也日益受到关注。磁控主动控制手段常与薄膜结构相结合，例如图 7.26 所示系统的频率电磁调谐的双层薄膜主动声学超材料。在双层硅橡胶薄膜中间添加铁粉，将边界固定，在双层薄膜中心粘贴圆柱形铅块，然后置于电磁场加载装置内，组成系统频率电磁调谐的双层薄膜声学超材料。给电磁场加载装置通入不同强度电流，在磁场作用下，双层薄膜中产生磁力，在不改变几何尺寸、结构形状的前提下，实现声学超材料共振频率的非接触式主动调谐，可有效拓宽声学超材料的隔声带宽。

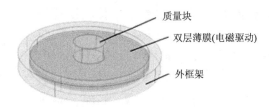

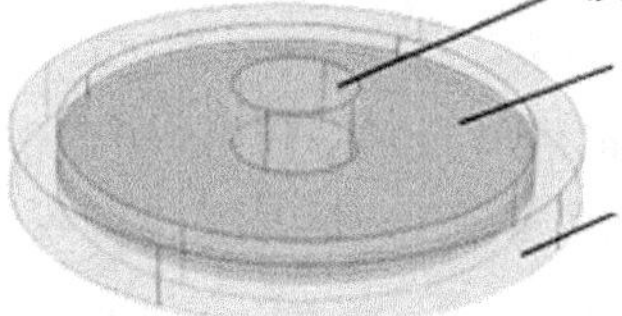

图 7.26　磁控型声学超材料

7.6　声学拓扑材料

拓扑学（topology）是现代数学中的一个重要分支，是研究集合的连续性和紧致性的学科。数学上，拓扑学主要研究诸如集合中近邻元素的位置关系，或几何图形在经过连续形变（例如拉伸、扭转同时保持不撕裂或黏合）下依然保持不变的某些全局性质，而非物体的具体大小和形状，历史上的哥尼斯堡七桥问题、四色问题以及多面体欧拉问题等均为拓扑学中的经典问题。如图 7.27 所示，作为拓扑学中最经典的例子，一个橡皮泥可以通过揉搓拉伸等连续性形变的操作变成一个球，再经过一定连续性形变可以变成一个勺子，则称这种操作为拓扑等价变换，而球和勺子属于连通的拓扑空间；然而，勺子始终无法通过拓扑等价变换成为类似咖啡杯的形状，则称这种变换经历了一个拓扑相变过程，而勺子和咖啡杯具有不同的拓扑态。对于不同的拓扑态，在数学上一般可以根据其拓扑空间的连通性通过一个整数进行分类，称之为拓扑不变量。上面例子中，其拓扑不变量 g（即亏格）可以由二维闭合曲面的高斯曲率 K 在整个表面上的积分表示，即高斯-博内定理（Gauss-Bonnet theorem）$2(1-g)=\frac{1}{2\pi}\int_S K\mathrm{d}A$。球和勺子有亏格 g=0，而甜甜圈对应亏格则为 g=1，因此两者具有不同的拓扑性质。该拓扑不变量的取值与结构曲面上孔洞的总数有关，即实际上表征的是结构的面拓扑，而根据不同的研究对象及研究性质，可由不同的拓扑不变量进行表征。目前，拓扑学的概念已经被广泛延伸至物理学、生物学、计算机科学等其他学科领域中。在凝聚态物理学中，拓扑学理论的引入时间可以追溯至 20 世纪 90 年代，而在短短几十年间已成为最热门的研究方向之一。

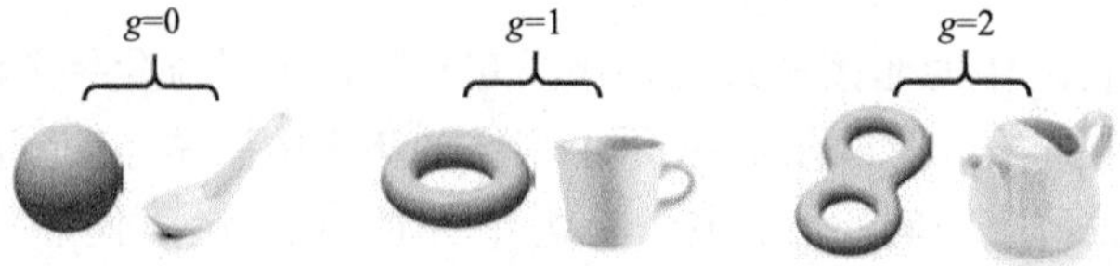

图 7.27　亏格数的不同可把六种物体分为三种具有不同拓扑态的拓扑等价类

与此同时，作为 20 世纪量子力学领域最伟大的发现之一，固体能带理论描述了晶体结构中的电子范式。根据晶体的平移对称 $\boldsymbol{R}(r)=\boldsymbol{R}(r+a)$（其中 $\boldsymbol{R}$ 表示平移算符，r 表示实空间电子坐标，a 表示系统晶格常数），固体能带理论提出了电子运动为周期性布洛赫波函数（Bloch wavefunction），并在动量空间中分类了电子结构和定义了周期性布里渊区（Brillouin zone），如图 7.28（a）所示；由于两个方向的周期性，因此可以将布里渊区绕卷成轮胎面的形状[如图 7.28(b)]。相应地，系统性质可以用具有本征态 $|u_m(\boldsymbol{k})\rangle$ 与本征能量 $E_m(\boldsymbol{k})$ 的布洛赫哈密顿量 $\hat{H}_{\boldsymbol{k}}$ 表征，满足哈密顿方程 $\hat{H}_{\boldsymbol{k}}|u_m(\boldsymbol{k})\rangle=E_m(\boldsymbol{k})|u_m(\boldsymbol{k})\rangle$，其中 $E_m(\boldsymbol{k})$ 即为动量空间中第 m 条能带。对于传统的绝缘体，其被占据的价带和空的导带被带隙分隔开来，尽管可以通过调节系统哈密顿量来连续改变带隙宽度以及能带结构，但始终无法关闭带隙并使得能带间某些本征态性质发生改变，因此可把连续调节前后的能带视为一个拓扑等价类。如果将所有不同绝缘体的能带结构均视为同一拓扑等价类，则可以抛开对传统色散关系 $E(\boldsymbol{k})$ 的研究，而根据本征态 $|u_m(\boldsymbol{k})\rangle$ 的特殊性质（如几何性质）来搜寻并区分某些具有新奇电子态的类绝缘体材料。

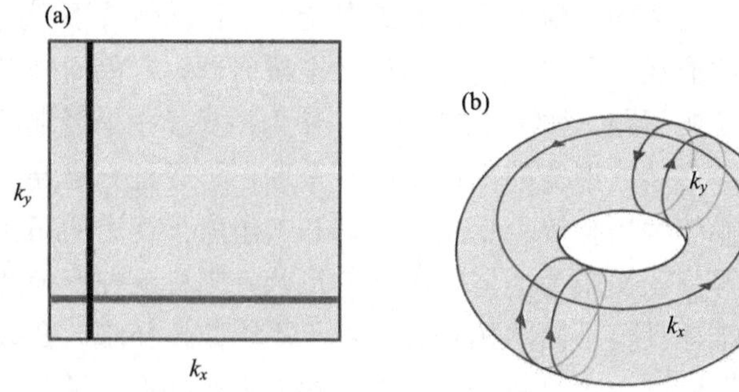

图 7.28　布里渊区：（a）二维布里渊区示意图；（b）等价的轮胎面

由于波动方程的相似性，光波和声波等经典波系统被认为是实现诸多量子现象的重要平台。对于声学系统，在 20 世纪 90 年代初期，通过与固体物理的量子理论进行类比，科研人员通过理论和实验研究表明，周期性散射体阵列传播的声波和弹性波表现出波无法传播的禁带状态，这可类比于半导体中的电子带隙，而声波在该种结构中所展示的传输特性可以用能带理论很好地刻画。这种被称为声子晶体的周期性声学或力学系统的研究现在已经逐渐发展为一个成熟且令人兴奋的研究领域，很多以往只被认为存在于电子系统中的新奇量子效应也在经典波系统中得到了广泛的研究。另一方面，作为 20 世纪凝聚态物理学最重要的发现之一，拓扑相变理论的提出为微观量子效应的探索打开了一扇宏观大门，受拓扑保护的边界态以其强抗散射性和高鲁棒性的传输性质也被认为在量子计算、半导体器件和新能源等方面具有巨大的潜在应用价值。经典波系统中关于拓扑绝缘体的研究最早被提出于光学系统，例如量子霍尔效应、量子自旋霍尔效应、量子谷霍尔效应和高阶拓扑态等新奇量子效应被证明广泛存在于具有周期结构排布的光学系统中。对于声学系统，由于声学和光学的波动方程的相似性和一致性，声学基本量（速度 $\boldsymbol{v}$ 与声压 P，声介质密度ρ与压缩系数β）与光学基本量（电场强度 $\boldsymbol{E}$ 与磁场强度 $\boldsymbol{H}$，电导率 ε 与磁导率μ）存在对应关系，这也为不同类型声学拓扑绝缘体的实现奠定了坚实的基础。

7.6.1　声学类量子效应

量子霍尔效应打开了量子现象的宏观大门。1980 年，Klaus von Klitzing 首次发现整数量子霍尔效应（quantum Hall effect），即在极低温和强磁场情况下的二维半导体材料会具有量子化而非线性的霍尔电阻，而只有当磁场强度超过某个阈值时，其霍尔电阻才会突然跳跃至一个新的值，且对应的霍尔电导也精确等于一个与精细结构常数相关量的整数倍。1982 年，Thouless 等首次引入拓扑学理论并提出了 Thouless-Kohmoto-Nightingale-den Nijs（TKNN）理论，证明了霍尔电导的量子化与由本征态的几何性质决定的能带拓扑性质密切相关。1988 年，Haldane 提出了一个经典物理模型（Haldane model），通过打破时间反演对称性可以得到非零的拓扑数。考虑二维系统的第一布里渊区，由于晶格的平移对称性，可以将该布里渊区视为一个闭合轮胎面，这也意味着第m条能带对应的本征态在动量空间的两个方向上均做绝热循环移动，在经历一次循环后，本征态几何性质将发生改变，$\left|u_m(\boldsymbol{k})\right\rangle \to \mathrm{e}^{\mathrm{i}\gamma_m}\left|u_m(\boldsymbol{k})\right\rangle$，即获得一个贝里相位（Berry phase）。贝里相位的引入不影响能带结构，其作用与电磁理论中的规范变换类似，故必然能够定义一个类似于磁通量的物理量 $\mathcal{F}_m(k)=\nabla_k\times\mathcal{A}_m(k)$，即为贝里曲率（Berry curvature）。接着对贝里曲率在整个布里渊区求积分则可得到陈数（Chern number）。可以计算得到，普通绝缘体或真空的陈数为零，而把陈数非零的拓扑材料称为陈绝缘体（Chern insulator）。可以看出，由于在对系统哈密顿量进行连续变化过程中并不改变本征态的性质，因此该操作下并不改变系统性质，呈现出极强的拓扑保护性，而这也是拓扑学在凝聚态物理中应用的极好体现。如图 7.29（a）和（b）分别给出的量子霍尔态示意图和对应的能带结构图所示，在量子霍尔绝缘体的带隙中会产生数目与陈数值相等的位于结构边界处的免疫缺陷且无背向散射的手性拓扑边界态（chiral topological edge state）。

声学系统中，如何打破时间反演对称性则是实现类量子霍尔效应的关键。2014 年，Fleury 等在对声学塞曼分裂和非互易传输的研究中，巧妙地在环形声波导中引入环形气流来类比磁场，并发现波导模式对不同流速的气流会产生不同的响应，成功实现了具有单向传输和路径选择性质的声学隔离器，而其背后隐藏的时间反演对称性被打破的特性也为声学陈绝缘体的设计提供了重要思路。2015 年，Yang 等基于普通声子晶体结构，提出在圆柱附近区域引入环形气流来打破时间反演对称性，成功构造出受到拓扑保护的单向传输拓扑边界态。2019 年，声学陈绝缘体及其具有的单向传输声量子霍尔态被 Ding 等首次通过实验实现。

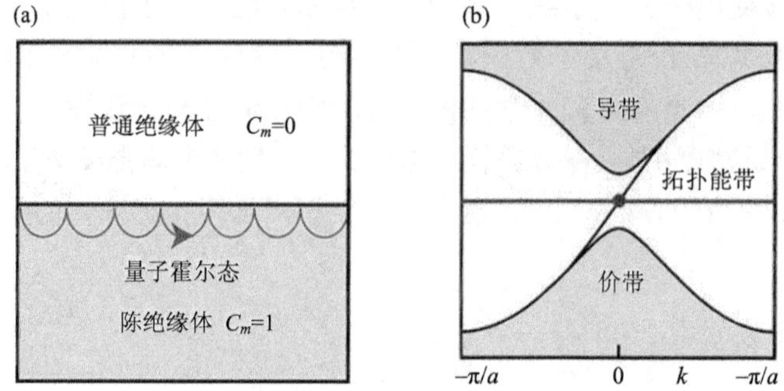

图 7.29 量子霍尔态示意图和对应的能带结构图

量子自旋霍尔效应（quantum spin Hall effect）在 2005 年由 Kane 和 Mele 在研究单层石墨烯中的自旋轨道耦合作用（spin-orbit coupling）时首次提出。由于石墨烯系统具有时间反演对称性，因此其霍尔电导和拓扑陈数均为零；然而，若考虑自旋轨道耦合作用，其在原哈密顿量上附加的质量项能够使新哈密顿量解耦成两个独立的自旋上和自旋下的哈密顿量，并且会导致一个具有自旋流的量子化自旋霍尔电导。与此同时，$\mathcal{T}$对称使得 Kramers 简并的存在保证了其为一种新的拓扑态，可以用 $\mathbb{Z}_2$ 拓扑数或自旋陈数（spin Chern number）来进行分类。如图 7.30（a）和（b）分别给出的量子自旋霍尔态示意图和对应的能带结构图所示，由于自旋轨道耦合作用的存在，量子自旋霍尔边界态的传输方向与电子自旋方向紧密相关，呈现出“自旋过滤”特性的弹道输运性质。

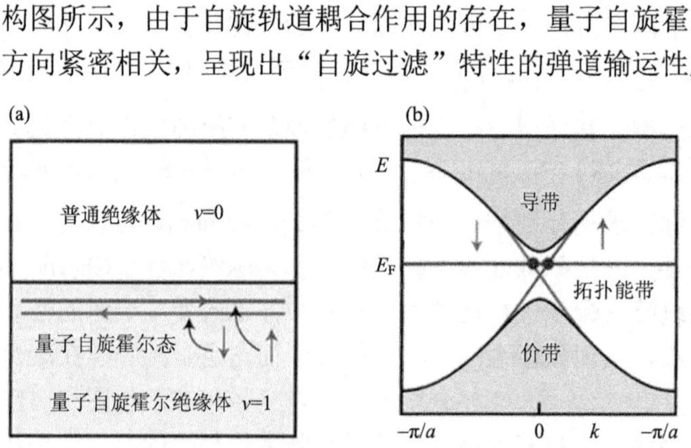

图 7.30 量子自旋霍尔态示意图和对应的能带结构图

由于声波为纵波，因此类似光学中利用 TE+TM 和 TE−TM 的偏振模式模拟电子自旋的方式难以在声学系统中实现。然而，基于空间点群对称性构造携带赝自旋自由度的 Kramers 简并的思路依然为声学类量子自旋霍尔效应的实现提供了重要启示。2016 年，Cheng He 等基于呈类石墨烯排布的声子晶体，在不打破 C_6 对称性情况下通过改变刚性柱半径以调节由空间填充率影响的空气波导间的耦合作用，实现了狄拉克双锥处四重简并的解除并伴随着偶极子模式和四极子模式的反转，成功构造出声学量子自旋霍尔绝缘体，并设计路径选择实验验证了量子自旋霍尔态携带的赝自旋自由度。随后，在基于 C_6 对称晶格情况下，通过调节刚性柱相对距离或使用多种不同材料等方式均实现了声学量子自旋霍尔态，与此同时，声学量子自旋霍尔效应在软共振材料、弹性材料等不同声学系统中也均得到了理论和实验验证。

此外，对于电子系统，除了电荷与自旋这两个内禀自由度，其还具有离散的谷自由度（valley degree of freedom）。谷对应于固体材料中能带极值点，基于此所诱导的谷态（valley state）具有较大的动量；另一方面，与自旋自由度相似，谷自由度又可以被称为赝自旋。因此，谷自由度在理论上能保证信息传输和处理时具有鲁棒性强、处理速度快、传输距离远等优点。2016 年，Zhengyou Liu 等首次将谷态的概念引入声学系统中，并基于此进行了一系列系统且全面的研究。之后，能够实现基于声学谷霍尔态的声延迟发射、声学天线、谷选择拓扑声局域等功能的声学结构也被陆续提出。

7.6.2　声学系统哈密顿量

为了对声学系统中所存在的拓扑类量子态进行更好地数学描述，首先基于一维 Su-Schrieffer-Heeger（SSH）模型进行展开。一维 SSH 模型是一种最简单也是最经典的拓扑模型，其结构如图 7.31（a）所示。该模型为由两种不同正跳跃项 w 和 v 交错排列的一维原子链，其实空间哈密顿量可写为

$$\hat{H}_{\mathrm{SSH}}=\sum_n w\hat{a}_n^{\dagger}\hat{b}_n+\sum_n v\hat{b}_n^{\dagger}\hat{a}_{n+1}+H.c.$$

其中，$\hat{a}_n$、$\hat{b}_n$ 为二次量子化之后产生的湮灭算符。经过傅里叶级数展开后，上式可化为倒空间中哈密顿量：

$$H_{\mathrm{SSH}}=\begin{pmatrix}0 & w+v\mathrm{e}^{\mathrm{i}k}\\ w+v\mathrm{e}^{-\mathrm{i}k} & 0\end{pmatrix}$$

可以发现，该哈密顿量很明显具有手性对称（chiral symmetry）。在不同 k 处，可解得其一对能带表达式为

$$E(k)=\pm\sqrt{w^2+v^2+2wv\cos k}$$

图 7.31（b）～（d）分别给出了 v/w 在三种不同取值下的能带分布情况。可以很明显看出，当 $v/w=1$，两条能带在 $k=\pm\pi$ 处将发生简并；而当 $v/w<1$ 或 $v/w>1$，简并都将被打开并形成禁带。在整个禁带的闭合再打开的过程中，能带的拓扑性质发生了变化，而

这种变化可以由一维 Zak 相位表示：

$$z_n = -\frac{1}{2\pi}\oint \mathrm{d}k\psi_n(k)|\mathrm{i}\partial_k|\psi_n(k)$$

其中，下标 n 表示第 n 条能带，$\psi_n(k)$ 表示该条能带在 k 处所对应的波函数。图 7.31（e）和（g）分别给出了当 $v/w<1$ 与 $v/w>1$ 所呈现的不同的 Zak 相位。可以看出，当 $v/w<1$ 时，该链中基本单元的 Zak 相位为 0，表示平庸的拓扑态；当 $v/w>1$，其 Zak 相位突变为 0.5，代表了非平庸的拓扑态。因此，作为拓扑绝缘体领域最简模型，如何获得在声学系统中的严格对应关系，并以此来分析声学系统与凝聚态系统中相同模型可能具有的不同物理特性，是极其有趣的问题。

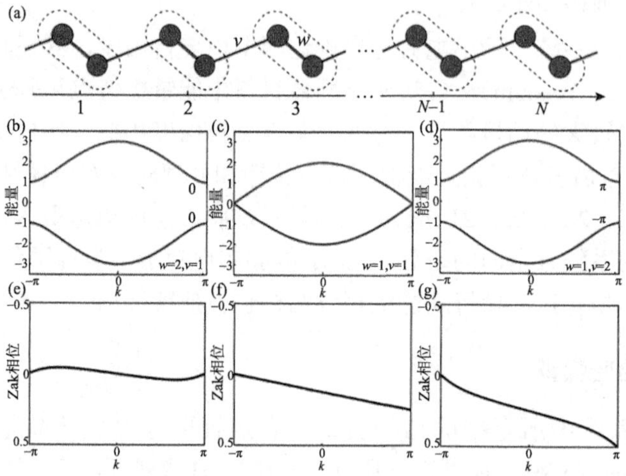

图 7.31 （a）一维 SSH 模型示意图；（b）$w=2, v=1$ 时基本单元能带结构图；（c）$w=1, v=1$ 时基本单元能带结构图；（d）$w=1, v=2$ 时基本单元能带结构图；（e）~（g）为（b）~（d）三种情况中第一条能带所对应的 Zak 相位，分别为 0、0.25 和 0.5

接着，将图中原子替换为相同的声学腔体，将原子之间的跳跃项换以两种不同的短管连接，并假设两种短管管口处声阻抗分别为 Z_w 和 Z_v，同时每个腔体具有固有阻抗 Z_c，则对于第 n 个基本单元中 a 和 b 位置上腔体中的声速度势 $\psi_{n,a}$ 与 $\psi_{n,b}$，可以得到声速度势传递关系

$$-\frac{\psi_{n,a}}{Z_c} = \frac{\psi_{n,a}-\psi_{n,b}}{Z_w} + \frac{\psi_{n,a}-\psi_{n-1,b}}{Z_v}$$

$$-\frac{\psi_{n,b}}{Z_c} = \frac{\psi_{n,b}-\psi_{n,a}}{Z_w} + \frac{\psi_{n,b}-\psi_{n+1,b}}{Z_v}$$

对于腔体管道模型，天然可以由低频近似得到 $Z_w = \mathrm{i}\omega L_w$、$Z_v = \mathrm{i}\omega L_v$ 和 $Z_c = 1/\mathrm{i}\omega C$，其中 L 和 C 分别为管道等效声感和腔体等效声容。接着，可以得到表象变换关系 $w=\omega^2 Z_c/Z_w$ 和 $v=\omega^2 Z_c/Z_v$。将该关系代入速度势传递公式，并进行傅里叶展开，可以将该式写为如下的矩阵形式

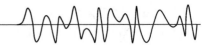

$$\omega^2\psi = H\psi$$

其中，

$$H = \begin{pmatrix} w+v & w+ve^{ik} \\ w+ve^{-ik} & w+v \end{pmatrix}$$

由定义可知，H 即为该声学系统中的哈密顿量。至此，声学结构-量子模型对应关系在一定程度上得到了清楚地揭示。

7.6.3　声学高阶拓扑态

近年来，根据晶体结构的不同性质对其进行拓扑分类成为该领域的主要研究课题之一，而晶体中丰富的空间对称性，如平移对称性、镜面对称性、旋转对称性等，以及不同形式的原子点群排布，显示出众多的拓扑分类指标。2011 年，L. Fu 基于晶格的点群对称性，在既不需要打破时间反演对称也不需构造自旋轨道耦合的情况下构造出受晶格对称性保护的拓扑态，而相应的实验验证也很快被实现。2017 年，Benalcazar 等构造了一个简单的二维电四极子绝缘体（quadrupole insulator），发现该模型在除了传统认知中比体态低一维的拓扑边界态以外，在其有限结构的角晶格处还存在由于体电荷极化（bulk chargepolarization）导致的并可以被嵌套威尔逊量子圈（nested Wilson loop）表征的 e/2 分数角电荷，对应于在角晶格处将产生的特殊本征态，这类新型量子态的产生可以由直接对第一布里渊区中贝里连接的积分表示

$$p_m = -\frac{1}{S}\iint_{BZ} \mathrm{d}^2 k A_m$$

其中，S 为第一布里渊区的面积。该式可以描述电荷被极化前后的瓦尼尔中心（Wannier center）。定性地说，与传统 d 维拓扑绝缘体中只具有（d−1）维的拓扑边界态不同，一个 n 阶的高阶拓扑绝缘体中还存在（d−n）维的高阶拓扑态，其中 n 为整数且 $n \leqslant d$。随后，Schindler 等将该理论于三维系统进行了推广，并将其正式命名为高阶拓扑绝缘体（higher-order topological insulator），对应的一类新型拓扑态为高阶拓扑态。二维和三维高阶拓扑绝缘体的极化方式在图 7.32 中给出。此后，针对不同对称性晶格（如正方形晶格、笼目晶格等）的高阶拓扑态，已提出了相对应的不同拓扑不变量。需要指出的是，此类拓扑态的定义严格依赖于晶格对称性，当特定的对称性被保持，在经过拓扑相变点后电子会被极化至晶格的边界处，且具有极高的鲁棒性；一旦所需对称性被破坏，相应的拓扑不变量则失效。

与类量子霍尔效应和类量子自旋霍尔效应的实现不同，基于晶格点群对称性表征的高阶拓扑态在近年来于声学系统中得到了极大关注。2018 年，Serra-Garcia 等基于 Benalcazar-Bernevig-Hughes 模型（BBH model），巧妙地利用力学材料基本单元的高阶共振模式分布设计单元间不同部分的耦合设计出负跳跃项（negative hopping），首次实现了二维声学四极子绝缘体，并在实验上明确观测到高阶拓扑角态的存在。基于此，2020 年，Qi 等利用声学腔体的一阶共振，通过交叉管的方法成功构造出负耦合并证明了不同耦合

作用会导致本征态发生不同的劈裂，首次在声学共振系统中实验实现了四极子拓扑绝缘

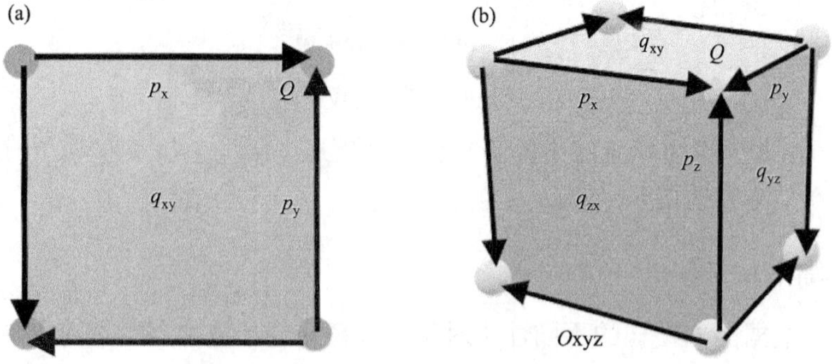

图 7.32 （a）二维高阶拓扑绝缘体体-边-角对应关系；（b）三维高阶拓扑绝缘体体-面-边-角对应关系

体。与此同时，世界各地研究小组也在具有不同空间对称性的晶格中观测到声学高阶拓扑态的存在。2019 年，Baile Zhang 等和 Khanikaev 等同时构造出具有呼吸型笼目晶格的声学高阶拓扑绝缘体并实验观测到拓扑角态。2019 年，Baizhan Xia 课题组在弹性波系统中实验实现了具有 C_6 对称性的高阶拓扑绝缘体。此外，相关研究也进一步将四极子拓扑绝缘体拓展为更高维度的多极子拓扑绝缘体。需要指出的是，与具有无背向散射的传统拓扑边界态不同，高阶拓扑角态对能量具有很好的局域功能，且由于其源于体晶格的全局性质，因此也具有较高的鲁棒性。

参 考 文 献

程建春，李晓东，杨军. 2021. 声学学科现状以及未来发展趋势[M]. 北京：科学出版社.

柯满竹，邱春印，彭莎莎，等. 2012. 声学超构材料[J]. 物理, 41(10): 663-668.

李澔翔，梁彬，程建春. 2022. 声人工结构的声场调控研究进展[J]. 中国科学(物理学 力学 天文学), 52(4): 2-29.

李勇. 2017. 声学超构表面[J]. 物理, 46(11): 721-730.

田源，葛浩，卢明辉，等. 2019. 声学超构材料及其物理效应的研究进展[J]. 物理学报, 68(19): 194301.

温激鸿，韩小云，王刚，等. 2003. 声子晶体研究概述[J]. 功能材料, 34(4): 364-367.

温熙森，温激鸿，郁殿龙，等. 2009. 声子晶体[M]. 北京：国防工业出版社.

张志旺，程营，刘晓峻. 2017. 二维声学系统中的拓扑相变及边界传输[J]. 物理, 46(10): 677-684.

祝雪丰，梁彬，程建春. 2012. 声超常材料与声隐身斗篷[J]. 现代物理知识, 24(2): 40-46.

邹欣晔，袁樱，梁彬，等. 2013. 单向声传播结构研究[J]. 应用声学, 32(3): 169-181.

Assouar B, Liang B, Wu Y, et al. 2018. Acoustic metasurfaces[J]. Nature Reviews Materials, 3(12): 460-472.

Chen S, Fan Y, Fu Q, et al. 2018. A Review of Tunable Acoustic Metamaterials[J]. Applied Sciences, 8(9): 1480.

Cummer S A, Christensen J, Alù A. 2016. Controlling sound with acoustic metamaterials[J]. Nature Reviews Materials, 1(3): 1-13.

Ma G, Sheng P. 2016. Acoustic metamaterials: From local resonances to broad horizons[J]. Science Advances, 2(2): 1501595.

Zhang X, Xiao M, Cheng Y, et al. 2018. Topological sound[J]. Communications Physics, 1: 97.

第 8 章

加工巧匠——功率超声

8.1 引　　言

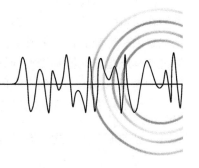

除遵循声波传播的基本规律外，超声还有许多独特的性质和优点。例如，超声传播的方向性较强；超声传播过程中，介质质点振动的加速度非常大；在液体介质中，当超声达到一定的强度后会产生空化现象等。功率超声是超声学的一个重要分支，是利用超声振动能量使物质的物理、化学和生物特性或状态发生改变，或者加快处理过程的一门技术。其典型特点是低频、大功率，最常用的频率范围是从几 kHz 到几十 kHz，功率从几 W 到几万 W。

与检测超声不同，功率超声主要是利用超声能量来对物质进行处理加工。功率超声在介质中传播时，会产生一系列力学、热学、化学和生物效应等，能大幅度提高处理速度和效率、提高处理质量和完成一般技术不能完成的处理工作。目前已在工业、农业、国防、医药卫生等领域得到越来越广泛的应用，例如：超声加工、超声焊接、超声清洗、超声处理等。

功率超声研究的主要内容包括大功率或高声强超声的产生系统、声能对物质的作用机理和各种超声处理技术。大功率或高声强的产生、传播和接收是功率超声领域的基本和核心问题，随着功率超声应用领域的不断扩大，要求提供功率更大、声强更高的超声源，所以除了提高单个超声换能器的功率容量外，还应发展功率合成的各种振动系统和空间分布优化系统。

本章将介绍功率超声的核心部件（功率超声换能器和超声变幅杆技术），以及功率超声在各领域的主要应用。

8.2 功率超声换能器

功率超声换能器是超声振动系统的核心部件，大部分功率超声设备是利用超声换能器的作用将超声波信号发生器产生的电能转换成超声振动的机械能，并通过变幅杆进行振幅放大和聚能后再传输到工具头，进而实现对工件的超声加工处理。目前，超声换能器主要有压电换能器和磁致伸缩换能器两大类。由于压电换能器的电声转换效率高，所以在功率超声技术中得到广泛的应用。

本节重点介绍用于大功率超声的夹心式，或称复合式压电换能器的结构。

8.2.1 纵向振动夹心式压电换能器

超声加工处理设备中常用的夹心式压电换能器结构形式有以下几类：螺杆夹心式换能器、胀力壳夹心式换能器、多孔结构宽频带夹心式换能器。

1. 螺杆夹心式换能器

功率超声技术的应用，大部分是在低频超声范围。为了降低压电换能器的工作频率，常采用一种在片状压电体的两端面夹以金属块而组成的夹心式压电换能器，或称为复合式压电换能器。这种换能器结构由法国物理学家朗之万提出，所以又称为朗之万换能器。由于压电体的抗张强度差，所以常常通过金属块及夹紧螺杆给压电体施加预压力，使压电体在强烈的振动时也始终处于压缩状态，避免压电体的破裂。夹心式压电换能器可以通过改变金属块的厚度或形状来获得不同的工作频率和声强，因为制作方便，在功率超声技术应用中被广泛采用。

图 8.1 是螺杆夹心式换能器的结构示意图，由前后金属盖板、压电陶瓷堆、预应力螺杆、电极片和绝缘管组成。压电陶瓷堆由若干压电陶瓷环片组成。压电陶瓷环片间及压电片与金属盖板之间通常用弹性及导电良好的铜片隔开并作为电极。图 8.2 为压电片极化方向的排列，相邻两片的极化方向相反，并联连接，使得纵向振动同相叠加。压电片的数目一般呈偶数，使前后盖板与同一极性的电极相连；否则，前后盖板与压电片之间要垫以绝缘垫；极化后的压电片要老化 1～2 个月才可使用。使用时，压电片表面要研磨，两面平行度要好，并加流动性好、易浸润的填充剂，以保证振动时形成较好的机械耦合。压电片之间以及压电片与金属盖板间，通常采用镀青铜片（厚度为 0.3～0.5 mm）作为电极。螺杆与压电片之间，要用绝缘套管，以免高压打火。

前后盖板一般采用钢、铝镁合金、硬铝，以及钛合金等金属材料，要求材料疲劳强度高、机械损耗低。钛合金最为理想，但较昂贵；钢的损耗大，在大功率级时应避免使用，所以最常用的是硬铝。螺杆需用高强度的螺栓钢（抗张强度高于 80 kg/mm^2）制成，采用圆弧式螺纹。

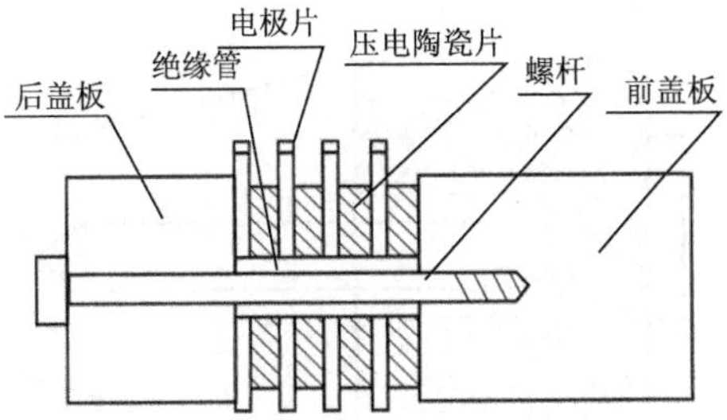

图 8.1 螺杆夹心式换能器基本结构

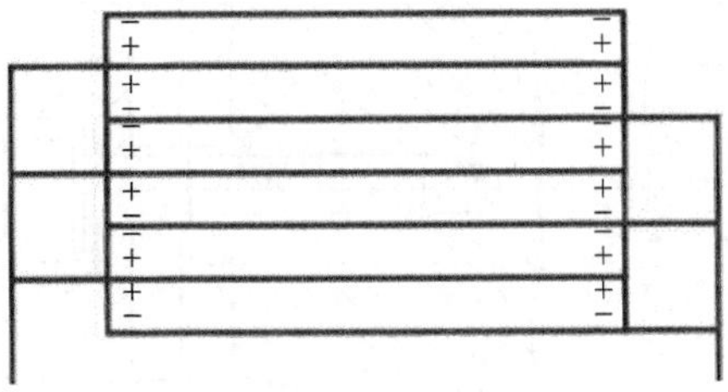

图 8.2 压电片极化方向排列

2. 胀力壳夹心式换能器

夹心式压电换能器的另一种形式为胀力壳夹紧结构，如图 8.3 所示。采用一个带有螺纹的金属筒连接金属块，把压电陶瓷片夹紧。这种夹紧结构可用于制作大功率压电换能器。

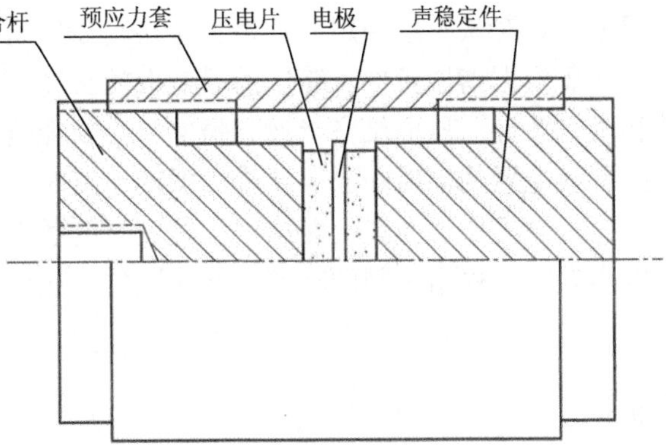

图 8.3 胀力壳夹心式换能器结构

对不同的应用对象，可设计不同形式的前盖板。

3. 宽频带夹心式换能器

对于大功率超声清洗设备，单个换能器的功率容量有限，需要由多个换能器组合而成。由于典型夹心式换能器 Q 值较高、频带较窄，所以需要挑选频率和阻抗都较接近的换能器配组，这会给制造和维修带来不便。为了解决这一难题，可将前盖板做成喇叭形并在锥辐射面上钻许多小孔，形成宽频带夹心式换能器，改善与负载的匹配（如图 8.4）。利用这种形式的换能器，在液体负载情况下，可有效降低 Q 值，增加带宽。

在另一些要求高声强的应用场景，例如，超声细胞破碎所用换能器，前盖板常做成辐射面积较小的形状，如圆锥形、指数形或阶梯形（如图 8.5）等，目的是将能量集中在较小的面积上以提高处理效果。

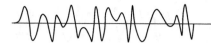

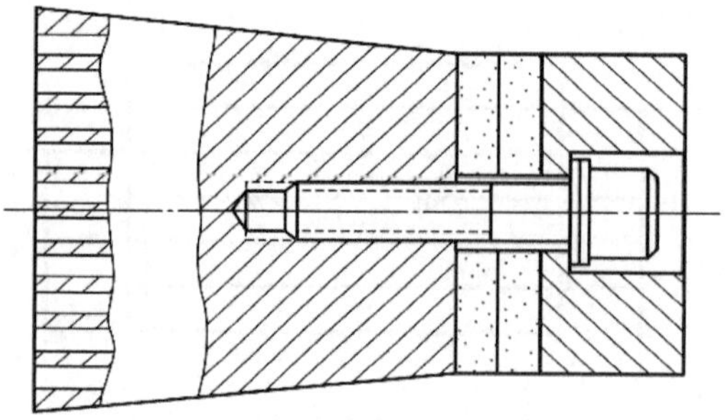

图 8.4 宽频带夹心式换能器结构

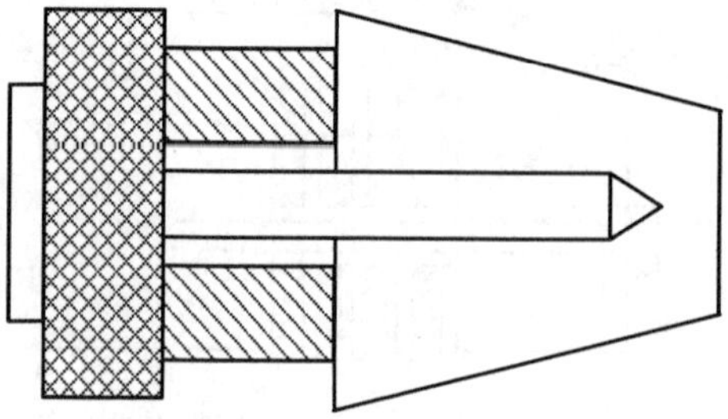

图 8.5 一种高声强度换能器结构

夹心式压电换能器一般工作在几十 kHz 以下的低频段，其主要特点是：夹紧结构加有预应力从而增大了换能器的机械强度；且有较好的温度特性。其缺点是：结构比较复杂，并且理论设计有一定难度；对同一换能器中所使用的压电片，阻抗要选配；对于大功率换能器，压电片场强损耗要求一致。

夹心式压电换能器一般用于低频超声清洗、加工、搪锡、焊接、乳化等工业场景。在设计时，首先要根据应用对象及所使用的功率大小决定所用压电片的直径及片数，前后金属盖板的形状；然后根据谐振条件，算出前后盖板的长度，以满足频率要求。

根据不同用途和负载条件，压电堆在半波共振的复合换能器中的几何位置有不同的选择。轻负载时，或者换能器的辐射端面需要较大振动速度时，压电堆一般选在远离波节处，以避免所受应力过大而增加损耗；而在声匹配良好的条件下，压电堆常选在波节附近的位置以提高电声效率。根据不同的功率容量及阻抗，压电堆常采用多个压电片级联组成。

8.2.2 弯曲振动换能器

在某些工业应用领域，如超声车削、超声消除泡沫和超声集尘等，采用弯曲振动系统会更方便和有效。目前主要有两种方式产生弯曲振动，一种是夹心结构的弯曲振动换能器，例如在两金属棒之间夹有一组半圆形压电陶瓷片，合理安排其极化方向，并通过螺杆施加预压力而构成弯曲振动换能器，这种换能器结构简单而且能够承受较大功率；另一种是利用振动模式的转换来产生弯曲振动，如用纵向振动换能器来激发圆盘、板或棒而产生弯曲振动，这种方式在超声焊接、车削及集尘中得到广泛应用。在向空气媒质辐射时，弯曲振动盘或板的辐射效率高。新发展的弯曲振动换能器在超声车削等应用中展现出更好的应用前景。

1. 夹心式弯曲振动换能器

图 8.6 为夹心式弯曲振动换能器的结构图。与纵向振动夹心式压电换能器结构上的区别是压电片是半圆形的，组成一个圆形的两个半圆片的极化方向相反。当驱动电压施加于换能器时，在电压的正半周，上半片压电陶瓷片膨胀，下半片收缩，负半周时则相反。在交变电压作用下，换能器作弯曲振动。

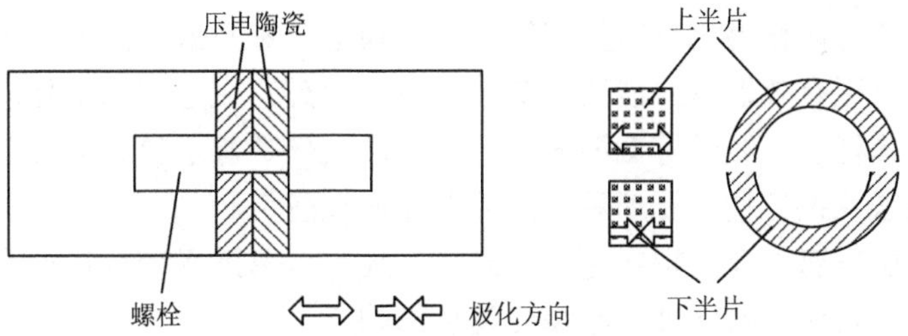

图 8.6　夹心式弯曲振动换能器

2. 模式转换弯曲振动换能器

图 8.7 所示是由纵向振动换能器和弯曲振动细棒组成的振动系统，半波长纵向振动换能器通过纵向振动变幅杆激发弯曲振动细棒按一定模式作弯曲振动。

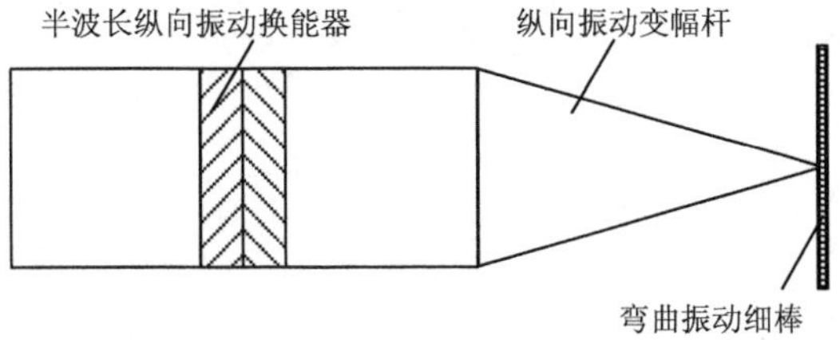

图 8.7　纵向振动换能器和弯曲振动细棒组成的振动系统

除纵向振动和弯曲振动换能器之外，超声车削、研磨、超声手术刀等许多应用需要用到复合振动系统，各种复合振动的产生方法也是超声马达的设计基础。常见的复合振动换能器有：纵向弯曲复合振动换能器和纵向扭转复合振动换能器，本书不作详细介绍。

8.3　超声变幅杆

超声变幅杆，又称超声变速杆、超声聚能器，其外形一般为变截面杆，是超声加工处理设备中超声振动系统的核心组成部分之一。

本节介绍变幅杆的主要作用、主要类型、设计步骤及选择注意事项。

8.3.1　超声变幅杆的作用

在超声振动系统工作过程中，单独由超声换能器辐射面所产生的振动幅度较小，工作频率在 20 kHz 范围内超声换能器辐射面的振幅只有几 μm，而在超声加工、超声焊接、超声搪锡、超声破坏细胞、超声金属成型（包括超声冷拔管丝和铆接）等大量高强度超声应用中所需要的振幅约为几十到几百 μm。直接由换能器输出的振动幅度远达不到实际应用的要求，所以必须借助变幅杆的作用将机械振动质点的位移量和运动速度进行放大，并将超声能量聚集在较小的面积上，产生聚能作用。

超声变幅杆还可以作为机械阻抗变换器，在换能器和负载之间架起桥梁，进行阻抗匹配，使超声能量更有效地从换能器向负载传输。此外，在超声加工处理设备的结构工艺上，通常在变幅杆或半波长等截面杆（即振幅放大倍数等于 1）的波节平面处加带一个法兰盘，利用法兰盘将超声振动系统固装在超声设备上。

在向高温介质或腐蚀介质辐射超声能量时，还可以借助于变幅杆把换能器与恶劣环境隔离开，使换能器避免被腐蚀及减少受到热影响。

8.3.2 超声变幅杆的类型

变幅杆从振动方向来分类可分为纵向振动变幅杆、弯曲振动变幅杆、扭转振动变幅杆；从结构形式来分类可分为单一形和复合形，单一形又可分为圆锥形、指数形、阶梯形、悬垂线形等，而复合形是由各种简单形状根据实际需要组合而成的。图 8.8 所示为几种常用超声变幅杆类型示意图。

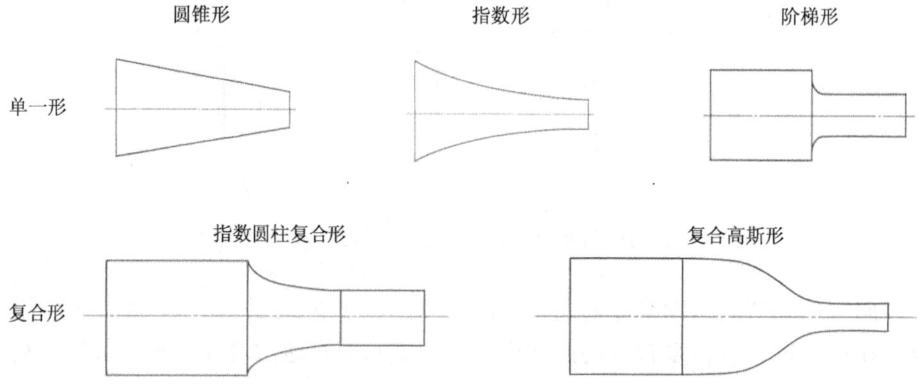

图 8.8 几种常用超声变幅杆类型

超声变幅杆的性能一般由下述特性参数描述，即变幅杆的共振长度 L、放大系数 M_P、形状因数 φ、位移节点 X_0、输入力阻抗 Z_i 和弯曲劲度等。其中，放大系数 M_P 是指变幅杆工作在共振频率时，输出端与输入端的质点位移或速度的比值。形状因数 φ 是衡量变幅杆所能达到最大振动速度的指标之一，它仅与变幅杆的几何形状有关，φ 值越大，通过变幅杆所能达到的最大振动速度也越大。如等截面杆的 φ 值为 1，常用变幅杆的 φ 值都接近于 3，而某些特殊形状的变幅杆，φ 值可达 5 左右。输入力阻抗 Z_i 定义为输入端策动力与质点振动速度的复数比值。在实际应用中常要求输入力阻抗随频率及负载变化而变化的幅度要尽量小。弯曲劲度是弯曲柔顺性的倒数，弯曲劲度也与变幅杆的几何形状有关，变幅杆越长，弯曲柔顺性越大，在许多实际应用中这是需要避免的。

1. 四分之一波长变幅杆

在设计复合形变幅杆或组合换能器时常用到四分之一波长变幅杆。其质点位移节点的设定有两个特定的位置，分别处于变截面杆的大端或小端。

当四分之一波长变幅杆的一端处于波节时，该端振动位移或速度为零，如果在理想状态下，对于无损耗的四分之一波长变幅杆就其两端振幅比而言，其放大系数 M_P 为无限大，处于节点一端的输入阻抗 Z_i 也是无限大。在实际应用中材料是有损耗的，并且杆的另一端也是有负载的，因此 M_P 及 Z_i 都是有限值。但由于四分之一波长变幅杆具有 M_P 及 Z_i 数值都较大的特点，故在换能器设计中常用其作为阻抗匹配，以提高换能器的辐射效率。

2. 复合形变幅杆

在高强度超声应用中，常常要求变幅杆末端具有很大的振动幅度，这就要求变幅杆的形状因数 φ 及放大系数 M_P 值都尽可能的大，上一节介绍的几种单一形变幅杆的 φ 值和 M_P 值常出现此优彼劣的现象，很难二者兼顾。为了改变这一状况，就必须采用复合形变幅杆的形式来弥补不足以提高其输出性能。在有些应用场合需要特别高的振动速度时，也常用到长度满足共振条件的复合形变幅杆。

图 8.9 为三段复合形变幅杆。其中Ⅰ段和Ⅲ段为等截面杆，Ⅱ段为变截面杆，而变截面杆可以是指数形、圆锥形或悬链线形等不同形式。如果两等截面杆的长度相等，则构成具有变截面过渡段的阶梯形变幅杆。当Ⅰ段或Ⅲ段的任一段为零，则可构成两段复合形变幅杆。

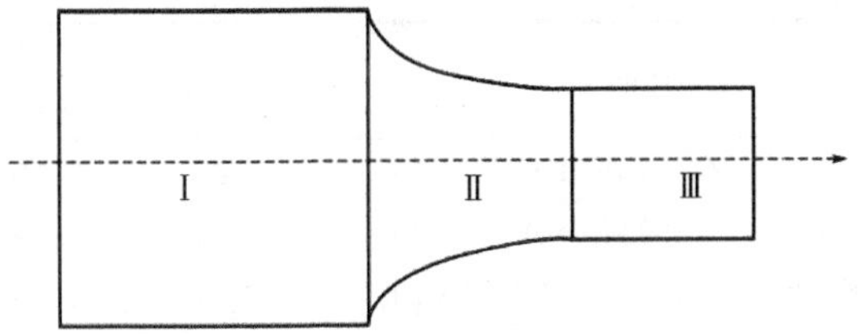

图 8.9　三段复合形变幅杆

讨论复合形变幅杆与单一形变幅杆的方法大体相同，从变截面的波动方程出发，推出各段杆中的振动位移，输入力阻抗、频率方程、放大系数和形状因数等参数的公式。

3. 扭转振动变幅杆

在超声应用技术中，除了利用超声波的纵振动外，有时还需要采用扭转振动的变幅杆用于超声振动的放大和传递。如超声焊接、超声疲劳试验及超声切削等都要用到扭转振动变幅杆，用以获得放大的扭转角或线切向的振动。

4. 弯曲振动变幅杆

在超声技术领域里，有时需要采用弯曲振动变幅杆，与纵向振动变幅杆配合使用。在设计计算时应注意：弯曲振动变幅杆的共振频率与换能器纵向振动工作频率必须一致，否则振动系统将不能正常工作。

在实际应用中，由于变幅杆受到扭转、剪切、加压力后的纵向压缩以及负载反作用

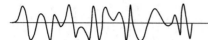

等因素的影响，使实际工作频率低于理论计算的数值。

8.3.3 超声变幅杆的设计

超声变幅杆的设计方法主要有两种：其一，是根据变幅杆实际需要的特定性能，来设计变幅杆满足波动方程的外形函数；其二，是根据一些随坐标有规律变化的外形函数来得出波动方程的解，并由此计算出变幅杆的各种性能参量。

根据实际应用的要求，设计计算变幅杆的一般步骤如下：

（1）确定工作频率 f 及变幅杆输出端的最大位移振幅 ξ_m。

（2）选择材料。

应用何种材料制作变幅杆对其性能的影响很大，选择变幅杆材料的原则一般为：首先，在工作频率范围内材料损耗小；其次，材料的抗疲劳强度高，声阻抗率小可承受较大的振动速度和位移振幅；再次，所用材料易于机械加工。

符合上述条件的金属材料很多。其中钛合金的性能最好，尽管价格较贵，机械加工也有难度，但应用于变幅杆的比例仍很大；其他应用较多的材料如铝合金价格相对便宜，机械加工性能良好，但抗超声空化腐蚀性能差；钢损耗较大。表 8.1 列出了一些常用变幅杆材料的特性。

表 8.1　常用变幅杆材料的特性

材料型号	热处理规范	密度 /（g/cm^3）	弹性模量 /（kg/mm^2）	声速 /（m/s）	损耗系数 /（$/10^{-4}$）
45#钢	加热到 850℃，水中淬火，150℃回火 2 h	7.81	20360	5100	2.1
45#钢	加热到 850℃，水中淬火，520℃回火 1 h	7.81	20800	5160	2.0
30CrMnSiA	加热到 870℃，油中淬火，120℃回火 2 h	7.70	20410	5148	1.4
30CrMnSiA	加热到 870℃，油中淬火，630℃回火 1 h	7.70	20820	5200	1.5
钛合金 BT-4	—	4.42	11640	5130	2.0
铝镁合金	—	2.66	720	5200	3.0
黄铜	—	8.50	1000	3450	2.4

（3）根据所选择材料的声速 c 及疲劳强度来估计所需要的形状因数。

（4）根据换能器辐射面所能得到的位移振幅来估算总放大系数 M_P。

换能器辐射面的振动速度主要决定于输入换能器的电功率、电声转换效率以及散热情况，一般来说不宜超过 125 cm/s（相当于在 20 kHz 时的位移振幅为 10 μm）。

（5）选择变幅杆的类型。

根据所需要的放大系数 M_P、形状因数 φ、工作稳定性、阻抗特性和振动方向来选择变幅杆的类型；根据换能器的截面积，确定变幅杆输入端（大端）的直径或面积，输出端（小端）的直径或面积也就随之而确定，但应注意输入端的直径不能选取过大，否则变幅杆的横向振动就不可忽略，一般取 $D_1/\lambda<0.25$（D_1 为变幅杆大端直径，λ 为波长）。如果在实际应用中，工艺要求变幅杆的直径与波长比大于 0.25，如接近 $\lambda/2$，则应采取

一些措施，例如，沿纵向开一些细槽以减小横向振动；此外，变幅杆两端的直径比或面积比也不能过大，否则变幅杆过于细长，弯曲劲度不够，会引起不希望出现的其他振动，导致加工效果变差，工具磨损加快。

变幅杆的类型是根据超声实际应用条件来选择的，例如在超声磨料冲击加工、超声焊接、超声粉碎等高声强应用中，变幅杆主要起振幅放大和聚能作用，因此，在这些应用中，要求变幅杆的放大系数 M_P 尽可能大，然后再根据应用的不同需要选择其他参数。

当变幅杆的负载变化很小，又不用施加静压力时，如超声乳化、超声破碎粒子或细胞等，这种情况对输入阻抗特性要求不高，采用简单阶梯形变幅杆最为适合，因为在相同面积系数下其放大系数 M_P 最大，并且变幅杆外形非常容易实现机械加工。

当负载是固体时，如超声磨料冲击加工、超声焊接等，在加工过程中需要始终施加一定的静压力，而且负载也不断地发生变化，这种情况对变幅杆的要求不但要有足够大的放大系数，而且要有较高的工作稳定性和足够的弯曲劲度。用指数形变幅杆、悬链线形变幅杆或其他形式的复合形变幅杆比较适合。当不要求很大的放大系数时，最好采用圆锥形变幅杆，因为其弯曲劲度较大，工作稳定性高，而且外形便于机械加工。

在某些特殊应用场合，需要变幅杆末端的振动速度很大，单凭一节变幅杆很难保证放大系数 M_P 和形状因数 φ 同时满足要求，可以采用两节变幅杆串接。例如可用具有放大系数 M_P 大的、有过渡阶段的阶梯形变幅杆作为推动节，推动具有形状因数 φ 大的高斯形变幅杆作为末级输出，可以收到相辅相成的效果。

在超声清洗和大面积超声搪锡等应用中，利用变幅杆的阻抗匹配作用，常用到倒锥形复合形变幅杆。

（6）考虑复合形变幅杆。

如果一节变幅杆（包括复合形变幅杆）不能满足总放大系数 M_P，或者由于安装位置的要求，而需要用两节变幅杆串联组合成全波长变幅杆，如图 8.10 所示，第 1 节称推动节，第 2 节称输出节。

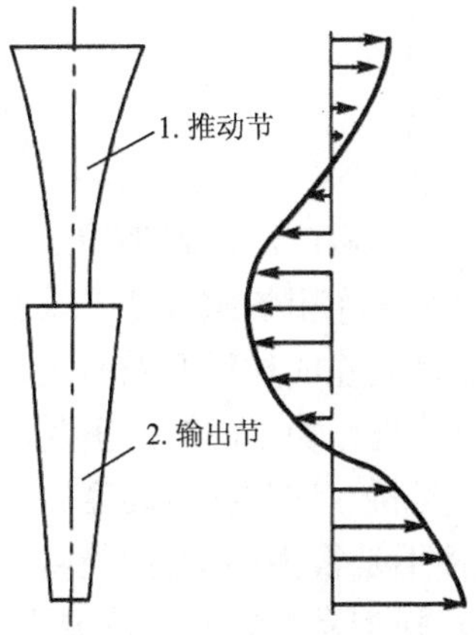

图 8.10　串联组合全波长变幅杆

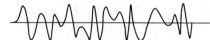

这时总放大系数为$M_T = M_1 \times M_2$，形状因数需满足$\varphi_1 \geqslant \varphi_2/M_2$、$\varphi_2 \geqslant \varphi_T$。式中，$M_1$为第一节变幅杆的放大系数，$M_2$为第二节变幅杆的放大系数；$\varphi_T$为总形状因数，$\varphi_1$为第一节变幅杆的形状因数，$\varphi_2$为第二节变幅杆的形状因数。总的原则是推动节形状因数可以较小，但放大系数较大，输出节应采用形状因数较大的变幅杆。

8.4 功率超声应用

功率超声技术在工业、农业、国防、医药卫生各个领域已得到广泛的应用。从处理媒质分，可分为在固体、液体和气体中的应用。本节先介绍应用最广泛的功率超声加工、功率超声焊接和功率超声清洗，然后简单介绍其他处理应用和新的应用领域及新技术。

8.4.1 功率超声加工

功率超声加工是指给工具或工件沿一定方向施加功率超声激励，进行振动加工的方法。其应用范围见表 8.2，因具体应用很多，本部分选取几种代表性的加工方法介绍。

表 8.2 功率超声加工典型应用

加工类别	加工方法	典型应用
材料去除类	磨料冲击超声加工	功率超声切割、功率超声打孔、功率超声套料、功率超声雕刻
	超声切削加工	功率超声车削、功率超声铣削、功率超声刨削、功率超声钻削、功率超声镗削、功率超声插齿、功率超声剃齿、功率超声滚齿、功率超声攻丝、功率超声锯料
	功率超声磨削加工	功率超声修整砂轮、功率超声清洗砂轮、功率超声磨削、功率超声磨齿
表面处理类	功率超声抛光、功率超声研磨、电火花功率超声复合、功率超声强化	
塑性加工类	功率超声拉管、功率超声拉丝、功率超声冲裁、功率超声挤压、功率超声铆嗷、功率超声弯管和矫直	

1. *磨料冲击超声加工*

（1）原理和特点

磨料冲击超声加工是一种应用非常广泛的超声加工方式，它是磨粒在超声振动作用下的机械撞击、抛磨作用与超声空化作用的综合结果。由于磨料冲击超声加工主要机理是基于磨粒冲击的作用，因此越是硬脆的材料遭受的破坏越大，加工效果也越明显。工业领域适合采用磨料冲击超声方式进行加工的产品主要包括半导体、玉石、陶瓷、玻璃、金刚石、立方氮化硼、碳化硼等材料，这类材料硬度高，脆性大，简单的纯机械加工容易造成不良。相反，硬度和脆性不是很大的韧性材料，因其具有缓冲作用而难于进行磨料冲击超声加工。因此，在选择工具材料时，既要考虑能撞击磨粒，又能保证自身不受到很大破坏，在超声加工中常用 45#钢作为工具，以减少工具的相对损耗，并且价格低廉。

（2）加工设备

磨料冲击超声加工装置主要由超声波发生器、超声振动系统、磨料供给系统、工作压力传动系统及工作台等部分组成，图 8.11 为磨料冲击超声加工示意图。磨料冲击超声加工设备一般是以功率的大小进行分类，如 15 W、50 W、150 W、200 W、300 W 等；还可以设备性能进行分类，如普通超声加工机、半自动超声加工机、全自动超声加工机、电火花超声复合超声加工机等。加工时可根据材料加工要求和规格选择合适的加工设备。

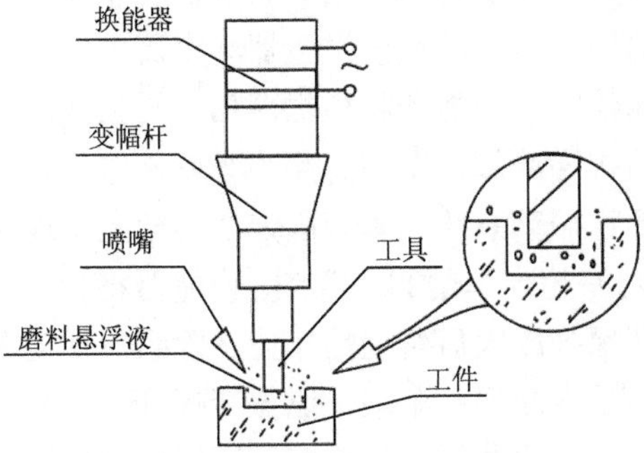

图 8.11　磨料冲击超声加工示意图

在磨料冲击超声加工过程中，磨料在加工区域内的供给是否充分，将直接影响加工的效率和质量。磨料在加工中起着举足轻重的作用，因此，采用什么样的形式向加工区有效地供给磨料是非常重要的。在实际使用时，通过电控系统调节控制阀，使磨料连续不断地从变幅杆和工具头的中心孔输送入加工区，或将磨料通过工件送入加工区，保证加工区的磨料循环通畅无阻。这种磨料供给系统的作用十分明显，尤其在深孔加工时仍能保持较高的速度进行加工。

超声雕刻加工时，成型雕刻工具与工件间加入液体和磨料混合的悬浮液，并使雕刻工具以一定的压力压在工件上，工具端面作超声振动，迫使液体中悬浮的磨粒以很大的速度和加速度不断地撞击、抛磨工件的表面。磨料悬浮液循环流动，使磨粒不断更新，并带走被加工工件上粉碎下来的材料微粒，随着雕刻工具逐渐进入到被加工工件材料中，雕刻工具的形状便被复制到工件上。

（3）加工的效率、精度和表面质量的因素

加工速度及其影响因素。加工速度是指单位时间内去除材料的多少，单位通常以 g/min 或 mm^3/min 表示。玻璃的最大加工速度可达 2000～4000 mm^3/min。

超声加工的精度，除受机床、夹具精度影响之外，主要与磨料粒度、工具精度及其磨损情况、工具横向振动大小、加工深度、被加工材料性质等有关。超声加工孔的精度，在采用 240#～280#磨粒时，一般可达±0.05 mm；采用 W28～W7 磨粒时，可达±0.02 mm 或更高。

超声加工具有较好的表面质量，不会产生表面烧伤和表面变质层。表面粗糙度 R_a，一般可在 1.0～0.1 μm 之间，取决于每粒磨粒每次撞击工件表面后留下的凹痕大小，它与磨料颗粒的直径、被加工材料的性质、超声振动的振幅以及磨料悬浮工作液的成分等有关。当磨粒尺寸较小、工件材料硬度较大、超声振幅较小时，加工表面粗糙度将得到改善，但生产率则随之降低。磨料悬浮工作液体的性能对表面粗糙度的影响比较复杂。实践表明，用煤油或润滑油代替水可使表面粗糙度有所改善。

2. 超声切削加工

功率超声车削是在传统的车削过程中给刀具施加功率超声振动而形成的一种新的加工方法。超声振动系统的原理是：超声波发生器将交流电（50 Hz，220 V 或 380 V）转换成超声频的正弦电振荡信号，换能器将电振荡信号转换成超声频机械振动，变幅杆将换能器的纵向振动放大后传递给超声车刀。超声车削装置的作用是使车刀获得一定振幅的超声频机械振动，将超声振动系统和车刀固定在刀架上实现超声车削加工。

图 8.12 是纵向振动功率超声车削的示意图。换能器将功率超声信号源提供的电能转变为功率超声振动，经变幅杆放大后传递给车刀。除纵向振动车削外，还有弯曲和扭转振动车削装置。最常用的是弯曲振动车削，纵振变幅杆可以从刀杆的中心位置激发，也可以从刀杆的端头激发使其作弯曲振动。换能器可用磁致伸缩型或夹心式压电换能器。刀具端头的振动方向与工件的转动方向平行或垂直，有试验证明平行效果较好。在功率超声车削过程中，刀具与工件是断续接触的。

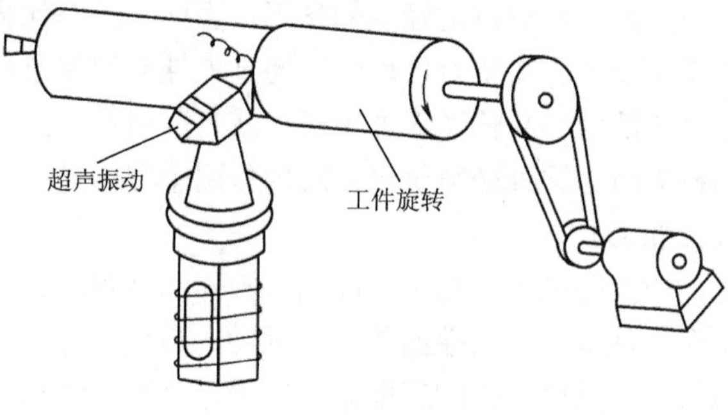

图 8.12　纵向振动功率超声车削的示意图

功率超声车削有如下几方面的特点：

（1）大幅度降低切削力。切削力降低到传统切削的 1/3～1/20，纯切削时间极短，大大降低了摩擦系数，因而也降低了切削热，减小了热致损伤及表面残余应力，以及热变形等。

（2）降低表面粗糙度和显著提高加工精度。功率超声车削不产生积屑瘤，切削后端无毛刺，提高了加工精度，如车削弹性合金 3J53、钛合金 TiC_4 时，表面粗糙度 R_a 值由普通切削的 3 μm 降低到 0.3 μm 以下，用龙门刨床对硬铝、黄铜、碳素钢等进行功率超声刨削，可达到 2 μm/400 mm 的不直度，且与材料的种类无关。

（3）提高工具寿命。由于切削温度低且冷却充分，工具寿命明显提高，如切削弹性合金 3J53 端面，刀具寿命可提高 13 倍以上。

（4）切削处理容易。切屑不缠绕在工件上，由于切屑温度接近室温，不会形成派生热源，且排屑容易，切削脆铜时切屑不会到处飞散等。

（5）提高切削液的使用效果。采用功率超声车削，当刀具与工件分离时，冷却液易进切削区，易冷却，滑润充分。采用机油加锭子油作冷却液时，功率超声切削效果最好。

（6）提高已加工表面的耐磨性与耐腐蚀性。由于功率超声车削会在零件表面布满花纹，使零件工作时在表面形成较强的油膜，这对提高滑动面耐磨性有重要作用。它能润滑活塞和汽缸套内孔表面间的滑动区，从而可以防止黏着和咬合。

3. 功率超声抛光

超声抛光是把具有适当输出功率（50～1000 W）的超声振动系统产生的振动能量附加在抛光工具或被抛光工件上，从而使工具或工件以一定的频率（20～50 kHz）和振幅（5～25 μm）进行超声频机械振动摩擦，以达到为工件抛光目的的表面光整加工方法。超声抛光装置由超声波发生器、换能器、变幅杆和工具等组成（如图 8.13 所示）。从图中可以看出，超声波发生器输出高频交变电压到换能器，换能器产生机械振动，经变幅杆放大后，传给工具头。工具头在压力的作用下在工件表面做高速摩擦。由于超声振动的作用，使工件表面的微小突起部分被磨去，同时，微细沟槽又不会被磨削形成的粉屑充塞，直至工件表面被加工到一定的平整度。

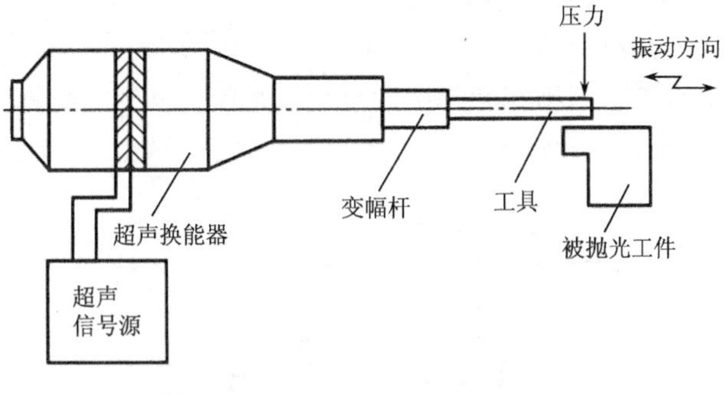

图 8.13 超声抛光装置示意图

超声抛光工具分为两类：一类是具有磨削作用的磨具，如烧结金刚石、电镀金刚石、烧结刚玉油石等；另一类是没有磨削作用的工具，如金属棒、木片、竹片等。使用时通常要另加磨料，无论使用哪一类工具，所使用的磨料硬度必须高于工件的硬度。

超声抛光具有下述工艺效果：

（1）采用超声抛光可以大大提高生产效率。例如，超声抛光硬质合金的生产效率比普通抛光提高 20 倍，超声抛光淬火钢的生产效率比普通抛光提高 15 倍，超声抛光 45#钢的效率比普通抛光提高近 10 倍。

（2）显著降低表面粗糙度。对于原始表面粗糙度为 R_a 为 100 μm 的工件表面，超声抛光的表面粗糙度 R_a 值可达到 0.1 μm，普通抛光只能达到 1.6 μm。

（3）可以方便地对模具上的肋、缝、各种形状的孔和难以抛光的部位进行研磨抛光。

(4)采用铜基的人造金刚石烧结体作为抛光工具时，以加三乙醇胺水溶液(浓度 1%)进行冷却最好。三乙醇胺的作用除了冷却外，更主要的是它在抛光过程中与抛光工具中的铜基体产生化学反应。这种反应将促使钝化了的金刚石颗粒脱落，使工具表面露出新的、锋利的金刚石颗粒，从而保持工具锐利。由于超声的作用，防止工具在抛光过程中的堵塞，以提高加工效率。

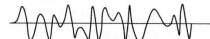

（5）可提高已加工表面的耐磨性与耐腐蚀性。

4. 功率超声研磨

功率超声研磨是在研磨工具或工件上施加功率超声振动以改善研磨效果的一种新工艺。

普通研磨时，加工效率低，尤其是在研磨铜、铝、钛合金等韧性材料管件时，油石极易堵塞，使油石寿命减小，而且加工表面质量差、效率低。采用功率超声研磨研磨力小、研磨温度低、油石不易堵塞，加工质量好、效率高，零件滑动面耐磨性高，能够解决普通研磨上存在的主要痛点。

功率超声研磨装置由功率超声发生器、功率超声振动系统（包括换能器、变幅杆和研磨工具）、机械加压冷却和磨料供给系统组成。有研磨工具转动并振动的装置、工件旋转研磨工具作纵向振动的装置（如图 8.14 所示）、研磨工具作径向振动等类别。功率超声研磨参数主要有：功率、频率和位移振幅等声学参数。工艺参数主要有：研磨速度、研磨时间、磨粒大小、移动速度、转速、加工压力和研磨液等。粗研磨宜用较低频率而较大位移振幅；而精研磨则宜用较高频率而较小的振幅。频率一般采用 20 kHz 左右，而位移振幅在 60 μm 以下。

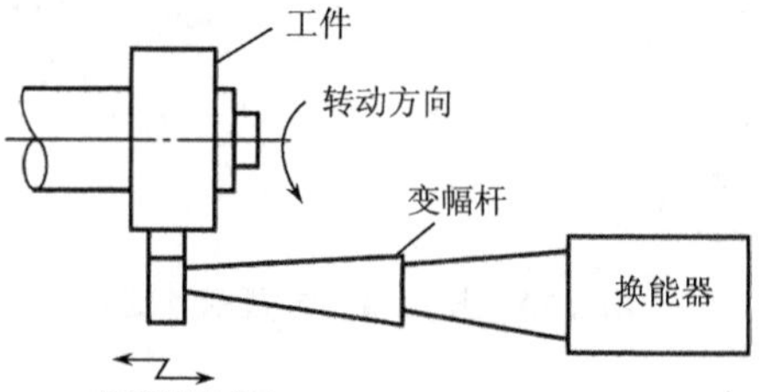

图 8.14　工件旋转的超声研磨装置示意图（纵向振动）

5. 功率超声金属塑性加工

功率超声金属塑性加工或称功率超声金属成型是指在金属冷加工过程中施加功率超声振动以改善工艺效果，提高产品质量的一种新工艺。主要内容有：功率超声冷拔金属丝和金属管、功率超声弯管和矫直、功率超声粉末压缩成型、拉伸成型和功率超声滚轧冷锻等。

1955 年，奥地利的 Blaha 和 Langenecker 在对锌单晶拉伸过程中，在拉伸方向施加功率超声振动时，发现张应力突然减小的“软化现象”，才引起人们极大的兴趣进行大量研究。

大功率超声对金属塑性加工的影响主要有两方面：表面效应和体积效应。表面效应指减少工具与工件之间的摩擦力，包括摩擦系数和摩擦向量的改变；体积效应包括力叠加、旋锻和冶金学效应。这些效应表现为金属塑性增加和减少工具与工件之间的摩擦力。

摩擦系数的减小可能有几个原因：功率超声振动能够比较容易使润滑剂进入变形区；增加润滑剂的化学活性；表面粗糙峰的软化和熔化；由于功率超声振动在某些瞬间会使接触表面分离等。

当工具（模具）表面的振动速度超过工件的运动速度时，摩擦向量会发生改变，使得阻碍工件和工具相对运动的摩擦向量由于改变了方向而有助于相对运动。说明在功率超声冷拔管、拔丝时，当位移振幅或振动速度增加或工件的运动速度降低时都会提高加工效果。

（1）功率超声冷拔金属管

超声拉管是超声金属塑性加工应用的较新发展，许多国家都在进行积极研究、开发和应用。图 8.15 是功率超声冷拔金属管的原理示意图。在冷拔过程中，功率超声振动可以施加于外模，也可以施加于内模（芯棒），图中所示为施加于内模的情况，此时一般采用纵向振动；而施加于外模时可以用纵向振动也可以用径向振动。如果功率超声振动同时施加于外模和内模，效果更好。

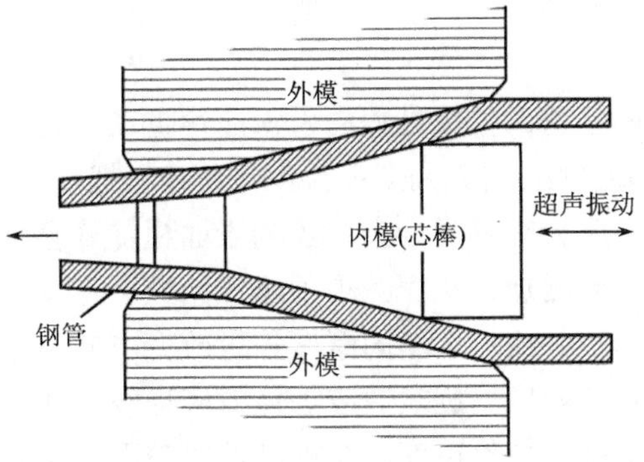

图 8.15 功率超声冷拔金属管示意图

功率超声冷拔金属管需要较大的超声功率，为此常采用功率合成振动系统。图 8.16 是一种用多个换能器共同推动外模的示意图，其功率容量为几 kW。如果需要更大的功率，可以多级连接。

与普通冷拔比较，功率超声冷拔金属管有以下优点：

①降低拉拔力。在一般情况下，给外模施加超声振动，可使拉拔力降低 15%～20%；给内模施加超声振动，可使总拉拔力降低 10%以上；芯棒受力可减少 65%以上。如果调节得当，还可以进一步降低。

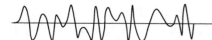

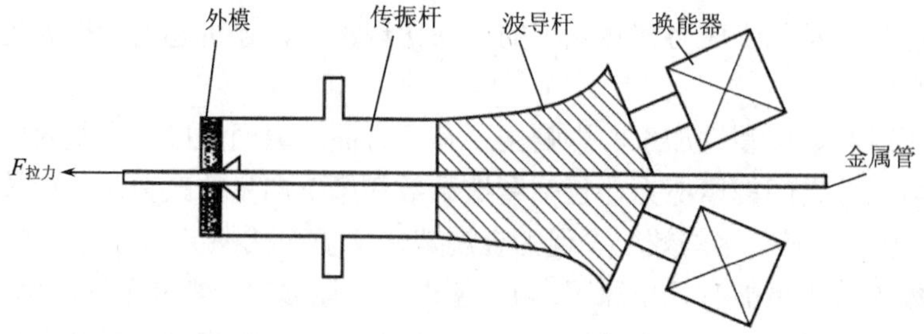

图 8.16　多换能器功率超声冷拔金属管示意图

②提高延伸系数，减少拉拔道次。采用超声拉管时，金属的延伸系数提高。多项试验对比表明，材料抗拉强度越高，延伸系数提高的比例越大。经超声拉管后的钢管不易开裂，未经退火再次拉管时拉拔力小，能弯曲的次数增多。

③降低表面粗糙度。比普通冷拔降低 1～2 级，即表面粗糙度 R_a 可达 0.2～0.4 μm。减少中间热处理环节，改善润滑，延长模具寿命。提高直径厚度比：直径厚度比可达 500：1（常规方法 50：1）。提高加工精度：超声拉拔精密高压油管，其精度可由原来的–0.3～+0.1 mm 提高到±0.05 mm。

④能拔制一些难以成形的材料。对一些普通拉管方法不易解决的难加工材料和异形截面管，超声拉管更显优势。例如核反应堆的 U 形管和矩形截面管等，用普通拉管方法难以拉拔；对极细、极薄、较厚、较长，以及钛、钽、铬、锆石等材料，超声拉管可以实现拉拔且质量较好，是普通拉管无法比拟的。

（2）功率超声拉丝

超声拉丝是指在金属丝材的拉拔过程中引入超声振动，使金属丝在超声的作用下发生拉拔变形，实现截面减缩的工艺过程。在拉丝过程中，把高频超声振动加到拉丝模上，使得金属丝与拉丝模的接触会有瞬间分离、丝的表面粗糙峰会软化和熔化、润滑液更易进入变形区且其化学活性会增加，从而减小了摩擦因数。当模具的振动速度超过工件的运动速度时，阻碍工具和工件相对运动的摩擦矢量改变方向，从而有助于相对运动。同时，由于超声振动，力叠加效应、旋锻效应等体效应也发生作用。这些因素共同作用的结果，降低了拉拔力，提高了拉丝速度，在提高丝材表面质量和改善材料力学性能等方面都起到了良好的效果。

激发拉丝模作功率超声振动的方向可与线材运动方向平行，也可以与其垂直。目前认为前者拉丝效果好。功率超声拉丝装置有单模、多模及多模水箱拉丝多种形式，图 8.17 是一种四模拉丝装置。

功率超声拉丝的优点是：

①降低拉拔力，提高拉丝速度，增加截面压缩率，延长模具寿命，提高丝材表面质量。

②湿拉铜线时，直径由 0.25 mm 拉到 0.016 mm 用一般方法需用 14 个模具，而用功率超声拉拔只需要 9 个模具。拉伸速度可提高 4～20 倍。

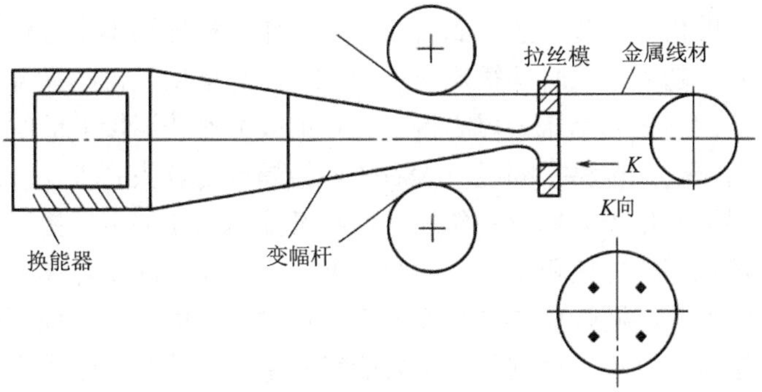

图 8.17　一种功率超声四模拉丝装置

③超声拉拔更适用于粗丝或细棒的高压缩率、低冷拔速度的情况，拉拔塑性小、难加工的丝材更能显出优点，在这些情况下，需要增大超声设备的功率；采用超声拉丝后可省去中间各次退火，并减少拉拔道次，节省模具；可以提高金属丝的表面光洁度，得到更均匀的直径，减少断丝，可以大大提高金属拉丝的效率，有些丝材，如镀丝用普通方法很难拉，需要先用镍作表面处理且要加热才能拔，而用功率超声拉拔则不需要预处理，能成功地由直径 0.13 mm 连续冷拉到 0.025 mm。目前，超声拉丝已应用于铝、铜、钢、锡合金、钛、镀和钼的生产中。

8.4.2　功率超声焊接

1. 超声金属焊接

（1）原理与特点

超声金属焊接是通过超声振动的作用，使金属焊件在固体状态下连接起来的一种工艺过程。其装置原理如图 8.18 所示，主要是由超声波发生器、换能振动系统、加压装置、时间控制装置等部分组成。换能器、变幅杆和焊接工具头（上声极）组成换能振动系统，负责提供超声电功率及电声能量转换，并把此能量输入焊区；加压装置提供焊接时所需要的接触压力；时间控制装置包括自动控制预压、焊接、保持、去压和间隔时间。

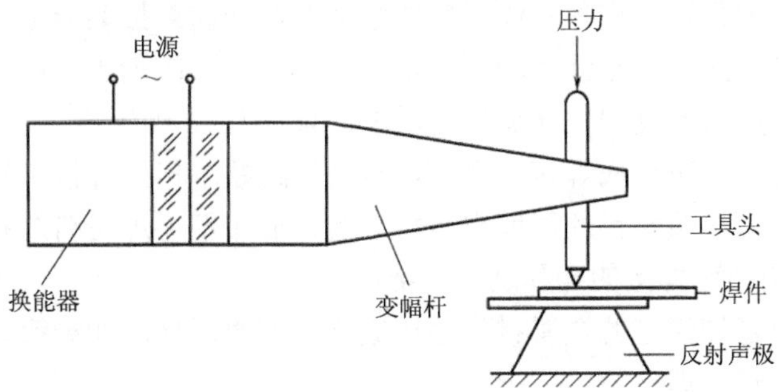

图 8.18　超声金属焊接示意图

超声金属焊接的机理比较复杂，到目前为止，作用机理还不十分清楚。它类似于摩擦焊，但又有区别；超声焊接时间很短（1 s左右），温度低于再结晶温度；它与压力焊也不同，因为所加的静压力比压力焊小得多。目前被大家普遍接受的解释是：超声换能振动系统产生纵向振动，位移振幅经放大后传递给焊接工具头并带动上焊件振动，这种振动使两焊件交界面产生类似摩擦的作用。这种摩擦作用在超声焊接过程初始阶段可以破除金属表面的氧化膜，并使粗糙表面的凸出部分产生反复的微焊和破坏，此过程的反复进行使接触面积增大，同时使焊区温度升高，焊件交界面产生塑性变形。在接触力的作用下，两焊件接触面互相接近到原子引力能够发生作用的距离时，产生金属连接，形成焊点。形成焊点时金属并未熔化。

超声金属焊接的特点是：不需要向工件输入电流，也不需要向工件引入高温热源，且不需要焊剂，只是在静压下将振动能量转化为工件间的摩擦能和形变能；同时，伴随有限的升温，几乎没有热变形，没有残余应力；对焊件表面的焊前处理要求不高；易于实现异类金属之间的焊接；可以将金属薄片或细丝焊在厚板上等。需要注意的是，如果焊接时间过长，或超声振动幅度过大都会导致焊接强度下降，甚至破坏。

（2）影响超声金属焊接的主要因素及金属的可焊性

影响超声金属焊接的主要因素：对于一定的焊件来讲，影响超声焊接的主要因素有超声频率、位移振幅、焊接时间和接触压力。

①振动频率：由机械振动系统的固有频率决定。对一定的设备来说，它的大小实际上是不变的。在实际应用中，一般要根据材料的性质和厚度选择不同的振动频率。当焊接较薄的材料时，宜用较高的超声振动频率，可以在不改变声功率的情况下，降低振幅，减少疲劳破坏的危险性。在焊接较厚的焊件时，宜使用频率较低的超声振动，以减少振动能量在传递过程中的损耗。

②位移振幅：对焊接质量起决定性作用。其大小直接决定焊件表面薄膜去除的程度、塑性变形区的大小、焊区加热温度的高低等关键参数。在实际应用中，振幅一般在 5～25 μm 范围内选用。

③焊接时间：与焊件的性质、厚度以及其他焊接参数密切相关，是焊接工艺中最具操作性的参数。

④接触压力：要保证两焊件表面适宜的紧密接触和超声振动能量的良性传递，同时使金属产生形成焊点所需的塑性流动。开始形成焊点所需的最小接触压力，其随被焊金属的流动极限、硬度、厚度和位移振幅的增加而增加。

金属的可焊性。超声金属焊接获得实际应用已经数十年，焊接装置和焊接工艺不断得到改进和完善，可焊接材料的厚度也有较大的进展，但可焊材料的种类却变化不大。图 8.19 给出了可用超声焊接的金属及合金情况。

一般情况下，延伸性好的金属材料比较适合用超声焊接，如纯铝、铜、金、银和镍等，而脆性材料比较难焊。

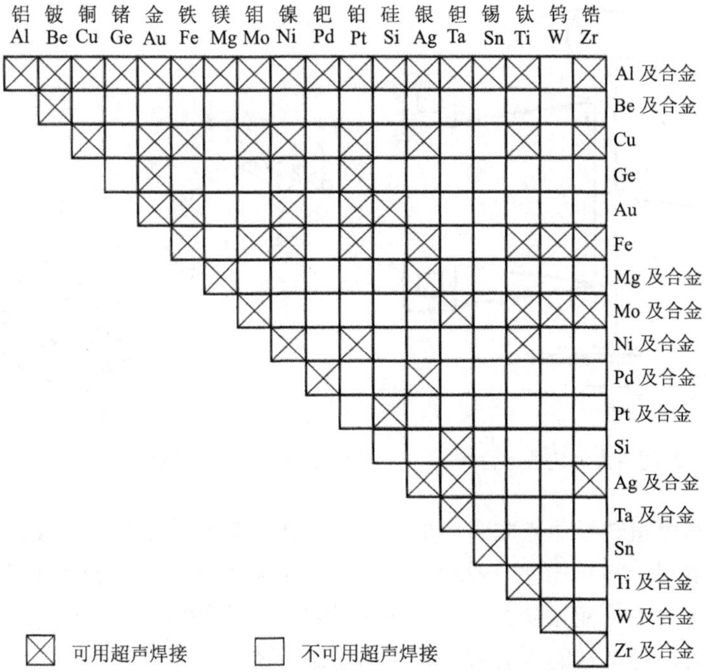

图 8.19　不同类别金属超声焊接可焊性

（3）超声金属焊接的类型

根据待焊区域的形状与设备工作方式的不同，金属超声焊接可分为点焊、连续缝焊、环焊、对接焊、微丝焊和超声钎焊复合焊等类型。

①点焊：常用的超声点焊装置如图 8.20 所示。换能器产生的纵向振动经变幅杆放大后，从垂直方向传递给传振杆，使传振杆产生弯曲振动。传振杆与焊件接触处的振动方向是与两焊件接触面平行，传振杆同时也传递接触压力。为了增大功率，还可用多组换能振动系统从相对的方向同时激励传振杆。

在焊接时一般需要在焊点的周围将焊件压紧。在焊接不同厚度的组合焊件时，超声振动应从较薄的焊件一侧导入。

为强化焊接效果，近年来发展了一种用两个不同频率的超声振动系统，从两个焊件的相对方向共同作用，上下振动系统的振动方向互相垂直做正交振动，当上、下振动系统的电功率源各为 3 kW 时，可焊铝件的厚度可达 10 mm，焊点强度可达到材料本身的强度。

②连续缝焊：也称滚焊，是指焊接区域形状为线状的超声焊接。连续缝焊装置原理如图 8.21 所示。焊接工具头为圆盘形，整个换能振动系统在焊接过程中可以连续滚动，圆盘的振动方向与变幅杆的振动方向一致，在焊头与焊件相对运动过程中完成。这种设备主要用于金属箔或薄金属带的连续缝焊。

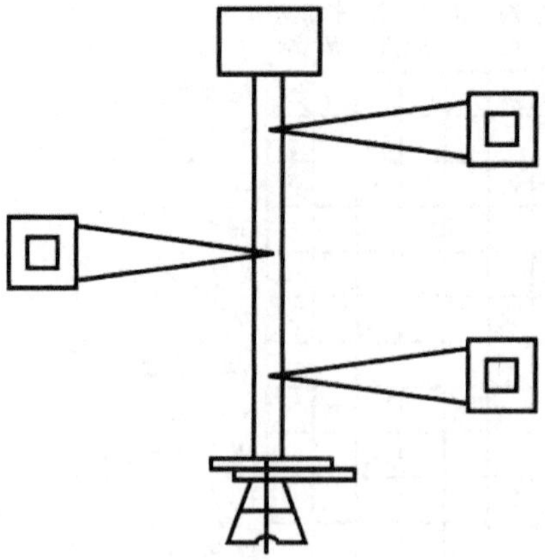

图 8.20　超声点焊装置示意图

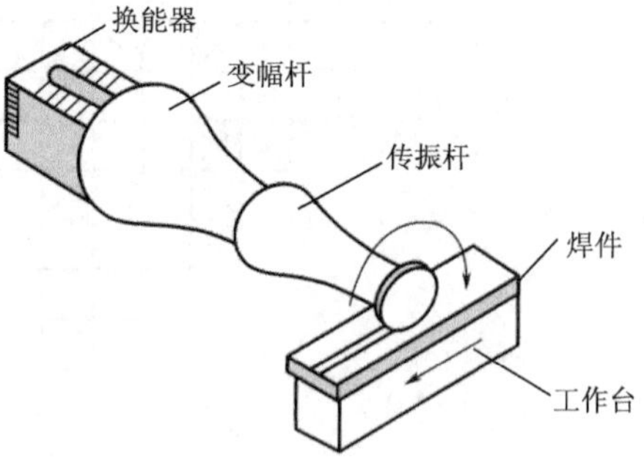

图 8.21　超声连续缝焊装置示意图

③环焊：利用扭转振动完成圆环形焊缝的焊接，其装置原理如图 8.22 所示。超声环焊的焊头为圆筒形。扭转振动一般由扭转振动换能器直接产生，也可由其他方法产生。对于同样几何尺寸的换能振动系统，扭转振动易于得到较大的位移振幅。利用扭转振动进行超声焊接时，把焊件的焊缝置于超声振动的节点位置效果较好。

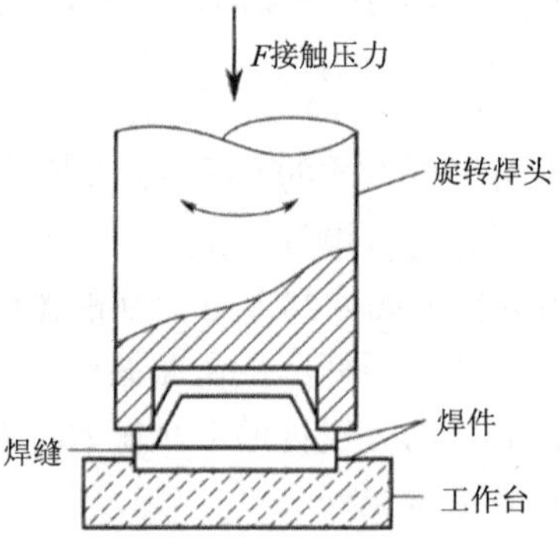

图 8.22　超声环焊装置示意图

④对接焊：超声金属对接焊是指用超声振动把焊件从端头对接起来的一种焊接方法。超声金属对接焊装置原理如图 8.23 所示，主要由上、下振动系统、产生接触压力的液压源和焊件夹持装置等部分组成。图中左边的焊件，一端由夹持装置固定，另一端夹在上、下振动系统之间做超声振动；右焊件置于与此焊件相对接的位置并由夹持装置夹紧，该焊件从焊面到夹持处只需留出很小的长度（1 mm 左右）即可。上、下振动系统的相位必须是相反的，上振动系统还可以是无源的。这种焊接装置可采用多个 R-L 型振动方向变换器把更多的夹心式压电换能器的功率合成到一起，以获得更大的超声功率。

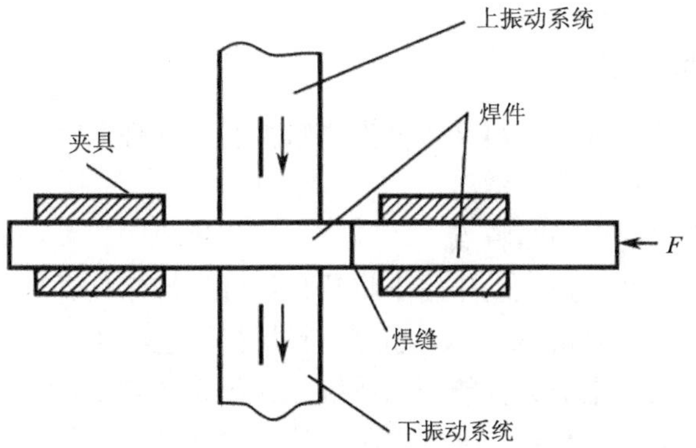

图 8.23　超声对接焊装置示意图

⑤微丝焊：微细导线的超声焊接属于超声精密焊接，通常是把金属微细丝精确地焊在指定焊点，与前面讲过的超声点焊基本相同。由于这种焊接方式在集成电路、计算机电路等现代电子器件中应用很多，对焊点质量要求很高，所以焊接细导线的超声焊接装置与点焊装置相比有了很大改进，其装置原理如图 8.24 所示。焊接的工具头是一细金属棒，与点焊中的传振杆相同。与点焊装置不同的是，该系统运用两个频率不同或频率相同但相位不同的超声振动系统同时向传振杆传递纵向振动，且两个振动系统的振动方向相互垂直。这两束振动波垂直交互作用的结果可以使传振杆产生复合的弯曲振动。通过控制两束波的频率和相位，工具头可以得到多种不同的振动轨迹。采用此装置可把直径 0.025～0.1 mm 的铝线或铜线与铜板很好地焊在一起。

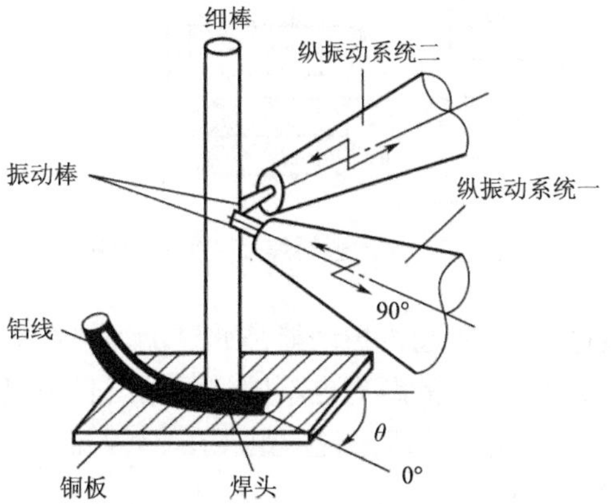

图 8.24　超声微丝焊装置示意图

由于集成块等电路中需焊接的导线很细，焊点间距离很近，用手工操作进行焊接非常困难，为此，一般用微机控制的自动超声细导线焊接机进行焊接作业。

目前，常用的超声金属焊接还有超声钎焊复合焊、超声波峰焊等。

2. 超声塑料焊接

按照树脂热性能的不同，塑料又可分为热塑性和热固性两大类。超声塑料焊接只能焊接热塑性塑料，不能焊热固性塑料。

（1）超声塑料焊接的原理与特点

超声塑料焊接是指在超声振动作用下将塑料焊件局部熔化并粘连在一起的一种工艺方法。其焊接装置原理如图 8.25 所示。超声塑料焊接装置的主要组成部分与超声金属焊接装置类似，由超声波发生器、换能振动系统、加压系统和工作台（下声极）等部分组成。其中包括频率自动跟踪系统、振幅控制系统和时间控制系统。与超声金属焊接需要弯曲振动不同，由工具头直接将纵向振动通过上焊件传至焊区，工具头振动方向与焊件接触面垂直。由于两焊件接触面即焊区的声阻大，因此会产生局部高温，由于塑料导热性差，热量不易散发而聚于焊区，使塑料熔化。这样，在持续的接触压力作用下，焊件接触面熔融成一体，固化后即可形成焊点或焊面。

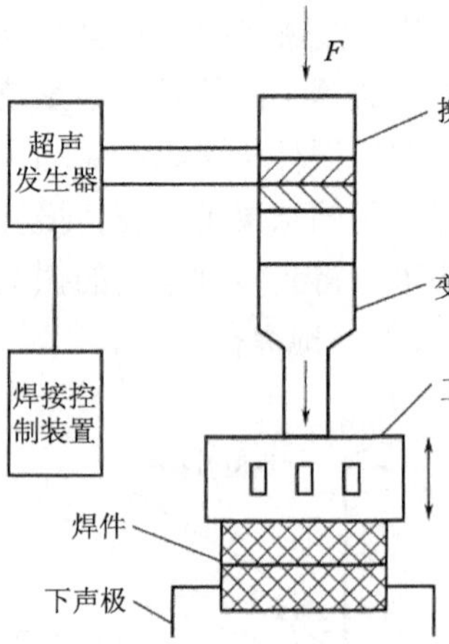

图 8.25　超声塑料焊接装置示意图

在超声塑料焊接过程中，由于超声振动能是通过上焊件传送到焊区，所以，随着上焊件形状的不同，超声振动能传播的距离也不同。根据工具头辐射端面到焊区的距离远近，可将其分为近场焊和远场焊。一般来说，距离在 6～7 mm 以内的称为近场焊接，大于此距离的则称为远场焊接。

与金属焊接相比，塑料焊接对接触压力的要求更特殊。除焊接过程中要有适宜的压力外，焊接结束后压力要保持一段时间，使熔化的界面充分固化。根据工艺不同，有时压力需要按顺序控制，先加一定压力，然后在加超声振动的同时再增压到预定的压力。

焊接过程中，送到焊区的超声功率正比于工具头的振动速度与焊件反抗力的乘积。焊件对工具头的反抗力与加到焊件的压力、焊接焊件材料的性质有关。因此，要达到最佳焊接效果，就要选择合适的工具头振动速度，这就需要备有不同变幅比的变幅杆供使用时选择。

超声塑料焊接有鲜明的特点。利用远场焊接对于某些焊接工具难于到达的部位也能方便地进行焊接，这是一个很突出的特点，它对塑料部件的组装是非常适用的。在某些特殊情况下，超声塑料焊接的这一特点是其他方法所无法比拟的。除此之外，超声塑料焊接还有经济、快速和可靠等优点。塑料制品的成型一般都要用模具，而制造模具的费用都相当高，超声塑料焊接可使模具制作简化，降低生产成本，提高经济效益。超声塑料焊接所需时间很短，一般都在 1 s 以内，使焊接效率提高。超声塑料焊接也便于实现焊接过程自动化，可用于自动生产线的快速生产装配等。

由于超声塑料焊接的工具头是因焊件形状的不同而不同的，因此焊头的类型很多，需要专门设计，这是它的一个不足之处。

（2）超声塑料焊接的焊点、焊面设计与其他连接方式

超声塑料焊接有点焊、面焊、缝焊等形式，除了两焊件均为塑料材料之外，有时超声焊接也可用于解决塑料件与金属件的连接问题，如铆墩、嵌镶等。

超声塑料焊接与金属焊接不同，超声塑料焊接的关键是焊点及焊头的设计。要达到超声塑料焊接的最佳效果，必须选择适当的超声功率、压力和焊接时间，并对固定零件用的夹具、焊件结合面的接口形状等进行合理的设计。

焊点设计：超声塑料焊接的焊点设计是指给超声点焊塑料材料设计出一种合理的焊点结构。要求该焊点结构在连接强度方面必须达到预定的指标，同时外形要尽可能美观。当然，满足这种条件的焊点结构有多种，图 8.26 给出了一种焊点结构的实例。焊点的结构与焊件厚度有关，设焊件厚度为 T，则焊头的结构如图中上半部分所示。焊接以后的焊点结构如图中下半部分所示。焊点的外形为一个凸起的圆环，环内为一直径为 $1.5T$、深度为 $1.5T$ 的盲孔，在盲孔周围直径为 $3T$ 的范围内形成一个环形熔化连接区。随着焊件厚度的不同，焊头尺寸也不同。

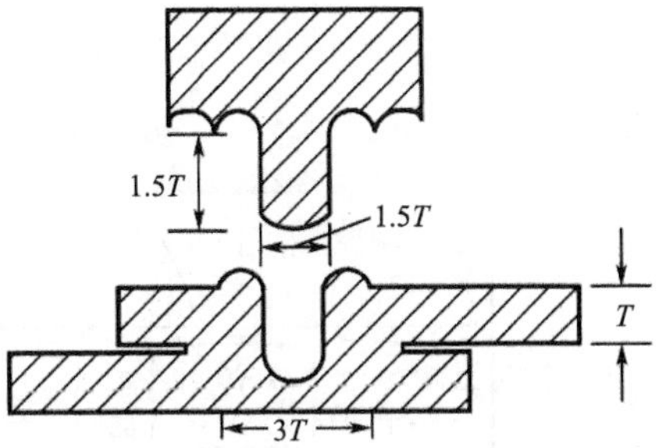

图 8.26　超声塑料焊接焊点结构

焊面设计：为了在塑料焊接过程中使超声能量集中，缩短焊接时间，提高焊接质量，同样需要对焊面的结构进行专门设计。

当两个塑料件需进行平面焊接时，如果在某一焊件的焊面上设计一个一定截面积的凸棱，则可在焊接过程中集中超声振动能量，缩短焊接时间。该凸棱熔化后，正好均匀

布满焊面，从而产生牢固的连接强度，减小焊面处的变形。

不同用途的塑料制品对塑料焊面结构的要求也不同。有的强调外形美观，有的强调焊接强度，有的强调密封性好等。另外，焊件本身的结构对焊面的形状有很大制约。因此，焊面设计必须根据具体要求和焊件形状进行综合考虑。当然，焊面结构必然是多种多样的。图 8.27 所示为几种不同的焊面结构示意图。

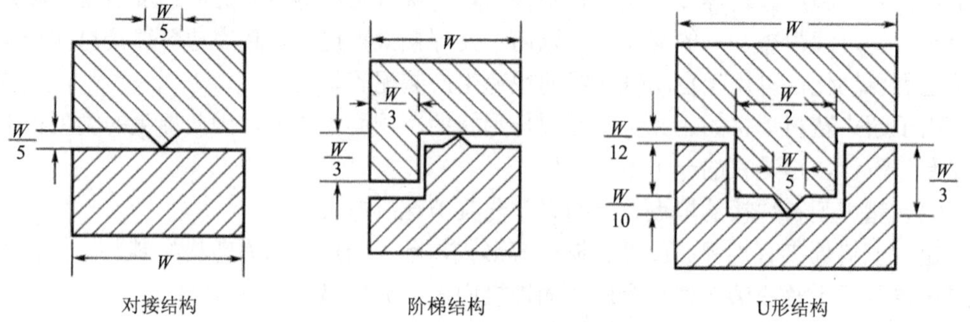

图 8.27　超声塑料焊接焊面结构

总之，焊点或焊面设计是超声塑料焊接中的一项重要内容，要根据具体焊件和要求进行合理设计。如果设计不合理，将会出现焊缝溢出、焊接强度下降等问题。

8.4.3　功率超声清洗

1. 原理和特点

图 8.28 是功率超声清洗系统的示意图，它由功率超声电源、清洗槽和换能器等组成。换能器将功率超声频电源所提供的电能转变为功率超声机械振动，并通过清洗槽壁向槽中的清洗液辐射声波。由于功率超声的空化作用，浸在液体中的零部件表面的污物迅速被除去。

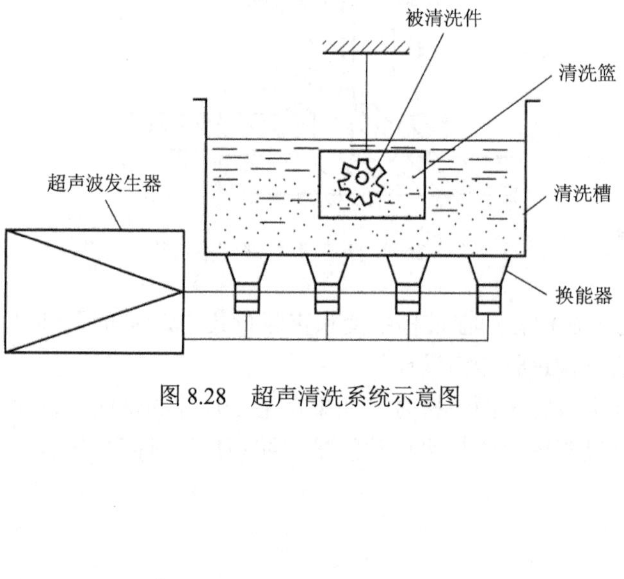

图 8.28　超声清洗系统示意图

存在于液体中的微气泡（空化核）在声场的作用下振动，当声压达到一定值时，气泡迅速增长，然后突然闭合，在气泡闭合时产生冲击波，在其周围产生上千个大气压力，破坏不溶性污物并使它们分散于清洗液中。蒸气型空化对污层的直接反复冲击，一方面破坏污物与清洗件表面的吸附，另一方面也会引起污物层的破坏使其脱离。气体型气泡的振动能对固体表面进行擦洗，污层一旦有缝可钻，气泡还能“钻入”裂缝中作振动，使污层脱落。由于功率超声空化作用，两种液体在界面迅速分散而乳化。当固体粒子被油污裹着而黏附在清洗件表面时，油被乳化，固体粒子即脱离。空化气泡在振荡过程中会使液体本身产生环流，即所谓声流。它可使振动气泡表面处存在很高的速度梯度和黏滞应力，促使清洗件表面污物的破坏和脱落。功率超声空化在固体和液体界面上所产生的高速微射流能够除去或削弱边界污层，腐蚀固体表面，增加搅拌作用，加速可溶性污物的溶解，强化化学清洗剂的清洗作用。此外，功率超声振动在清洗液中引起质点很大的振动速度和加速度，亦使清洗件表面的污物受到频繁而激烈的冲击。

由上述功率超声清洗原理可知，凡是液体浸到空化产生的地方都有清洗作用，不受清洗件表面复杂形状的限制，如精密零部件表面的空穴、凹槽、狭缝和深孔、微孔等，而这些部位用一般刷洗方法是不能清洗干净的。所以功率超声清洗的特点是高速度、高质量，易于实现自动化。在某些场合可以用水剂代替油或有机溶剂进行清洗，或降低酸或碱的浓度清洗，以减少环境污染。在一些难以清洗并有损人体健康的场合，如核工业及医疗中的放射性污物可以用功率超声清洗，并能实现遥控或自动化。功率超声清洗的另一个特点是对声反射强的材料，如金属、玻璃等，其清洗效果较好；而对声吸收较大的材料，如棉纱织物、橡胶和泡沫塑料等则清洗效果差。

2. 影响功率超声清洗效果的因素

功率超声清洗的物理机制主要是功率超声空化，所以要达到良好的清洗效果必须选择适当的声学参数和清洗剂。

声强：声强愈高，空化愈强烈。但声强达到一定值后，空化趋于饱和。声强过大会产生大量气泡增加散射衰减，同时声强增大会增加非线性衰减，而减弱远离声源地方的清洗效果。

频率：频率愈高，空化阈值愈高，也就是说要产生声空化，频率愈高，所需要的声强愈大。例如，在水中要产生空化，在 400 kHz 所需要的功率要比在 10 kHz 时大 10 倍。一般采用的频率范围是 20～–40 kHz。低频空化强度高，适用于大清洗件表面及污物与清洗件表面结合强度高的场合，但不易穿透深孔和表面形状复杂的部件，且噪声大；较高频率虽然空化强度较弱，但噪声小，适用于较复杂表面形状，狭缝及污物与清洗件表面结合力弱的清洗。

声场分布：稳定的声场对清洗有利，如果清洗槽中有驻波声场，则因声压分布不均匀，清洗件得不到均匀的清洗。因此，在可能的条件下，槽的几何形状要选择适合于建立稳定声场的形状。除此以外，可以采用双频、多频和扫频工作方式以避免清洗“死区”。

清洗液的温度：温度升高，液体的表面张力系数和黏滞系数会下降，因而空化阈值下降，使空化易于产生；但由于温升，蒸气压增大会降低空化强度。水的较佳温度为60℃，不同的清洗剂有不同的最佳温度。

黏滞系数：黏滞系数大的液体难于产生空化，而且传播损失也加大，不利于清洗。

蒸气压：蒸气压低，空化阈值高，产生的空泡少，但空泡闭合时产生的冲击力大。反之，蒸气压高，易于空化，但空化强度下降。

表面张力：液体的表面张力大，空化强度高，但不易于产生空化。

液体中所含气体的种类。气体的比热容越大，空化强度越高。因此，使用单原子气体，如氦、氖和氩，比使用双原子气体，如氮和氧要好。

此外，清洗液不流动时对空化有利，但清洗液不经过滤循环，则污物会重新沉积于清洗件表面，故需流动，但不应流动过快。

3. 典型功率超声清洗设备

功率超声清洗机的基本结构如前文图8.28所示。其清洗槽通常用不锈钢板制成，与换能器黏结的槽壁厚度不宜太厚，以减少声能损失，一般取1.5～3 mm厚。黏结面需要喷砂处理使其粗糙以得到牢固的粘接，而与清洗液接触的一面要抛光以减少空化腐蚀。声强一般取0.3～2 W/cm^2，清洗污物结合力大的清洗件时常采用高的声强。专用快速清洗机声强有时达到几十W/cm^2。

功率超声换能器目前大多采用展宽喇叭形夹心式压电换能器。大功率清洗机通常采用多个换能器组合，电端并联由一个功率超声频电源驱动，为此，要求换能器的特性，尤其是共振频率一致，这在实际生产中很难做到。为此，提出了一种半穿孔结构宽频带压电换能器，这种换能器不但便于多个并联工作，而且可进一步提高电声效率。依清洗要求而定，换能器一般安装在清洗槽底，也可以安装在槽的侧壁。有时为了能灵活地安排功率超声换能器，换能器不固定装在清洗槽上，而是几个换能器安装在一个密闭的不锈钢匣里，这种结构有时称为浸没式或投入式换能器。可以投入清洗槽中灵活布置，尤其是清洗大工件时更为适合，此时槽可以用吸声小的材料，如瓷砖制成，不必用不锈钢板。

换能器与不锈钢板的连接，要求声传导良好，一般采用特制的胶粘接，这种胶不但要黏结力强，而且疲劳强度要高，且能在较高温度和湿度环境下工作。

根据不同应用，功率超声清洗设备除基本组成部分外，还有各种附属设备。如需要在一定温度下清洗，则应设有加热器和控温装置；为避免清洗件直接压在清洗槽底而影响清洗效果，一般设有金属网篮或吊架来盛吊清洗件悬于清洗槽中；如果需要用挥发性大的有机溶剂清洗，则应设有冷凝、循环过滤回收溶剂系统等。

4. 特殊和专用功率超声清洗设备

（1）油泵油嘴深盲孔的超声清洗装置：清洗时用细长管状清洗工具伸入油嘴盲孔中，清洗液以一定压力进入清洗工具，并由工具末端喷出。由于强超声的空化作用，油嘴孔内及喷油孔的污物可很快被清洗干净。

（2）接触清洗设备：直接在被清洗对象中激励起超声振动，以达到清洗目的的超声清洗设备。例如，在一定长度的钢管外表面，沿圆周安装一定数量的超声换能器来激励长管，使之做弯曲振动，管子内充满静态或流动的清洗液。在超声振动作用下，在管内圆心线上可以得到每平方厘米几十 W 的声强，可以使细长、外形复杂、截面形状特殊的各种长管的内壁得到很好的清洗。

（3）悬挂式自动超声清洗线：由热浸、超声、漂洗、烘干等多种工艺组合的清洗线，适用于大批量中小型工件的集中清洗，广泛应用于制药、电子、电镀、机械等行业，可采用单件、多件悬挂或吊篮式、筐式装料，多被企业当作专用清洗线。

（4）兆赫级功率超声清洗：在电子器件、半导体和大规模集成电路的生产过程中，需要清洗掉很小的微粒、离子和薄有机膜等杂质。如果采用低功率超声频清洗，不但效果不好，而且空化腐蚀是不允许的。如果采用频率为 1 MHz 左右的功率超声清洗，效果很好。但此时清洗的主要作用不是声空化，而是功率超声在清洗液中传播时引起液体质点极大的加速度的冲击作用。

8.4.4　功率超声处理

超声处理是指利用超声能量使物质的一些物理、化学、生物特性或状态发生改变，或者使这种改变的速度变化的过程。它包含的内容相当广泛，有乳化、雾化、粉碎、凝聚、搪锡、除气、材料疲劳试验等，本部分仅对个别超声处理技术进行简要介绍。

1. 超声乳化

（1）原理与特点

超声乳化是利用超声的空化效应把两种互不相溶的液体互相分散成均匀乳浊液的工艺过程。这种工艺在农药制取、油水混合成乳化液等方面有广泛的应用。

超声乳化的发生与超声频率、强度有密切关系，超声达不到某个强度，乳化不会发生，此强度称为超声乳化强度阈值。

（2）超声乳化设备

图 8.29 是一种单腔压电超声乳化器的主要组成部分，它由超声换能器、变幅杆、乳化腔体、调节活塞、阀门等组成。被处理的液体从进液口进入乳化腔体，经超声作用后，由处于变幅杆波节后面的出液口流出。

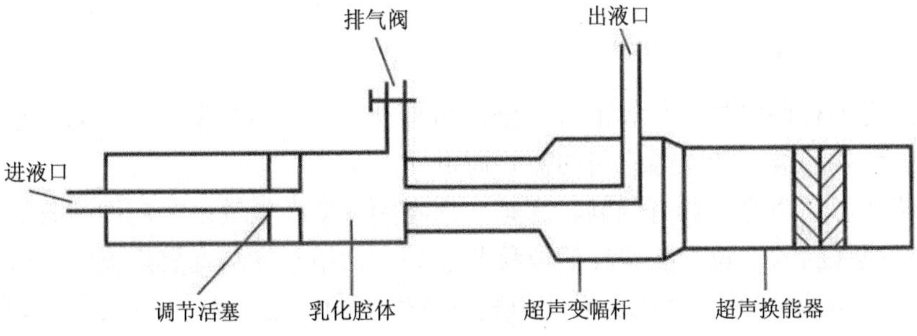

图 8.29　超声乳化装置示意图

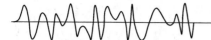

所有液体都必须流经变幅杆前端的强空化区，这样不但保证乳化质量，提高乳化速率，而且改善了振动系统的冷却，提高处理效率。

双腔压电超声乳化器的主要结构单腔类似，不同的是换能器双面辐射，使处理量提高一倍。上述乳化器不但可以连续进行油水乳化，达到节油目的，而且可以用来进行轻工、食品和医药等部门的液体处理。

2. 超声雾化

在超声的作用下，液体在气相中分散而形成微细雾滴的过程称为超声雾化。

（1）超声雾化的基本原理与特点

关于超声雾化形成的机理，一直存在着两种解释。一种解释是超声振动在液面下产生空化作用引起的微激波导致了雾的形成，被称为微激波理论。按照这种理论，空化泡闭合时产生很强的微激波，其强度达到一定值时引起雾化。另一种解释是表面波的不稳定引起的表面张力波导致了雾的形成，被称为表面张力波理论。表面张力波理论是基于液气界面的不稳定，在与它垂直的力的作用之下，当振动面的振幅达到一定值时，液滴即从波峰上飞出而形成雾。按照这种理论，表面张力波在它的波峰处产生雾滴，其大小与波长成正比。

超声波的频率及液体本身的表面张力、密度、黏度、蒸气压、温度等，对液体的雾化都有一定影响。雾滴的大小与液体本身的表面张力成正比，与超声频率和液体密度成反比，表 8.3 给出部分超声雾化应用中的频率与雾滴直径关系。

表 8.3　部分超声雾化应用中的频率与雾滴直径关系

应用场合	超声频率/kHz	雾化换能器形状	雾滴直径/μm
促进燃烧 制备金属粉末	10～100	夹心式压电换能器 磁致伸缩换能器	300～120
便携式吸入器 小型吸入器	100～300	圆形或方形金属共振板	15～30
医用吸入器	300～800	圆形压电片轴向振动	7～15
医用吸入器 加湿器	800～3000	圆形压电片轴向振动	1～7

（2）超声雾化器的类型

超声雾化器有许多种，总体上可以分为两大类：电声转换型和流体动力型。超声频率的高低由设备的类型和实际应用的需要而定。

电声转换型超声雾化器有低频、高频、超高频、多孔板等多种应用装置。对于低频应用装置，液体的入口位于变幅杆的位移节点处，常用于燃料油燃烧器的改进、金属粉末的产生等。高频（0.8～5 MHz ）应用装置产生液滴的直径为 1～5 μm，可用于医疗、加湿、消毒等方面。采用磁致伸缩换能器可直接在其辐射面形成雾滴，但要求功率大，因此一般在换能器辐射端再加一个变幅杆，以放大位移振幅，使其易于产生雾滴。高超声频（兆赫级）雾化装置（超声加湿器装置的振动频率为兆赫级）工作时，在液体中辐射强超声而使液面产生喷泉雾化。厚度 1.2 mm、直径 20 mm 的压电换能器在水中辐射频率约 1.7 MHz 的强超声，通过薄透声膜辐射到溶液中而在液面产生喷泉雾化，雾化量约为 0.4 L/h，这就是超声加湿器的典型结构，多孔板超声雾化器的特点是雾化量大，雾滴均匀且耗电量很少。

流体动力型超声发生器进行雾化的装置原理，是由高压气流激发而直接产生超声，其频率主要由共振腔的几何尺寸决定。由于这种气哨的雾化效率随着频率的增高而减小，因此，一般工作在较低的超声频率上。为了避免噪声，工作频率仅在可听声之上。雾滴大小是液流速率、压力、喷嘴大小和共振腔位置的函数，所以，恰当地设计喷嘴可以对许多液体进行雾化，雾滴的直径从几 μm 到数百 μm，液体流过率可达 1.5 kg/s。图 8.30 为一种流体动力型雾化装置示意图。

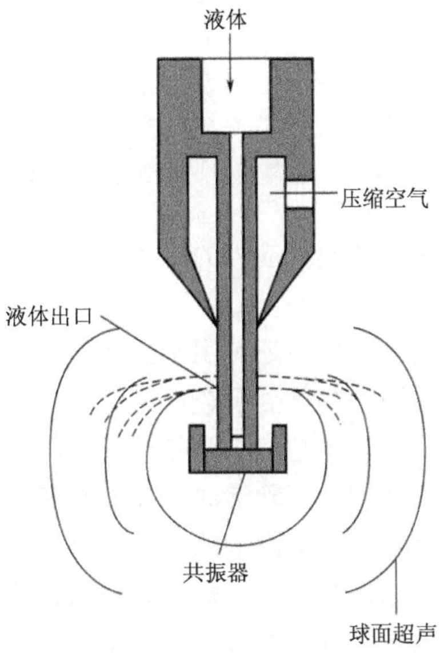

图 8.30　一种流体动力型雾化装置示意图

在实际应用中，有时需要不同大小的雾滴。雾滴的大小可以由专门的装置进行调节与控制。

3. 功率超声疲劳试验

功率超声疲劳试验是在功率超声振动激励下在试件中产生同频率的交变应力。由振动频率和持续时间的乘积可以确定在试件中的应力循环次数。试件都设计在功率超声源的频率上谐振，知道试件一端的振动位移振幅，就可以计算出试件中最大应力处的应力水平，由此可以如常规疲劳试验机一样进行测试，并画出疲劳曲线，定出疲劳强度。如果功率超声振动频率为 20 kHz，则其试验速度比用 50 Hz 工频试验快 400 倍。做一亿次循环的疲劳试验只需要 2 h，而用常规的工频疲劳试验机则需要 23 昼夜才能完成。这对于研究高疲劳强度的新合金是很有意义的。另一方面，现代金属材料在高频振动状态下使用的情况日益增多，低频下试验的结果往往不能反映高频状态下的实际情况。

图 8.31 是功率超声疲劳试验的示意图。疲劳试件为半波共振棒，以螺丝和变幅杆末端连接。试件的谐振频率一般设计为与功率超声振动系统的共振频率一致。试件谐振时，其应力分布如图所示。在试件的 1/4 波长处应力最大。改变功率超声振动系统的输入电功率，可以改变试件中的最大应力值。

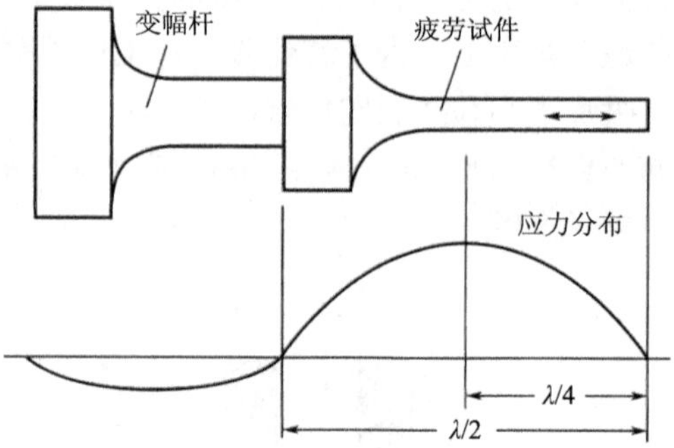

图 8.31　超声疲劳试验装置示意图

目前，有使用功率超声进行金属消应力的应用，其原理是也利用超声作用下内部应力变化的原理。

功率超声处理除上述一些应用外，还可用于其他方面，如功率超声干燥，由于声微冲流的作用使热边界层减少，即使物体处于较低的温度也易干燥。对于易受热损坏的粉状材料，如药物和易爆粉末，用功率超声干燥是很安全的。用来干燥纺织品，可以大幅度地节约能源。强功率超声还能用来消除泡沫，在食品和制药工业中，用强功率超声向液面的泡沫辐照，可以在无接触、无消泡剂的情况下进行快速消泡。还可功率超声去毛刺，有些精密零件，如果用滚动抛光或其他机械方法去掉毛刺，可能会受损伤，用在液体中的强功率超声除去毛刺效果很好，如果采用一定比例的磨料悬浮液进行功率超声去毛刺则效果会更好。功率超声浸漆，用于电力机车牵引电机的电枢绕组及定子的清洗和浸漆，可以代替设备庞大、工艺及操作烦琐的真空压力浸漆，节约大量资金及设备场地。

8.4.5　功率超声新的应用领域

随着超声新技术和交叉学科的蓬勃发展，功率超声开始应用到许多新的应用领域，本部分简单介绍几种新应用。

1. 功率超声在生物科学中的应用

功率超声波在媒质中传播时，会通过机械力机制、热机制或空化机制对传声媒质产生各种作用或效应，谓之功率超声效应。当传声媒质是生物媒质时，此效应即称作功率超声生物效应。各种不同的功率超声生物效应已在生物学领域中得到了不同的应用。如萃取、陈化、种子处理、细胞破壁及解裂大分子等。

据报道，利用功率超声技术可在室温下用乙醇将神衰果素、盐酸小橐碱和岩白菜素等从其相关的植物中萃取出来，具有萃取时间短、温度低、含杂质少等优点。从茶叶中提取水溶物的研究工作表明，可以明显提高萃取率，功率超声技术用于萃取速溶茶显示出良好前景。

利用功率超声技术进行细胞破壁，同时又基本上保证细胞质不受破坏，这早已成为提取细胞质的常规手段，市场上对此有专用功率超声设备销售。

酒的陈化时间一般长达几年乃至十几年，用超声处理可以大大缩短陈化时间。对一般酒类，用超声处理 10 分钟相当于缩短一年的陈化时间。生产啤酒时用超声处理还能节约原料，如在 50℃时用 175 kHz 的超声处理 30 min，酒花的用量可节省 1/3。用超声处理合成香料能缩短生产周期。

强度较低的功率超声辐照可以激活某些有酶或细胞参与的生化过程，据报道，在生产低乳糖酸牛奶时，功率超声作用可激活 β 半乳糖酶使乳糖水解，使生产出的酸牛奶的乳糖含量明显下降。又如功率超声作用下，可使溶于二异丙醚中的苯乙醇酶分解速度提高 10 多倍。功率超声激活固定化葡萄糖淀粉酶，可使其活性增大 2.5 倍，从而加速了淀粉水解成葡萄糖的反应，这一技术已在由淀粉生产葡萄糖的工艺中得到了应用。

2. 功率超声在生命科学研究中的应用

适当剂量的功率超声辐照，可改变细胞膜的通透功能，这可能是功率超声药物透入疗法的生物物理基础。

有研究表明，利用超声振动产生的振动效应，可以避免细菌菌膜的粘连，应用到人体留置装置中，可以大大提高装置的使用期限，降低医疗成本。

在脱氧核糖核酸（DNA）大分子的损伤与修复基础研究中，功率超声是剪切大分子的有效工具。

蛋白质包涵体解聚是基因工程中的一个重要步骤。最新研究表明，通过适当剂量的功率超声辐照，实现了在低浓度变性剂（4 mol/L 尿素）中对大肠杆菌体系表达产物缩短的人巨噬细胞集落刺激因子（hM-CSF）包涵体的解聚，明显改进了普遍采用的强变性剂（8 mol/L 尿素）溶解包涵体的方法，功率超声辐照后的 SDS-PAG 在分子量 17000 上显示出与 8 mol/L 尿素溶解结果相同的条带，表明功率超声技术在基因工程中具有良好的应用前景。

3. 功率超声在石油开采中的应用

近年来，超声技术在采油过程中的应用范围不断扩大，主要有超声驱油、超声防垢、超声除垢、超声防蜡、超声降黏冷输等。可使油井增产、水井增注，提高原油采收率，延长油井设备的使用寿命，缩短停井时间，提高有效采油时率。特别是在油田开发中晚期，声波采油用于二、三次采油，以提高最终采收率是很有前途的方法之一。因此，受到采油工程技术人员的普遍重视。很多油田开始应用这项技术，在超声波采油机理的研究方面取得了一些重要的成果。

超声波处理油层，是将大功率超声波换能器下放到油层位置，在机械、空化、热、声流等作用下，使堵塞物疏松脱落，随液体排出油井。

超声波应用于采油领域，对油层能产生一定的物理作用。超声波对流体和地层的作用主要包括：

（1）机械振动作用：机械振动可以破坏堵塞颗粒与储层岩石之间的凝聚力，起到“解堵”作用。

（2）空化作用：空化作用可以使原油分子键断裂，使其相对分子质量减小，从而降低原油黏度，提高原油的流动性。

（3）热作用：超声可在边界面处、激波波前处形成局部加热，降低原油黏度。

参考文献

曹凤国. 2014. 超声加工[M]. 北京：化学工业出版社.

曹凤国，张勤俭. 2005. 超声加工技术的研究及其发展趋势[J]. 电加工与模具, (4): 266-272.

程存弟，贺西平. 1995. 功率超声振动系统研究进展[J]. 声学技术, 14(2): 87-90.

戴向国，傅水根，王先逵. 2003. 旋转超声加工机床的研究[J]. 中国机械工程, 14(4): 289-292.

冯若. 1999. 超声手册[M]. 南京：南京大学出版社.

季远，王娜君，张德远. 2001. 聚晶金刚石超声振动研磨机理研究[J]. 金刚石与磨料磨具工程, 125(5): 33-35.

刘殿通，于思远，陈锡让. 2000. 工程陶瓷小孔的超声磨削加工[J]. 电加工与模具, (5): 22-25.

马春翔，胡德金. 2003. 超声波椭圆振动切削技术[J]. 机械工程学报, 39(12): 68-70.

秦勇，王霖，吴春丽，等. 2001. 大理石的超声波加工试验研究[J]. 新技术新工艺, (2): 17-19.

王爱玲，祝锡晶，吴秀玲. 2007. 功率超声振动加工技术[M]. 北京：国防工业出版社.

王桂林，段梦兰，张德远. 2010. 高频超声椭圆振动精密切削[J]. 制造技术与机床, (3): 53-56.

徐可伟，朱训生，陈斌，等. 2001. 超声振动在精密切削中的应用[J]. 机械设计与制造工程, (2): 63-64.

杨晓辉，增泽隆久. 2000. 采用工件加振方式的微细超声加工特性的研究[J]. 电加工与模具, (3): 29-32.

叶邦彦，周泽华. 1994. 超声振动切削改善硬脆材料加工性的研究[J]. 华南理工大学学报, 22(5): 132-137.

曾忠. 2001. 微孔的超声振动钻削技术[J]. 中国机械工程, 12(3): 65-67.

张勤河，张建华，贾志新，等. 1997. 超声振动钻削加工陶瓷的研究 I 基本原理分析[J]. 新技术新工艺, (1): 19-20.

张雄，焦锋. 2012. 超声加工技术的应用及其发展趋势[J]. 工具技术, 46(1): 6.

张云电. 1995. 超声加工技术[M]. 北京：国防工业出版社.

张云电，王纯，喻家英. 1991. 变截面细长杆超声波振动车削技术[J]. 太原机械学院学报, (3): 81-86.

赵福令，冯东菊，史俊才，等. 2001. 陶瓷材料超声旋转加工技术[J]. 电加工与模具, (1): 1-5.

周忆，米林，廖强，等. 2003. 基于超声研磨的超精密加工[J]. 航空精密制造技术, 39(1): 1-4.

Hocheng H, Kuo K L. 2002. Fundamental study of ultrasonicpolishing of mold steel[J]. International Journal of Machine Tools and Manufacture, 42(1): 7-13.

Hu P, Zhang J, Pei Z, et al. 2002. Modeling of material removal rate in rotary ultrasonic machining: designed experiments[J]. Journal of Materials Processing Technology, 129(1-3): 339-344.

Ishikawa K, Suwabe H, Nishide T, et al. 1998. A study on combined vibration drilling by ultrasonic and low-frequency vibrations for hard and brittle materials[J]. Precision Engineering, 22(4): 196-205.

Nath C, Rahman M, Neo K S. 2009. A study on the effect of tool nose radius in ultrasonic elliptical vibration cutting of tungsten carbide[J]. Journal of Materials Processing Technology, 209(17): 5830-5836.

Rajurkar K P, Wang Z, Kuppattan A. 1999. Micro removal ofceramic material(AlzO3)in the precision ultrasonic machining[J]. Precision Engineering, 23(2): 73-78.

Suzuki N, haritani M, Yang J, et al. 2007. Elliptical vibration cutting of tungsten alloy molds for optical glass parts[J]. Annals of the CIRP, 51(1): 127-130.

Wiercigroch M, Neilson R D, Player M A. 1999. Material removal rate prediction for ultrasonic drilling of hard materials using an impact oscillator approach[J]. Physics Letters A, 259(2): 91-96.